胡泽 ◎ 著

录音声学基础

LuYin
ShengXue
JiChu

中国传媒大學出版社
· 北京 ·

录音声学基础

录音创作的目的在于将艺术构思变为现实,成为可以为人们所感受的活生生的声音。在具体实现上,录音既是技术,也是艺术。

录音声学是以讨论分析录音过程中声信号的客观性质及其主观属性为主要内容的,是研究声音的产生、传播、接收、音质加工处理及其对人的作用的学科。它是以录音创作中的声现象为主要研究对象的。也就是说,录音声学是阐述录音创作基本原理的学科。本书包括声学数理基础、室内声学基础、心理声学基础、音乐声学以及电声学基础等内容,从声音产生的本质到听音感知,对声音的传播以及在室内厅堂中的声学现象进行分析讨论,对一名音频工作者所需的有关声学方面的内容进行汇总和介绍,通过集中讨论让学习者建立完整的录音声学知识基本架构,更好地理解和掌握其中的关联和意义,为之后所学习的相关内容打下坚实的基础。由于本书主要面向录音专业的学生,因此在进行相关理论阐述和分析时,简化了数学和物理等推导过程,针对结论进行讨论和介绍,对公式推导有需求的读者可以参考相关书籍深入学习。

目　录

1 录音与录音声学

1.1 概述

随着科学技术的发展和文化艺术生活水平的提高,人们对视听艺术和听觉艺术作品的音质要求也日益提高。为了满足这一日益增长的需求,提高专业录音水平已成为当前与录音有关的各个部门和专业录音工作者的首要任务。

一部优秀的音响艺术作品,首先必须具有良好的艺术构思,即在进入具体的录音制作之前,制作者应有一个明确的艺术追求和对声音的整体构思或设计,同时还必须确定实现这一目标的具体方案。正如一部交响乐,不仅应有总谱、配器,还应该对各个乐章、各乐章中的各乐句以及它们之间的连接与过渡等有一个明确的设想。例如全篇或全剧的声音特点、声音的基本使用手法、声音的节奏、声音的连接与过渡、时空的转换等。不仅如此,同时还要对每一场戏、每一个角色及其在不同的时空和状态下的声音加以考虑。

在进行声音的艺术构思时,为了达到预期的艺术效果,创作者不可避免地要对各种声响的心理反应作出估计。录音创作的目的在于将艺术构思变为现实,成为可以为人们所感受的活生生的声音。为了达到这一目的,还必须通过一系列的技术手段(包括设备和技术技巧)进行制作。

录音师不仅应具有丰富的想象力和对各种声响的敏锐的判断力,更重要的是,他应能调动一切可能的因素,制作出符合作品要求的现实声音。如果说前者是对导演、演员及声音评论家等的共同要求的话,那么后者就是录音师必须具备的条件。因为在实际工作中,实现声音艺术构思的任务将责无旁贷地落在录音师身上。录音师不应当成为无所作为的空谈家,也不应当变成声音的“评论家”,而应是声音的主要创作者。

长期以来,人们对录音创作的认识不能不说具有一定的片面性。至今仍存在着“录音是技术还是艺术”的争论。处理好声音艺术创作中的艺术构思与技术制作之间的辩证关系,是涉及录音创作观念的一个至关重要的问题,也是对“录音”这一学科的基本特点的认识问题。无疑它在录音创作中是十分重要的,而且是在整个创作过程中发挥作用的。在上述争论中,主张“录音是艺术”的人,其根据就在于此。但这种观点是片面的。对于艺术声响的创作而言,应当说,没有声音的艺术构思,就会使创作者的创作活动陷于盲目的状态和自然主义的境地。同样的,如果没有实现艺术构思的手段,那就只不过是一种空想。艺术构思和实际声音犹如音响艺术作品中的“灵魂”和“肉体”:没有良好的艺术构思就等于没有灵魂。因为一旦离开录音技术制作,实际的音响艺术作品就无法实现,再好的艺术构思,也就无法被人们感受到。

因此,在明确录音技术是为录音艺术(创作)服务的同时,还必须看到,录音技术反过来又为录音艺术提供了包括艺术构思在内的广阔天地。上述种种艺术形态的产生和发展,都是随着科学技术的产生而产生,并在科学技术的不断发展中得到继续发展的。20 世纪初的无线电技术,尤其是电声技术的产生和发展,给上述各种音响艺术形态的产生和发展提供了物质条件,并在推动人们的艺术创作和欣赏水平的提高方面起了重要作用。由于相关科学技术的产生与发展,才使早期的纯视觉艺术——无声电影和纯听觉艺术——无线电广播分别获得了声音和画面,从而发展成为当今声画结合的视听艺术——电影和电视。现在由于科学技术的发展,尤其是现代数字技术、大规模集成电路和声音的分析与综合技术等的广泛应用,为制作各种各样的声音创造了极其有利的条件。不仅可以制造出自然界存在的声音效果,还可以创造出只有实验室才能制造出的各种独特的声音,这极大地丰富了声音的艺术表现手法,使录音制作技术变成了一种创作的艺术。

但是,事实表明,目前许多音响艺术作品的音质状况与当代技术所能提供的条件是不对称的。这固然有各种原因,除直接的经济投入原因之外,还包括创作的理念、录音的技术和技巧问题,甚至涉及录音创作者的某些个人因素,但究其根本原因,不能不说是对录音创作的客体——声音缺乏深入的了解,因此,解决这一问题对于提高录音质量是十分重要的。

就录音制作而言,人们除了注重从传声器到记录设备这样一个录音系统的技术特性外,还必须重视从实际声源开始,直至对重放声的聆听(监听或审听)的全过程,以便有效地控制声信号在此过程中的变化及其综合效果,尤其是它们对聆听者所产生的生理和心理效应要给以特别注意。

在录音艺术创作过程中,录音已不再是单一地把声能转换为其他形式并加以存储的技术。从制作技术角度来说,实际的声音一旦用传声器拾取,哪怕实时由扬声器回放,也不可避免地要将原声源的音色改变。用不同的拾音技术和录音制作工艺,目的就在于实现对声信号的不同控制。从这个意义上讲,上述各种艺术形态中的声音都是录音师创造出来的实际存在的声音,与电影电视中的画面仅仅是事物的影像不同。

1.2 录音声学内涵

录音声学是以讨论分析录音过程中声信号的客观性质及其主观属性为主要内容的,是研究声音的产生、传播、接收、音质加工处理及其对人的作用的学科。它是以录音创作中的声现象为主要研究对象的。也就是说,录音声学是阐述录音创作基本原理的学科。

在实际的录音创作活动中,存在两个基本问题:

一是音响艺术作品中的声音具有哪些基本特性,这些特性是如何形成的?这是声音制作的基本依据。例如,只有当我们了解了音色与频谱之间的密切关系之后,才能自觉地通过频率补偿的各种设备和技巧,创造出各种不同的声音效果。录音声学的基本内容主要是讨论各种声音的基本特性,特别是它们在不同条件下的变化。

二是各种不同的声音对人的主观感受所产生的作用。这里既包括了人对声音感受的初级阶段——生理反应,也包括了其高级阶段——心理反应,它们是构成声音审美经验的基础。

在电影、电视一类艺术作品中的声音,通常分为三种类型,即人声(包括语言和歌唱声)、音乐(主要指乐器声)和音响。这些声音既有共性,也有其各自不同的特点。对于录音创作而言,为了创造更加丰富的音色,对于声音特点的研究就显得更为重要。

在录音工作中,人们往往比较注重录音设备及设施的技术指标,甚至盲目追求技术性能方面的高指标,而忽视对录音技术与技巧及其理论的探讨,特别是对可能控制音色的各种不同方法的研究。这就好比只重视硬件的发展,而忽视软件的开发,因而难以充分发挥各种录音设备及设施的作用。即使从技术特性上来看,也不能不把声源及其所处的环境考虑在内。

录音工艺可以分为拾音技术、音质处理技术、记录技术和还音监听技术等几大部分。声源和它所处的录音环境是影响录音质量的一个重要方面,它和音质加工处理一样,也是决定录音质量的重要环节。正确处理声源、录音环境及传声器三者之间的关系,应当成为录音师有效控制声信号变化的重要环节。

例如电影中的现场录音,尽管现在的拾音技术提供了取得各种不同音色声音的可能性,但由于种种原因,其中包括声源、录音环境的声学特性及传声器的性能等因素,以及艺术作品中的某些特殊需要(如写意性的声音),往往还需要对拾取的信号进行音质加工处理。从理论上来讲,通过音质处理可以获得所需的各种声音效果。

必须明白的是,即使是最简单的录音,只要声音信号被传声器所拾取,它就不再与原来的声音信号完全相同了,尽管由传声器输出的电信号是由声音信号转换来的,但传声器及其摆放方式等对声音信号所产生的影响,与录音环境具有同等重要的作用。

现在的录音系统大多是十分复杂的,而且可供音色处理的设备层出不穷,从而为创造各种音色提供了越来越多的技术手段,能否巧妙地运用这些设备,是录音创作的关键所在。而这一点的关键在于认识形成各种音色感受的声音基本特性,从而建立起客观参量和主观听感之间的正确关系,这对于选择和使用这些设备既具有理论意义,又具有实用价值。在音质的主观感受和客观参量尚未建立起正确的关系之前,录音制作过程中的监听和审听就显得尤为重要,它几乎成了目前音质处理的唯一依据。

录音创作的最终结果是以艺术作品的形式呈现的。从美学观点角度来说,它是作为具有审美价值的客观对象为审美主体所愉悦或享受的。这种能使审美主体产生愉悦或审美享受的作用,还必须依赖于人的听觉系统,依赖于人们心理反应等诸多因素。因此,在讨论对人的作用时,还应对与此相关的心理声学规律进行必要的讨论。至于声音的审美规律,尤其是艺术音响的审美经验等的讨论,虽然与录音声学有着密切的关系,但是它们涉及的范围更广,不是录音声学所能囊括的。

从上述的讨论可以看出,本质上讲,录音声学应是一门介于技术科学和艺术之间的边缘学科。它以声音的客观特性和主观属性为主要研究内容,其最终目的在于建立两者之间的关系,也就是所谓的音质主观评价的问题。音质主观评价是任何与音质相关的专业与部门所面对的共同问题,只不过依据其用途不同,要求也各不相同而已。例如语言清晰度、可懂度、音乐厅音质主观评价、压缩编码主观评价等。

总之,从录音创作上讲,声音的艺术构思与技术制作虽然在不同阶段可能会有所侧重,但它们是不可分割的整体。它们处理的唯一对象都是声音。

思考题

1. 录音和录音声学之间的关系如何?
2. 录音声学的内涵是什么?
3. 如何看待录音是技术还是艺术的问题?

2 声学数理基础

2.1 基本物理量:长度、质量、时间

长度是用来描述扩展和扩充区域范围的基本物理量。比如,一条大街长 200 米,一个操场的面积有 200 平方米,一个大桶的容积有 200 立方米。诸如这些走过的距离、位移、空间的大小等术语,都可以简单地用大小尺寸通过相应的单位——长度、宽度等来进行描述。本书中长度的单位为米,单位符号 m。

质量是指物质的量多少,与它的体积大小无关。相同体积的空气与水相比较,空气的质量要小得多。我们对质量的直观认识就是它的重量,其实这是两个不同的概念。在外太空中给定质量的物体可能没有重量,原因就是在地球上存在重力加速度,在外太空则不一定有重力加速度的存在。因此,严格地说,对质量的测量,要通过物体的惯性来描述,惯性是指物体在不受外力的作用下,保持静止或匀速直线运动的趋势,因此,质量越大的物体,其惯性也越大。质量的国际单位是千克,单位符号 kg。

时间,简单地说,就是描述我们生活经历间隔的量度。时间的国际单位是秒,单位符号 s。

2.2 速度和加速度

一个物体沿着直线运动,我们就可以说此物体具有速度,并且通过它在单位时间内的位移来描述其速度,国际单位为米/秒(m/s)。如果一个物体的速度为 2m/s,那

么 10s 后，此物体移动了 20m 的距离。速度公式如式(2.1)。

$$速度(v) = 位移(m)/时间(s) \tag{2.1}$$

如果物体在运动的过程中，不管什么原因，物体运动速度越来越快，那么我们称此物体具有正加速度或速度的增加。同样，如果物体运动速度越来越慢，那么我们称此物体具有负加速度，此时就不是速度的增加了，而是速度的减小。因此可以看出加速度是用来描述单位时间速度的变化的物理量，正负代表速度的增加或减小。加速度的国际单位为米/秒的平方，符号为 m/s^2。如果一个物体的加速度为 $2m/s^2$，从静止开始，那么 1s 后速度为 2m/s，2s 后为 4m/s，3s 后为 6m/s，速度一直增加下去。加速度公式如式(2.2)。

$$加速度(a) = 速度的变化(m/s)/时间(s) \tag{2.2}$$

2.3 矢量和标量

矢量是指同时具有大小和方向的物理量，如速度、加速度，因为在描述速度时，不仅要指出速度的大小，同时还要说明速度的方向；描述加速度时，也同样要指出其大小和方向。而如长度、质量、时间等物理量，它们没有与之相关的方向可言，因此我们把这类物理量称为标量。

2.4 力、能量和功率

当我们推动一个物体时，可以说我们对物体施加了力的作用。根据牛顿第二定律，如式(2.3)，我们可以得到力的大小为物体的质量与在此力作用下的加速度的乘积。换句话说，如果我们可以沿给定方向对物体施加恒定的力的作用，那么在此方向上，物体可以得到一个恒定的加速度。力的国际单位为牛顿，符号为 N。

$$力(N) = 质量(kg) \times 加速度(m/s^2) \tag{2.3}$$

地球对处于其引力场中物体的吸引力被称为重力，因此重力同样可以产生加速度，称重力加速度。重力加速度大小为 $9.8m/s^2$，这意味着一个自由落体的物体从静止下落 1s 后速度为 9.8m/s，2s 后速度为 19.6m/s，速度一直增加下去。

压强是用于测量力作用于单位面积上时的强度，单位为帕斯卡($1N/m^2$)，符号为 Pa。可以看出，当给定的力作用于越小的区域上时，产生的压强就越大，而作用在越大的区域上时，产生的压强越小。

能量和功的基本单位是相同的，但是这两个物理量的概念有着较大的区别。一般情况下，我们认为能量是指做功的能力，或者说有多少能量转化为有用的功。功被定义为在给定的力的大小与在此力的方向上物体的位移的乘积，单位为焦耳，符号为 J。例如，一个恒定的力，大小为 1 牛顿，作用在物体上并在力的方向上移动了 10 米，那么我们就可以说这个力对物体做了功，功的大小为 10 焦耳。

能量的形式还有其他一些类型。譬如说质量为 1 千克的物体从参考面垂直向上提升了 10 米，那么此时这个物体就具有了 10 焦耳的势能，意味着当这个物体回到参考面时势能会做 10 焦耳的功。再譬如弹簧，当将其拉伸或压缩后，它同样会具有相应的势能，这个势能是使得弹簧回到平衡状态时所做的功。弹簧上的势能可以用式(2.4)来描述。

$$\text{势能} = (1/2)kx^2 \tag{2.4}$$

其中，k 为弹簧的弹性系数，x 为弹簧压缩或拉伸时离开平衡位置的距离，弹性系数用以描述弹簧的恢复力强度，单位为牛/米。

物体在运动时我们称其具有动能。譬如一个高速运动的物体撞击墙面时，由于它所具有的动能做的功，可能会将墙面撞个洞。运动物体的动能可用式(2.5)描述。

$$\text{动能} = (1/2)mv^2 \tag{2.5}$$

其中，m 为物体的质量，单位为千克，v 为物体所具有的速度，单位为米/秒。

同样，热也是能量的一种形式，但是它属于热力学的范畴，对于本章中涉及的振动模型以及声音传播来说，没有太多的必要对它进行更深入的讨论。

功率是指在单位时间内所做的功的大小。举例来说，我们知道一个给定物体移动给定距离所需要的功是多少，如果使用一个功率比较低的机器来实现，那么可能要消耗一天的时间来完成。而如果使用一台功率较高的机器来实现，那么可能仅仅需要几个小时就可以完成。功率的单位为瓦特，等于功/秒，符号为 W。

2.5 一个简单的振动系统

图 2-1a 展示了在重力的作用下，一个悬挂于弹簧下方的具有一定质量的物体处于静止状态，此时物体所受到的重力与物体所受的弹簧力相平衡，我们称物体处于平衡状态。如果我们对弹簧下的物体施加一个外力作用，使得物体产生偏离平衡位置的位移，然后我们撤去此外力作用，那么由于物体受到弹簧的作用力与所受重力不同，因

此会产生运动,这种运动使得物体在原来的平衡位置上下波动,在理想状态下,此运动将会一直进行下去,在实际情况中,运动将会逐渐停止。

图 2-1b 展示了物体受外力作用,向上偏离平衡位置,位移为 x。此时由于弹簧被压缩,因此它具有大小为$(1/2)kx^2$焦耳的势能,当外力撤去后,物体受到的重力与弹簧力不平衡,物体将会向下运动,并到达 2-1a 所示的原平衡位置,但此时物体仍然具有运动速度,因此仍然会保持向下运动的趋势,呈现出 2-1c、2-1d 所示的状态。其中在图 2-1c 的状态时,物体具有最大的速度,此时它具有最大的动能,大小为$(1/2)mv^2$焦耳。当运动到 2-1d 的状态时,物体受到的合力与运动方向相反,因此物体速度为零,物体具有最大的势能,由于受力方向向上,因此物体又将向上运动,到达图2-1e所示状态,如此反复循环。我们称这种运动为振动,这个过程实际上就是动能和势能相互转换的过程,直至运动停止。

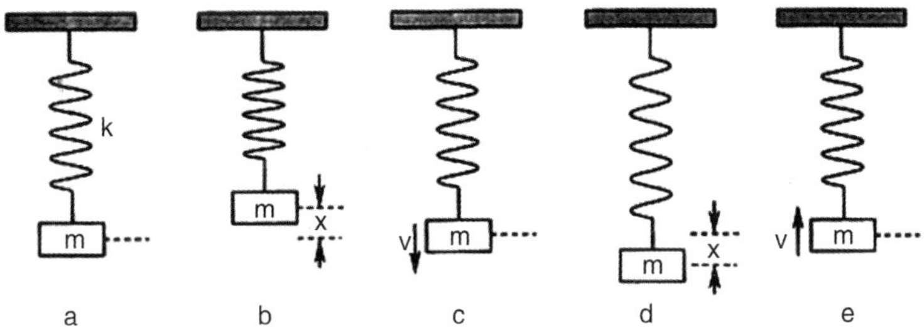

图 2-1　弹簧振子的振动系统

我们知道在此系统中,物体的质量越大,那么振动也越缓慢;弹性系数越大,振动则越快。根据测量可以得到物体质量、弹性系数与振动频率的经验公式;更准确的公式可以通过数学的方法得到,如式(2.6)。

$$频率=\left(\frac{1}{2\pi}\right)\sqrt{\frac{k}{m}} \tag{2.6}$$

频率指的是在一秒钟内的振动次数,单位为 1/s,国际单位为赫兹,符号为 Hz。

2.5.1　其他的振动系统

其他的一些振动系统如图 2-2 所示,它们的振动频率同样可以通过数学方法得到,其中图 2-2a 的摆振动系统的振动频率如式(2.7)。

$$频率=\left(\frac{1}{2\pi}\right)\sqrt{\frac{g}{l}} \tag{2.7}$$

其中,l 是摆线的长度,g 为重力加速度。可以看出摆线越长,振动系统的频率就越小。另外也可以得出,如果 g 改变也可以引起震动频率的改变,因此对于给定长度的摆系统来说,在地球上的振动频率一定高于此摆在月球上的振动频率,原因就是月球上的重力加速度小于地球上的重力加速度。

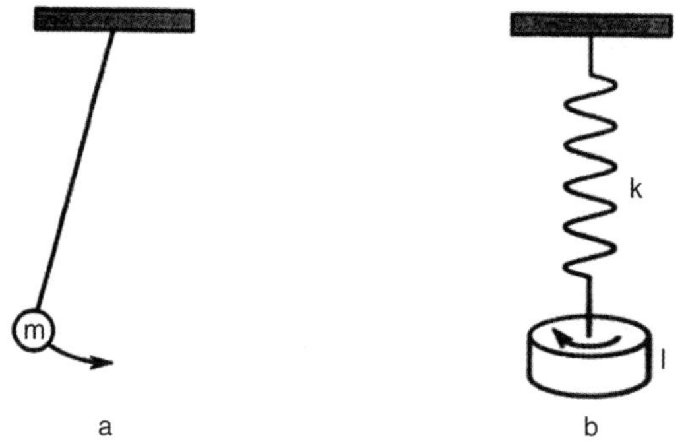

图 2-2 其他的一些振动系统

图 2-2b 所示为一个扭动振动系统,它的振动频率如式(2.8)。

$$频率=\left(\frac{1}{2\pi}\right)\sqrt{\frac{k}{I}} \tag{2.8}$$

其中,k 为弹簧的旋转系数,I 为惯性旋转力矩。在此不再对此公式中的参数进行更深入的解释,目的就是让大家可以看出公式 2.7、2.8 与公式 2.6 的相似性。

2.5.2 简谐振动

有一种周期振动,它的位置或物理量 x 随时间 t 的变化遵从正弦(或余弦)规律,这种周期振动就叫作简谐振动。简谐振动是物体在弹性恢复力作用下所进行的最简单的周期振动。用数学式表示,为式(2.9)。弹性恢复力的特征是力的大小和被其作用的物体的位移成正比,力的方向则指向被作用物体的平衡位置。以上我们讨论的振动系统在理想状态下,都可以看作简谐振动,它们的振动规律如图 2-3 所示。

其中正弦波的周期就是振动系统完成一次振动所需的时间,意即振动系统的周期;正弦波的幅度则表示物体振动过程中与平衡位置的位移大小;图 2-3b 中所示的相位(Φ)描述了相同频率下两个振动系统的时间关系。

其中振动频率与振动周期的关系可用式(2.9)表示。

$$频率(f)=1/周期(T) \tag{2.9}$$

可以看出它们互为倒数。

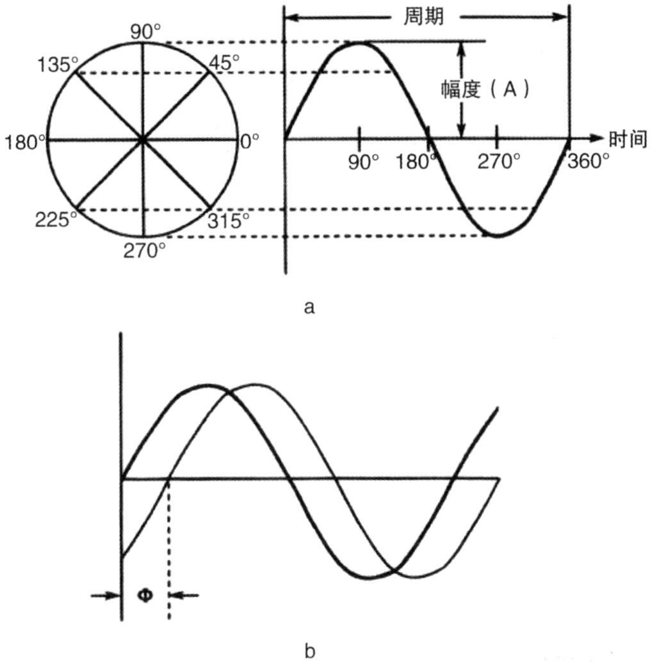

图 2-3　简谐振动的振动规律

2.5.3　简谐振动的三要素

图 2-3 可以写成：

$$X = A\sin(\omega t+\Phi_0) = A\sin(2\pi ft+\Phi_0)$$
$$= A\sin(2\pi t/T+\Phi_0) = A\sin\Phi \tag{2.10}$$

其中，A、Φ、T（或频率 f、角频率 ω）是简谐振动的三要素。

A 叫作振幅（Amplitude），是简谐振动中物体或物理量运动时距平衡点的最大位移。

Φ叫作位相（Phase）或位相角（Phase Angle），表示各时刻简谐振动的运动状态，它与周期 T（或 f 或 ω）和Φ_0有关。Φ_0叫作简谐振动的初相位（Initial phase angle），它决定于物体的初始状态。

T 叫作周期（Period），每经历一个周期 T 的时间，简谐振动会充分恢复到原来的状态。也就是说，从任何时刻开始，经过一个周期，简谐振动会有完全相同的状态。

2.5.4　阻尼振动

我们讨论的振动系统往往都是理想状态下的，而实际环境中的振动系统往往是会逐渐停止的，其原因就是在振动系统的振动过程中能量会不断地消耗，转化为热能或其他能量，从而导致振动的停止。因此，在实际环境中振动多为阻尼振动系统，可用运动方程(2.11)表示。

$$\text{幅度}(x) = Ae^{-t/T}\sin(\omega t) \tag{2.11}$$

式中 $e^{-t/T}$ 描述了实际振动过程中幅度的衰减趋势，如图 2-4 所示。根据式(2.11)可以得出，从 t=0 开始经过时间 T 后，幅度减小为原来幅度的 63%，而后按照指数方式逐渐衰减直至停止。

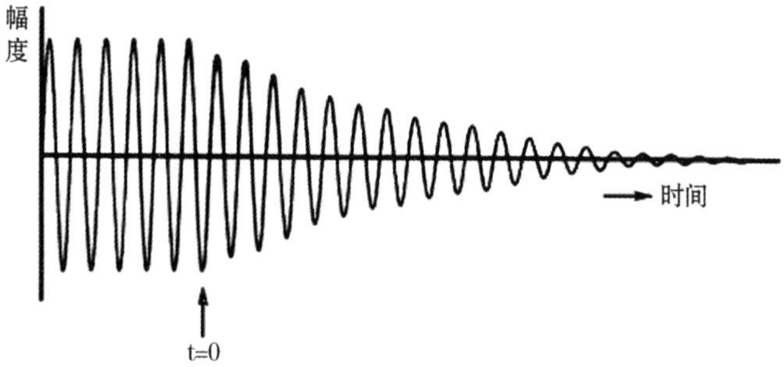

图 2-4　阻尼振动

阻尼振动有时是有益的，有时是有害的。地震仪记录地动时如果不衰减或衰减很慢，那么记录接连的两个地震就会重叠起来；如果阻尼过大，那么又会测不出周期来。

在音乐声学中，如果乐器的振动衰减过快，延续时间过短，则传递出来的能量很小。但有时完成太少也会引起麻烦。比如圆钟衰减太慢，只能在寺庙、教堂里被使用，延时很长，传声很远，而作为具有音阶的乐器的编钟，则是用两块铸件对起来的扁钟，使声音不致相扰而"不成律"。演奏吉他或其他拨弦乐器时，常常在弹奏后用手迅即压住琴弦，得短促音，也是使弦的振动迅即衰减。手风琴的振簧衰减较快，而钢琴的琴弦振动衰减较慢，因此在近处听两者声响相差不大，在远处则只能听到钢琴声。电子琴就更不好了。如果振动系统的阻尼太大，就不能振动了，叫作过阻尼。

2.5.5　振动的叠加或合成

当两个频率不同但接近的波进行叠加时，会产生如图 2-5 所示的"拍"的效果。图 2-5a 中波的振动频率为 16Hz 和 18Hz，当两个波叠加时，同相增强，反相抵消，结果形成图 2-5b 所示波形，可以看出合成波形的包络是一个 2Hz 的"拍"，从听觉上能够感觉出每秒出现两次的强弱变化。

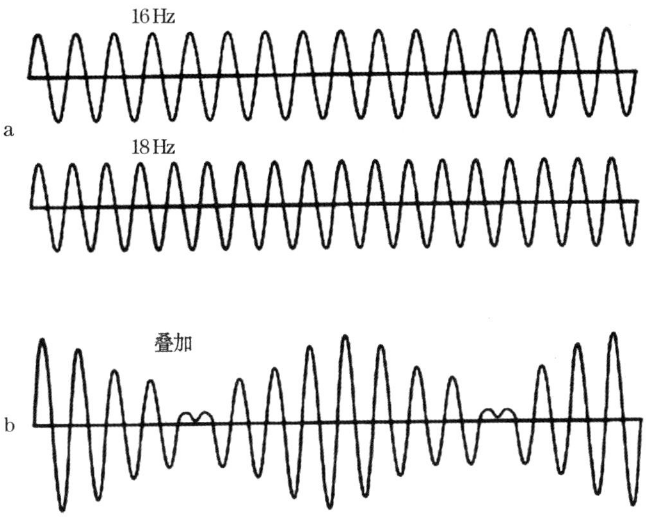

图 2-5 “拍”的效果

2.6 波的传播

振动系统在振动过程中,如果与介质发生耦合,那么振动能量就会通过介质以波的形式进行传播、辐射。

2.6.1 波的定义、波的四要素

一、波的定义

波是振动的传播,说得再确切一些,是振动状态的传播,即振动方向、振动位相或振动能量的传播。要特别指出的是,波的传播并不是介质或物理量本身的向前运动。

二、波的四要素

波要有波源。波源就是振动源,也叫振源。

振动要传播,才能成为波。因此,波比振动要更为复杂些,有四个要素,即除了振动的三个要素——振幅、位相、(振动的)频率以外,还有一个波的传播速度,或者叫在后面要讲的波长。

简谐波是简谐振动的传播。与讨论振动一样,我们把简谐波作为最简单的波来讨论。其他的波都可以看成一系列不同的简谐波的叠加。

三、机械波、电磁波、物质波

机械波、电磁波都是常见的波,物质波则是物质的一种普遍存在形式。

机械振动的传播，即物质质点位置振动的传播，叫作机械波（Mechanic wave）。如水波、声波、地震波等。机械波要通过介质传播。

电磁场振动的传播叫作电磁波（Electro-Magnetic wave），如无线电波、光波等。电磁波的传播不需要空间介质。

物质波（Matter wave）是指任何一个物质都可以被看成波。如同光子同时也是光波，电子同时也是电子波一样。人体及一切宏观物体也都同时是一种物质波，只不过其波长极大而已。

2.6.2 横波、纵波

一、横波（transverse wave）

介质或物理量振动方向与波的传播方向相垂直的波叫作横波。例如，向一个方向抖动绳子，如图 2-6 所示，波朝 x 方向行进，而绳子的质点在 y 方向上下运动。光波是电磁波的一种，电磁波也是横波。横波传播时与波的传播方向是一个垂直的面，在这个面里，振动还可以有不同的方向，如图 2-7 所示。

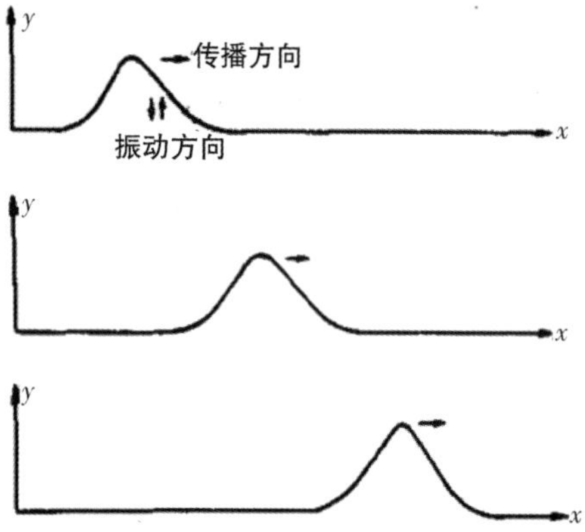

图 2-6　横波——绳的振动传播

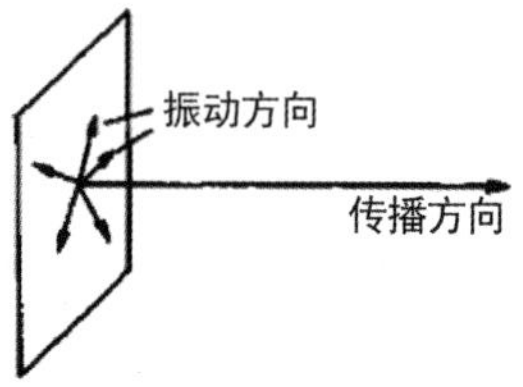

图 2-7　横波振动

二、纵波（longitudinal wave）

介质或物理量的振动方向与波的传播方向相同的波叫作纵波，如声波等。纵波也叫疏密波或压缩波，如图 2-8 所示。

有许多波同时存在横波和纵波，例如地震波中的 P 波（Primary wave）是纵波，传播速度快，所以首先到达；S 波（Secondary wave）是横波，传播速度慢，第二到达。根据 P 波与 S 波到达的时间差及 P 波和 S 波的传播速度，可以测定震中距离台站多远。

首先我们通过一个简单的例子来说明波的传播。一滴水珠从上方落下，落到静止的水面上，在落点的位置将会产生水面的上下波动，这个波动会逐渐带动其四周的水面产生波动,依次逐渐向外不断传播,那么将会在水面上产生一个涟漪。可以看出水面任意点的振动方向都是上下的,而水波的传播方向是与水波的振动方向相垂直的,我们称之为横波。水波不是纯粹的横波,它有纵波的成分。水波传播时水分子实际上是在原地附近做椭圆形运动。

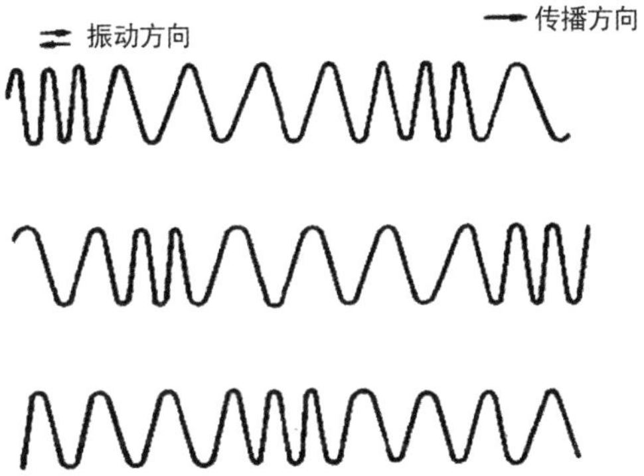

图 2-8 纵波

2.6.3 波阵面、平面波、球面波

一、波阵面

某一时刻,同位相的振动传播到达的点的集合叫作波阵面。波阵面是平面的波叫作平面波,如图 2-9 所示。波阵面是球面的波叫作球面波,如图 2-10 所示。一般情况下,平面振动发出的波是平面波,点源振动发出的波是球面波。

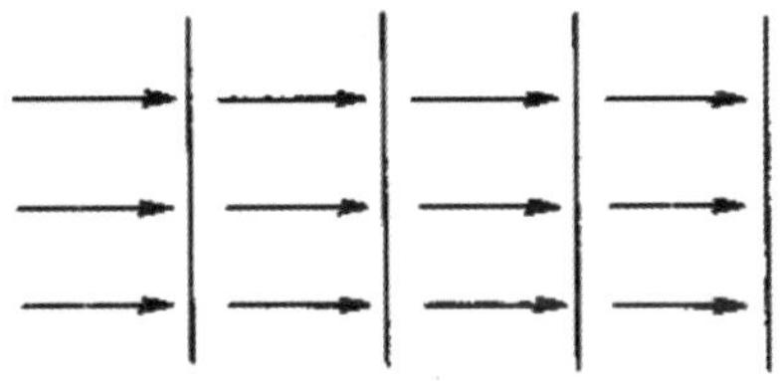

图 2-9 平面波

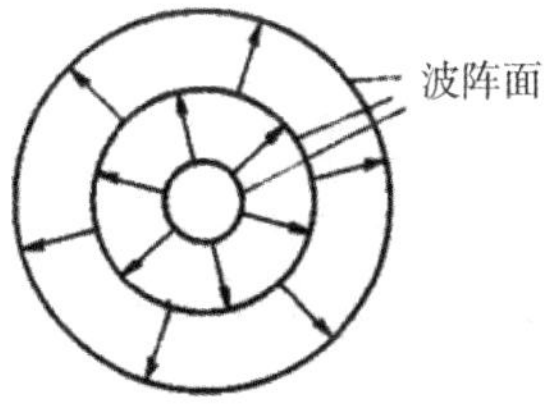

图 2-10 球面波

二、平面波(Plane wave)

沿 x 正方向传播的平面波的运动方程为:

$$S=A\sin\left[2\pi f\left(t-\frac{x}{v}\right)+\psi_0\right] \tag{2.12}$$

从式(2.12)可以看出,s 是 x 和 t 的函数,也就是说,要表示一个波,需要描述在波的传播方向上不同位置 x 的不同时刻 t 的振动。同一位置,不同时刻,介质或物理量的振动状态是不同的。同一时刻,在空间的不同位置,介质或物理量的振动状态也是

不同的。可以画出 s-x 和 s-t 图,如图 2-11 所示。

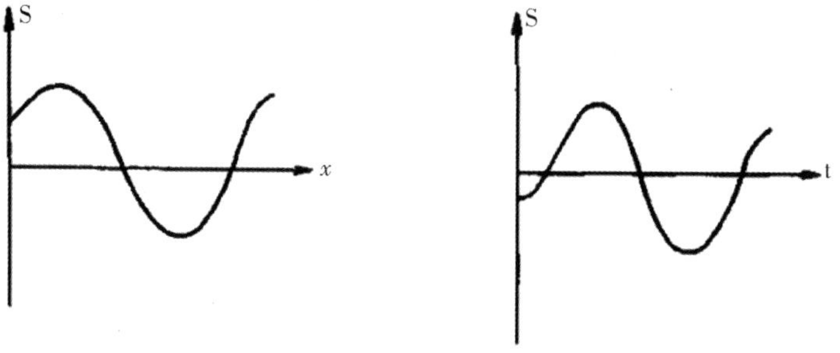

(a)s−x 图　　(b)s−t 图

图 2-11　平面波 s−x 和 s−t 图

与振动的表示式不同的是,波动方程位相中的时间项 t 多了一个因子($-x/v$),即原来的 t 变成了 $t'=t-x/v=t-t_0$。由于波的传播速度是 v,所示 $t_0=x/v$ 正好是从 $x=0$ 到达 x 处所花费的时间。换句话说,当 $t=t_0$ 时,$t-x/v=0$。即 t 时刻在 x 处的振动正好是 $t=0$ 时刻(也即时间向前推移 t_0 时)$x=0$ 处的振动。或者说在 x 处波的位相比 $x=0$ 处落后时间 t_0。

三、球面波(Spherical wave)

从波源 $r=0$ 处朝径向 r 传播的球面波的表达式为:

$$S=\frac{A}{r}\sin\left[2\pi f\left(t-\frac{r}{v}\right)+\psi_0\right] \tag{2.13}$$

其中,r 是球面波传播的距离,A 是波源的振幅。式(2.13)表明球面波的振幅与传播距离成反比。这一点很好理解,因为球面的面积与 r^2 成正比,随着 r 增大,能量的分布面积也增大,即使阵面单位面积的能量与 r^2 成反比。又知振动能量与振幅的平方成正比,所以球面波的振幅是 A/r。由此可见,从发声处向各处传播声音,即使振动本身没有衰减,传播时没有损失,远处声音听起来也要小很多。

若距离波源很远,在一个小范围内,球面波也可以近似地被看作平面波。

2.6.4　波长(wave Length)

波在振动一个周期内传播的距离叫作波长。

我们先来描述一下波的传播,如图 2-12 所示,假定这是一个机械横波,介质分子在 $t=0$ 时、$x=0$ 处正处于振幅最大处,然后这一处的介质质点就把振动逐点传递到相邻的分子,引起朝 x 方向前方的介质质点振动,就形成了波。

在这里,介质的质点在原处上下振动,波则向横向 x 方向传播。

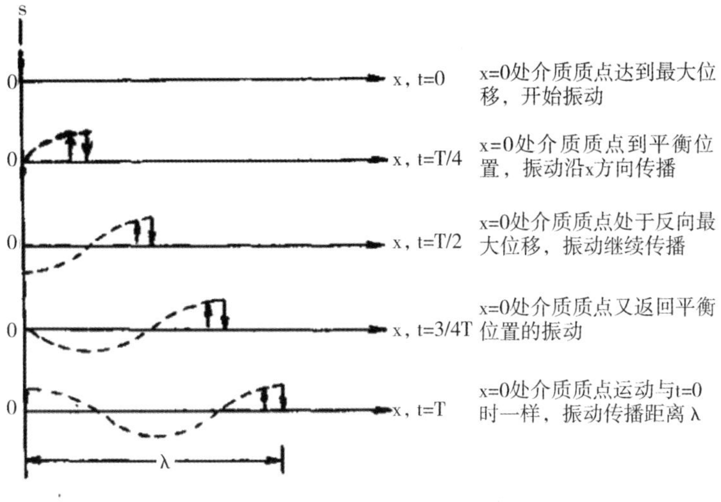

图 2-12　波的传播

从图中可以看出，经过一个周期以后，介质质点的振动又恢复了原样，波却传播了一定的距离。这个距离就是波长。或者说波长是波列在传播中某一时刻相邻两个同位相点之间的距离。

因此，已知频率以后，有时用波长 X 来描述波的传播，有时也用波速 v 来描述波的传播。

v 是波的传播速度，与振动质点的运动是两码事，不要混淆。

2.6.5　驻波(Standing wave)

振动频率、振幅和传播速度相同而传播方向相反的两列波叠合时，就产生了驻波。比如水波碰到岸边反射回来时，前进和反射波的叠合就产生了驻波。

驻波形成时，空间各处的介质点或物理量只在原位置附近振动，波停驻不前，没有行波的感觉，所以被称为驻波，如图 2-13 所示。形成驻波时，各处介质质点或物理量以不同的振幅振动。振幅最大处叫作波腹，振幅最小处即看上去静止不动处叫作波节。相邻两个波节或波腹之间的距离是半个波长。

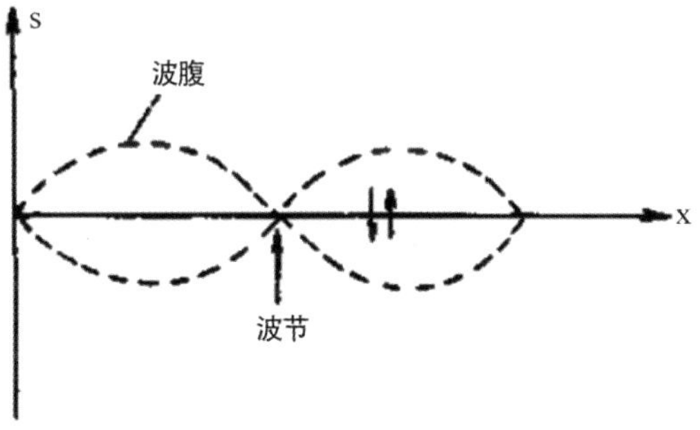

图 2-13　驻波

利用弦上的驻波或管内形成的空气柱的驻波可以测定波的频率。

把耳朵放在空的广口瓶或暖瓶上方倾听，可以听到嗡嗡的响声，这是空气在瓶内形成声驻波，瓶底是波节，瓶口外是波腹，瓶的深度即“管长”是四分之一波长。往暖瓶里灌开水时，随着水面的上升，可以听到逐渐升高的音调，这是空气在暖瓶内从水面到瓶口处形成了驻波，并在瓶口外形成波腹，随着水面的上升，水面到瓶口的距离即“管长”不断变短，形成的驻波的频率也不断升高的缘故。

2.6.6 多普勒效应

当波源与波的接收者之间以一定速度做相对运动时，接收者所接收到的频率(或波长)就会改变，这就是多普勒效应(Doppler Effect)。

当波源与接收者之间做相向运动即相互靠近时，接收者接收到的频率就会升高；当波源与接收者之间做反向运动即相互远离时，接收者接收到的频率就会降低。例如，听疾驶而来的火车鸣笛声，先是升高，然而当火车掠身而过再向后驶去时，鸣笛声又突然降低。夏天，树上有蝉鸣，你把扇子面对着蝉声摇动，并把耳朵贴在扇旁，则在耳畔可以听到随着你摇扇的节律出现音调的高低的变化。这也是多普勒效应。

当波源向接收者靠近时，两个波阵面之间的距离即波长变小了，于是频率变高了，反之亦然。

当介质静止、波源或观察者运动速度不大时，接收者听到的频率 f 用公式表达为：

$$f=f_0(1+u/v) \tag{2.14}$$

其中，f_0 是波源的频率，v 是波速，u 是波源与观测者的相对运动速度。当 $u>0$ 时，$f>f_0$；当 $u<0$ 时，$f<f_0$。

多普勒效应已被广泛应用。如证明运动的星体离我们而去，在光谱线上出现的“多普勒红移”，在马路上检测汽车是否超速行驶，在地震工作中用以确定地震时断裂面的走向，以至测定流体的流速，研究血液的运动等。

2.7 声波

2.7.1 声波的性质

一、声波是在介质中传播的机械波

声波的振动是机械振动。声波是在介质中传播的机械波。介质可以是气体、流体、固体或等离子体等，即使是电子乐器由电子振荡器作为振源，你听到的还是到达耳膜的空气的振动或通过人体传递达到耳朵的振动。

机械振动是通过介质质点的振动带动相邻的介质质点振动，由此逐步传递的。没有介质,声波就不能传播。你可以做一个实验,在钟罩里放一只电铃,听到它振动发声。然后抽去钟罩里的空气,你会听到铃声逐渐变弱,以致几乎完全听不见。这说明没有空气或其他物质作为介质,声波不能传播。

二、声波是纵波

关于纵波的特点,前面已经介绍过。我们的耳朵听到的声音就是空气的压缩和舒张刺激耳膜而产生的。

三、声速(velocity of sound)

声波的传播有一定速度。在空气中传播的声速与介质的温度有关,即:

$$v = 331.5 + 0.6t \ m/s \tag{2.15}$$

其中,t 是摄氏温度数(℃)。如室湿为 14℃~15℃,则 v≈340m/s。所以在不做精确要求时,我们常把空气中的声速以 v=340m/s 来计算。

声波在流体中和固体中传播的速度比在空气中传播的速度要快。表 2-1 中列出了在一些介质中传播的声速的数值。由此可见流体中的声速数倍于气体中的声速,而固体中的声速比气体中的高出一个数量级。因此,印第安人把耳朵贴在地面上听远处的马蹄声;把耳朵贴在铁轨上比站在路基旁可以提前听到驶来的火车声响。

弹性介质中传播的平面纵波的波速为:

$$V = \sqrt{\frac{E}{\rho}} \tag{2.16}$$

其中,ρ 和 E 分别是介质的密度和杨氏弹性模量。

绝热过程中,空气中的声速为:

$$V = \sqrt{\frac{\gamma P}{\rho}} \tag{2.17}$$

其中,P 是空气压强,ρ 是空气密度,γ 是定压比热容与定容比热容之比。对于空气,γ≈1.40。

可以证明,如果在空气中传播的声速是绝热的,则声速与压强无关。

四、声阻抗(Acoustic Impedance)

声波在其中传播的介质的密度与声速的乘积 ρv 叫作声阻抗或声阻。当声波在两种不同介质中传播时,两者的声阻抗相差越大,声波的反射成分就越大。极端地说,在完全相同的介质中,理想地想象一个面,则这个理想面的两侧是同一种介质,有相同的声阻抗,于是声波就没有反射。在刮风天气声音不能传远,除了风声掩盖等因素以外,空气疏密变化造成反射损失,也是使声波有传播损失的一个原因。表 2-1 中同时列出了一些介质的声阻抗。

表 2-1 一些介质中传播的声速和声阻抗

材料	v(m/s)	ρv(kg/m² · s)
空气(15℃)	340	410
水蒸气(100℃)	405	242
淡水(15℃)	1481	1.48×10^6
海水(15℃)	1500	1.54×10^6
玻璃	3100	8.0×10^6
松木	3500	1.57×10^6
铝棒	5150	13.9×10^6
钢棒	5200	12.0×10^6

五、声场(Sound Field)

声波存在的空间叫作声场。这与电场、引力场等概念是相似的。

常被研究的声场有扩散声场,即声源向四方传播,没有反射,这可以用消声室模拟;广场声场,即除地面反射外,其他方向的声波没有反射,这也可以用半消声室模拟;还有音乐厅、剧院等室内声场以及录音室、试听室中的室内声场等。当前研究的还有家庭室内声场、汽车声场、机舱内的声场等。

六、基频、谐波、分音

一般的声波都不是纯粹的正弦波,前面已经讲过,所有的周期振动都可以分解成各种频率、振幅和位相的正弦波,看成是它们的叠加。我们把频率最低的叫作基频(Fundamental Frequency),其倍频叫作谐波(Harmonics)或泛音(Over Tone)。

分音(Partial)是比谐波更加广泛的含义,除谐波外,还包括不完全是整数倍频的非谐波。现时常只把非谐部分称为分音。低于基频的谐波被称为次谐波。次谐波存在时,听感有时会"听到"较低的频率。

2.7.2 声压,声功率,声强,声压级,功率级,声强级

一、声压(Sound Pressure)、声压级(Sound Pressure level)

由于声波是压缩波亦即疏密波,在声波传播时,介质被部分地压缩和扩展,引起其密度的变化,以气体为例,气体的状态的方程为:

$$PV=\frac{m}{\mu}RT \tag{2.18}$$

写成:

$$P=\frac{m}{\mu}\frac{RT}{V} \tag{2.19}$$

其中，P、V、m、μ、ρ、T 分别是气体的压强、体积、质量、摩尔分子量、密度和绝对温度，R 是气体普适常量。由公式可知，气体的压强随密度成正比变化。

声波在大气中传播时，空气时疏时密，密度时小时大，也即局部的大气压时高时低。我们把这瞬时的大气压 P_t 与静止的大气压强也即平均大气压强 P_0 之差称为声压，即瞬时声压。

$$p_t = P_t - P_0 \tag{2.20}$$

我们常说的声压是平均声压或有效声压。

$$\bar{p} = \frac{1}{T}\int_0^T |P_t|\, dt \tag{2.21}$$

如果是简谐声波，则用有效声压 P，即瞬时声压的方均根值。

$$p = \frac{p_m}{\sqrt{2}} \tag{2.22}$$

其中，p_m 是声压幅值，也叫作最大声压。如果不特别声明，则声压是指有效声压，声压的单位就是压强的单位 Pa（帕）。$1Pa = 1N/m^2$（牛顿/米^2）。

声压是一个很小的量。在频率 f≈1000Hz 时，一般人的听闻，即刚刚能听出来的声压值为 2×10^{-5}Pa，在教室里高声讲课的声压约为 10^{-1}Pa，10 米外喷气飞机发动机的声压约为 2×10^{-2}Pa。这是人耳的痛阈，即对一般人来说再大的声压就忍受不了了，而一个大气压约为 1×10^5Pa。

由于人耳的听觉范围很宽，达 7 个数量级，所以用对数来表示声压，取声压级。

$$SPL = 20\lg\frac{p}{p_0} \tag{2.23}$$

把一般人在空气中的听闻的下限 2×10^{-5} Pa = 20μPa 取作 p_0，则当 $p = p_0$ 时，SPL = 0；$p = 2\times10^2$Pa 时，SPL = 140。声压级的单位叫作 dB（分贝）。一些状况下的声压和声压级如图 2-14 所示。

由式（2.22）可知，声压增大为 10 倍，即高一个数量级，声压级会增加 20dB。

液体中的声压级取 p_0 = 1μPa。在不讲明的情况下，一般指 p_0 = 20μPa。

二、声功率（Sound Power）、功率级（Sound Power Level）

声功率是对声源而定的，是指声源每秒所发出的能量，以瓦特（瓦）为单位，符号是 w，1w = 1J/s（焦耳/秒）。例如，极轻的微微细语约为 10^{-8}W，高声唱歌约为 10^{-4}W，喷气飞机发动机为 10^5w = 100kw 等。

与声压一样，我们还用对数来表示，即声功率级。

$$SWL = 10\lg\frac{W}{W_{ref}} \tag{2.24}$$

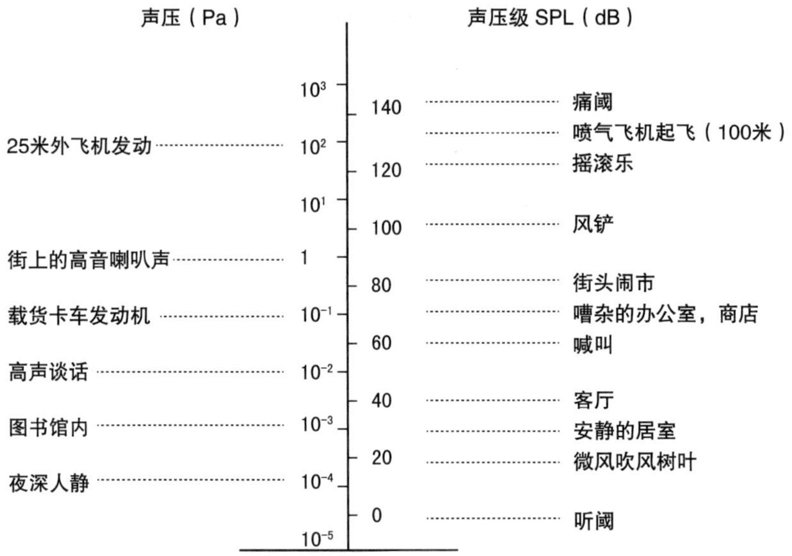

图 2-14　一些状态下的声压和声压级

一般取参考功率：$W_{ref}=1\times10^{-12}W=1Pw$（皮瓦），这是一般人刚刚可以听出来的声功率。于是 $10^{-4}W$ 的功率级为：

$$SWL=10\lg\frac{W}{W_{ref}}=10\lg\frac{10^{-4}}{10^{-12}}=80dB$$

声功率每提高 10dB，实际功率增大 10 倍。

三、声强（Sound Intensity）、声强级（Sound Intensity Level）

我们把通过每单位面积传递的声功率称为声强，其单位是 w/m^2（瓦/米^2）。平面波的声强不变，球面波的声强与传播距离的平方成反比。同样，我们用声强级来表示。声强级与功率级有同一数值。

$$SIL=10\lg\frac{I}{I_{ref}}=SWL \tag{2.25}$$

由于声强和声功率都难以直接测量，所以我们还是常用声压级来表示。在特定条件下，声强级与声压级有同一数值。

声强与声压的平方成正比。

2.7.3　声波的传播，声的绕射、反射和折射，声波的独立传播定律

我们知道，机械波在均匀介质中传播时，传播方向不会改变；机械波在非均匀介质中传播时，会改变方向；当机械波从一种介质传播到另一种介质的界面时，会发生反射或折射，即一部分反射、一部分透射、一部分被吸收；当波在传播中遇到障碍时，会发生

绕过障碍的现象,声波就是这样的。这一节我们来讨论声波在传播中的这些现象。

点声源产生的球面声波,在无反射空间中,声压是与距离成反比的。由于声强与声压平方成正比,所以点声源辐射声波的声强是与距离平方成反比的,这叫作平方反比定律。于是,当距离增加一倍时,点声源辐射声波的声压级和声强级都将减少6dB。

当声源为线声源时,辐射声波的声压级和声强级,在距声源距离增大一倍时,都将减少3dB。

对于面积很大,做整体振动的面声源来说,它辐射的声波声压级和声强级都不随距声源的距离而改变。

一、惠更斯原理

惠更斯(Huygens)提出:波所到达的每一点,都可以看作新的波源,从这些新的波源发出次波来,新的波阵面就是这些次波的包迹。这就是惠更斯原理(Huygens' Principle)。惠更斯原理告诉我们,根据某一时刻的波阵面的位置,可以确定下一时刻的波阵面的位置,从而确定波的传播方向。包迹亦叫作包络线,次波的包迹就是包住这些次波的轨迹线。

假设从波源D处发出的波,在均匀介质中以速度v向四周传播,在时刻$t=t_1$时的波阵面是以半径为R_1的球面s_1,$R_1=vt_1$。根据惠更斯原理,经过δt时间,亦即在$t=t_2=t_1+\delta t$时刻,波阵面的位置是以s_1面上的各点作为新的波源,以$r=v\delta t$为半径作的圆的包迹s_2,如图2-15所示。新的波阵面是以O为球心,$R_2=R_1+r$为半径的球面。

$$R_2=R_1+r=vt_1+v\delta t=v(t_1+\delta t)=vt_2$$

可见根据惠更斯原理得出的由s_1面出发在$t=t_1+\delta t$时刻的波阵面,与看作从波源出发经过时间t_2所达到的波阵面,即以O为球心,$R_2=vt_2$为半径作的球面是一样的。

对于在均匀介质中传播的平面波,同样可以用惠更斯原理得出下一时刻的波阵面的位置,如图2-16所示。

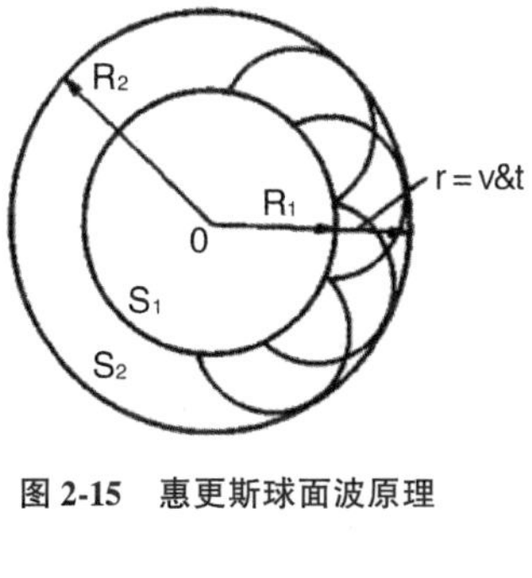

图2-15 惠更斯球面波原理

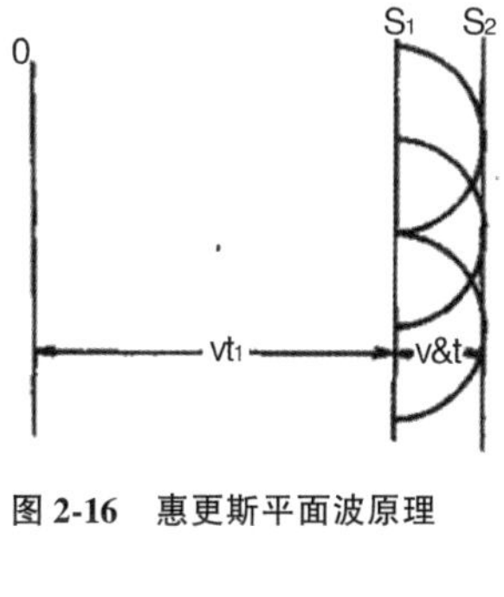

图2-16 惠更斯平面波原理

在各向同性的均匀介质中传播的波,根据惠更斯原理求出的波阵面的几何形状是不变的,即平面波还是平面波,球面波还是球面波,这是因为在各个方向上波的传播速度是不变的。在非均匀介质中,波的传播速度要改变,因此根据惠更斯原理得出的波阵面的几何形状就会发生变化,亦即波的传播方向会发生变化。这是符合实际情况的。

二、声波的衍射

波在传播过程中遇到障碍物时,传播方向要发生变化,发生绕过障碍物的衍射现象(Diffraction),也叫作绕射现象。我们用惠更斯原理加以说明:

如图 2-17 所示,平面波的波阵面接近一个宽度 d 大于波长的缝时,把缝上的各点看作新的波源,从此发出球面形的次波,画出这些次波的包迹线。可以看出,在缝中间前方的波阵面还是平面,而在缝边处的波阵面已不是平面,缝两边的波阵面发生了弯曲,波线——即表示波的传播的方向的线改变了方向,说明波的传播方向改变了。一部分波,也就是一部分能量没有继续向前传播而向旁边传播。这就是衍射现象。

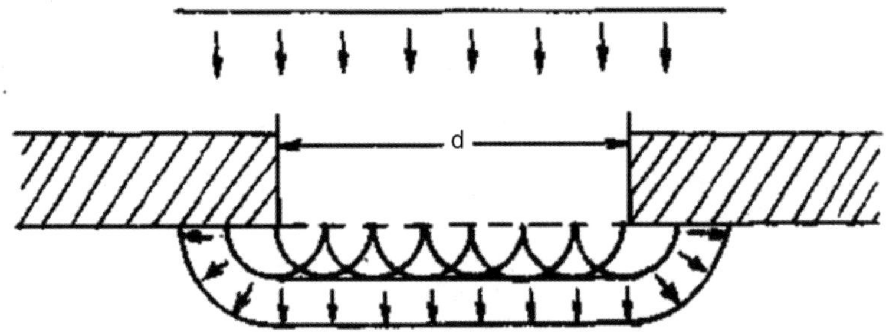

图 2-17　波的衍射

如图 2-18 所示,把波所到达的每一点看作新的波源,由此发出球面形次波,用这可以解释波可以绕过障碍物传播。隔着高墙可以听到墙那边的人说话,即所谓"隔墙有耳",是有科学根据的,如图 2-18(b)所示。无线电波可以绕过山头、楼房等传播,都是这个道理。

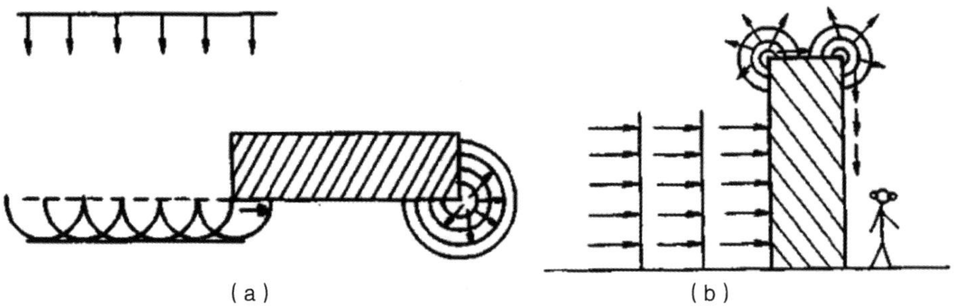

图 2-18　波的衍射实例

从图 2-17 可以看出，缝宽 d 越大，则波的越多的部分继续向前传播不改变方向，亦即衍射的部分越小，衍射现象越不显著；反之，缝宽 d 越小，衍射部分越大，衍射现象越显著。当波长 $\lambda > d$ 时，则缝处成了一个点波源，于是衍射现象就很显著。因此，对于同样大小的狭缝或障碍，波长越长，衍射现象就越显著。声波的波长约为几米，中波无线电波的波长约为几百米，因此衍射现象显著，而超声波及光波的波长很短，衍射现象就不显著。

要在特定条件下才能观察到衍射现象，因此超声波及光波可以聚焦形成定向发射的波束。

三、声波的反射

当波传播到两个介质的交界面时，会发生反射，其入射线与反射线在反射面法线的两侧，而且入射线、反射线与反射面的法线在同一个平面内，入射角等于反射角。这就是波的反射定律（Reflection）。如图 2-19 所示，入射角为入射线与反射面法线之间的夹角∠1，反射角为反射线与反射面法线之间的夹角∠2，根据反射定律，有∠1 = ∠2。

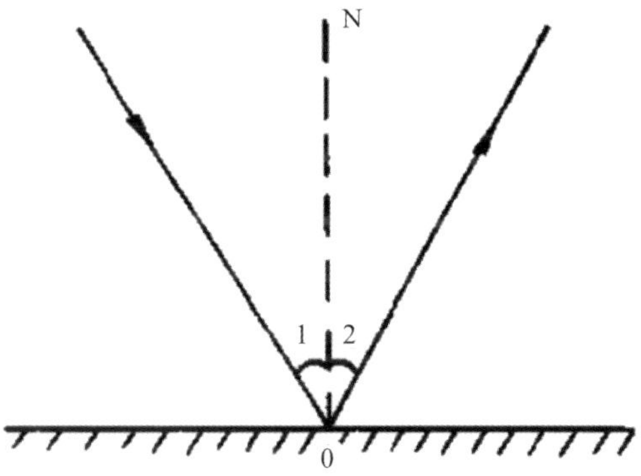

图 2-19　反射定律

在实际事物中，声波的反射通常是要考虑的。在音乐厅、剧院、礼堂或试听室的设计中，要考虑四壁、天花板甚至台阶等处所产生的声波的反射，并且不仅要考虑一次反射，还要考虑多次反射。这与房间的大小，结构形式，长、宽、高比例和材料及表面的粗糙程度等都有关。如北京音乐厅台上高悬的挡板（见图 2-20），两侧的侧棱等都有反射声波的作用。在小房间里唱歌，比较“拢音”或感到“深厚”，也是声波多次反射的效果。

当声波的入射角大到一定程度时，会发生全反射，即全部能量都反射出去而没有被吸收。因此，只要是一个足够大的圆形建筑的光滑内壁，都会有声的全反射效果，例如北京天坛的回音壁（见图 2-21）。天坛的三音石（见图 2-22）实际上可以听到不止两个回声,这利用了声波的多次反射作用,而人的站位和坛内两个耳房等建筑结构又破坏了完全对称的格局。在相邻的两座楼房中间燃放爆竹,也会听到多次反射声。

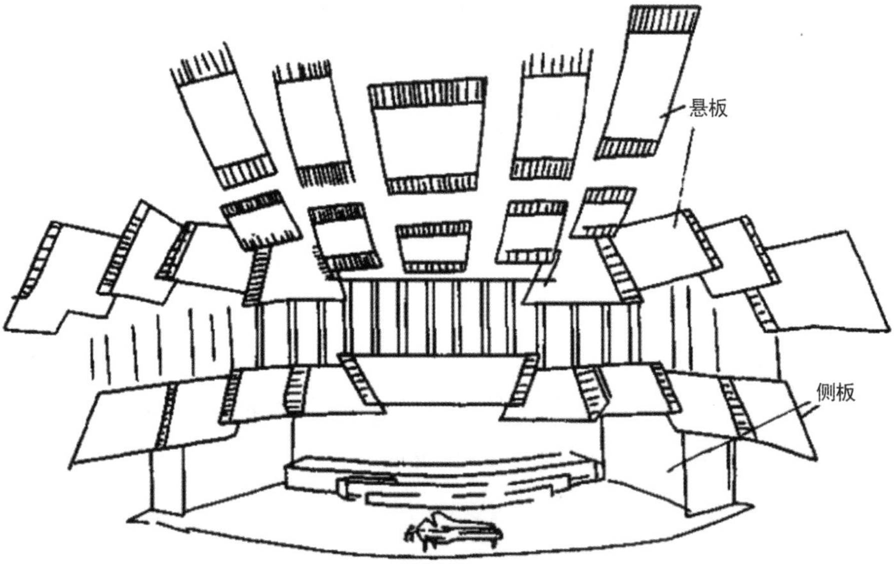

图 2-20　北京音乐厅舞台结构

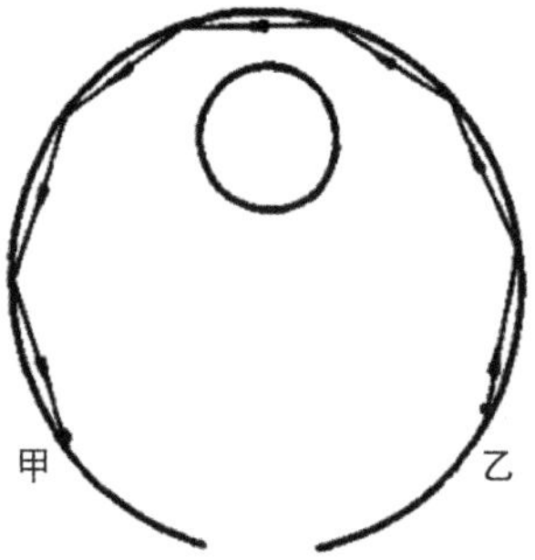

图 2-21　天坛回音壁

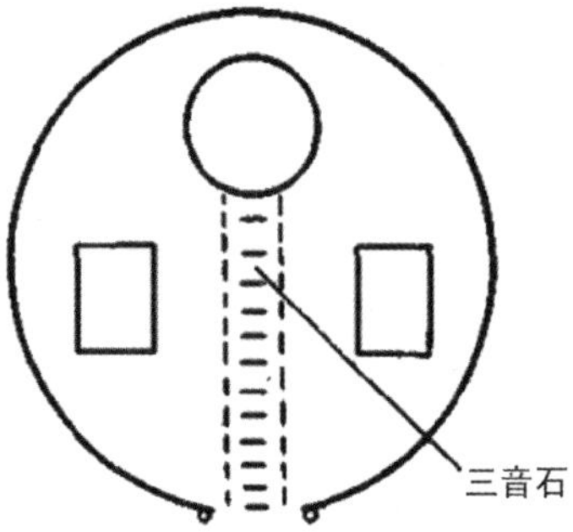

图 2-22　天坛三音石

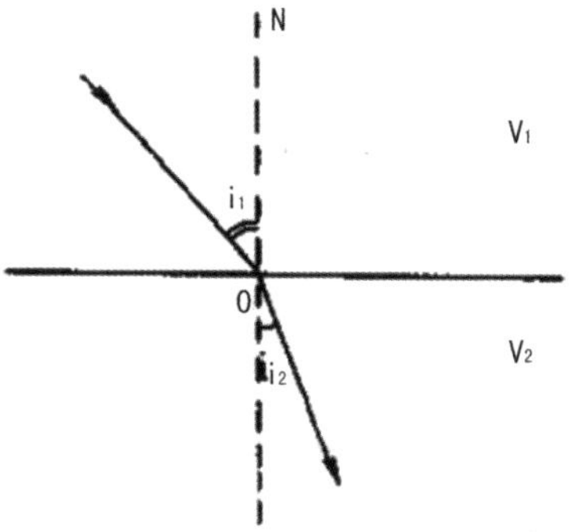

图 2-23　折射定律

四、波的折射(Refraction)、声波的弯曲(Bend)

当波从一种介质传播到另一种介质时,由于两种介质内的波传播的速度不同,会发生折射,其入射线与折射线在折射面法线的两侧,而且入射线、折射线与折射面的法线在同一平面内。入射角、折射角以及波在介质里的传播速度有关系:$\frac{\sin i_1}{\sin i_2}=\frac{v_1}{v_2}$,其中 i_1 是入射角,即入射线与法线之间的夹角;i_2 是折射角,即折射线与法线之间的夹角,v_1是入射波在介质 1 中的波速,v_2是折射波在介质 2 中的波速(见图 2-23),这就是折射定律。

只要是介质的密度、压强、温度或声阻抗不同,就应看作不同的介质,在其中传播的声若发生变化,声波就会产生弯曲。两种介质并不一定要有明显的分界面。

在炎热的夏日中午,如果晴朗无风,你会发现原野寂静无声,这是因为地面温度高,声波向上弯曲,甚至可以造成无声区(见图 2-24)。正如印度的伟大诗人泰戈尔在《园丁集》中所描述过的情景那样,他写道:"树林在正午的炎热里沉睡,大路寂无人影……我凝视天空,把我所熟悉的那个人的名字织在蔚蓝色的苍穹里。"

同样,在清晨或晚间,你可以听到远处的火车声、机场的飞机轰鸣声。这是因为地面温度较低,声速较小,声音朝着速度小的方向弯曲(见图 2-25)。在刮风的天气,呼呼的风声好像格外响地传入你的耳朵,也是高空风速大的缘故。你可以这样看:由于声音靠空气介质传播,介质本身有附加速度,也就增大了波的实际传播速度。

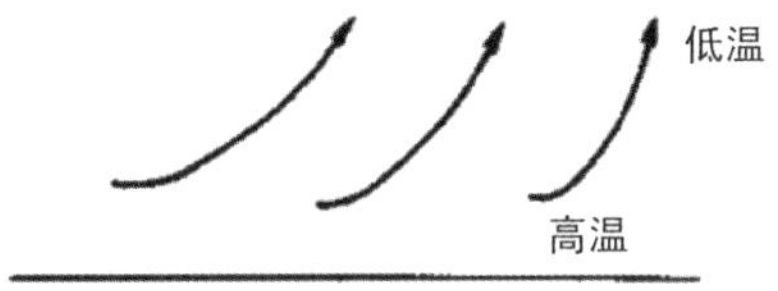

图 2-24　声波向低温弯曲

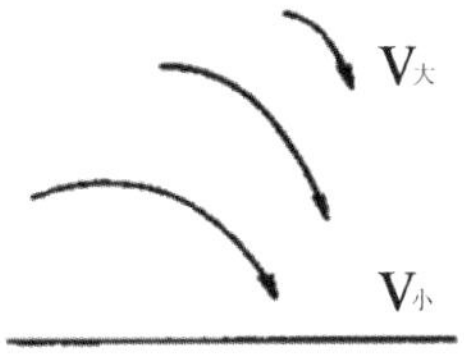

图 2-25　声波向速度小方向弯曲

五、声波的反射与透射成分

一般来说,总有一部分声波在两种介质的界面产生反射,而另一部分则透射进第二种介质。可以说明,两种介质的声阻抗 ρv 相差越大,声波的反射成分就越大(所谓两种介质的分界面,不一定是有形的。只要介质的密度或声阻抗发生变化,声波就会产生反射,朝前传递的声能就会有损失)。

至于透射部分被吸收多少,是与介质材料有关的。

六、声波的独立传播

由两个波源发出的波,在空间汇合后,还继续沿着各自原来的方向传播,这就是波的独立传播定律。例如,两个探照灯的光柱在天空中交叉汇合时加强,然后又各自沿原来的方向前进,好像没有经过汇合一样(见图 2-26)。

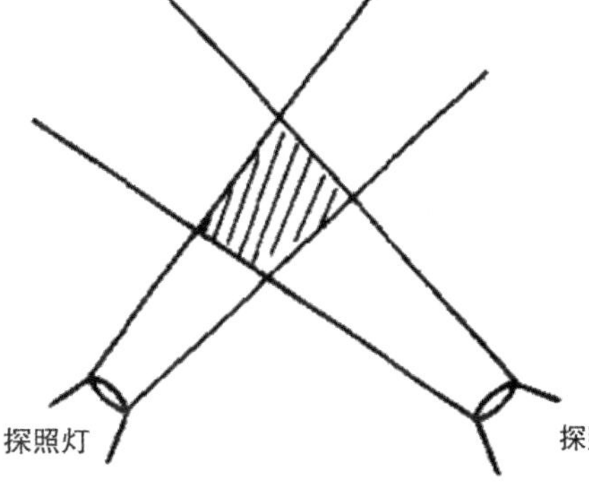

图 2-26　波的独立传播

两个波源的水波叠加时,会起一种粼粼的纹理,而后也会沿着各自原来的方向前进。

管弦乐队演奏时,虽然各种乐器发出的声波在空间里都已是交汇在一起的,你仍可以分清台上各个不同位置传来的不同乐器的声音,这也是声波的独立传播原理。

在嘈杂的场合下能听得出某一个特定的人的声音或者某种特别的声音,也是靠声的独立传播性质。

用唱片或磁带记录声音时,在一条声迹上可以同时记录不同的声音,然后重放出来,也是基于声的独立传播性质。

2.7.4 波的干涉

两声波同方向进行时,如果两声波的频率相同、波长相等,在同一空气条件下传播的速度也相同。如果两声波的"密"部和"疏"部完全重合,音量就会加强,这一现象叫作两声波的"位相"相同;反之,如果两声波的"位相"相反即甲波的"密"部与乙波的"疏"部相重合,音响就会互相抵消,声音就不会被听到。但如果两声波声强(振幅)不同,是一强一弱,这时声波不是全部消失,而是减弱了,减弱的幅度等于两者振幅的差。

图 2-27 所示是音叉的二股正在振动时的情况。当二股向内振动时,二股中间的乙处便形成密部,音叉二股旁的甲、丙两处形成疏部;当音叉的二股向外振动时便相反,乙处形成疏部,甲、丙两处形成密部。音叉两股所产生的疏密波向外传播开去,互相牵制着。图中的虚线部分表示,疏密两波相遇的地方,互相抵消便听不到声音。因此,如果我们把发声的音叉拿到耳边慢慢地转动,当转到图中虚线的位置时便听不到声音,离开了虚线的位置,又可听到声音。这样就会听到时有时无的声音。每转一圈可以发现有四个静止点。如果我们把音叉的一股套上一个纸套,这时有时无的情况就可改变。

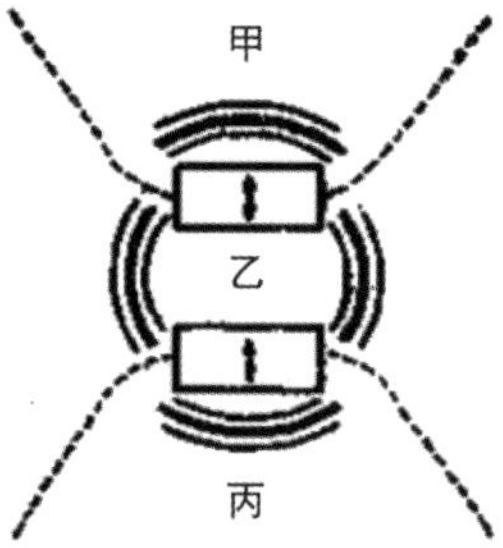

图 2-27　音叉两股振动

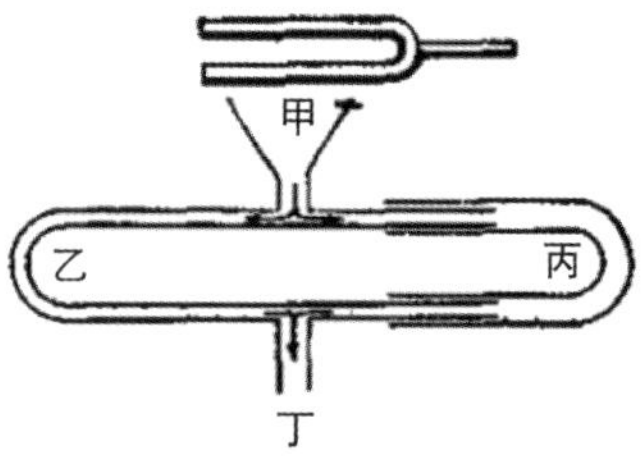

图 2-28　声波干涉试验

声学家昆诗教授创制了一种仪器,如图 2-28 所示,可做声波干涉的实验。一个装有漏斗的"U"管甲乙丁管,套在一个可以自由伸缩的丙"U"管内。把一个发着音的音叉,放在漏斗的附近,如果把耳朵放在丁处,便可听到由两个"U"管传来的声音。这时把丙管伸长或缩短到一个合适的位置,由一管内传来声波的密部和另一管内传来的密部同时到达丁处,或两管传来的疏部同时到达丁处,发出的声音就会特别响亮。但如果从一个管内传来声波的疏部和另一管内传来的密部同时到达丁处,由于互相抵消,我们便听不见声音了。这种管子长度的变化不大,只能用于波长为几十厘米的高频声波。

声波的干涉主要存在两种极端现象:一种为耦合干涉,另一种为破坏性干涉。对于纯音频率正弦波信号来说,耦合干涉指的是同相正弦波叠加产生的增强作用,而破坏性干涉指的是反相正弦波叠加所产生的抵消结果。而对于复音信号来说,声波干涉往往会造成梳状滤波效果的出现。

梳状滤波效应理论的发展得益于相位角理论的发展和多轨录音技术的发展。

正如之前所说,正弦波是没有任何谐波成分的波形,所以无论两个正弦波的相位角度如何不同,叠加后仍是一个正弦波,而不是一个梳状滤波。如果赋予正弦波若干谐波成分,就是一个复杂的声波(乐音或语音),两个复杂声波的彼此干涉所形成的波形由于类似于一把梳子而被称为梳状滤波。梳状滤波响应同样也是由两个信号的时间差造成的(但是时间差不是形成梳状滤波效应的唯一原因)。在实际工作中,时间差代表若干声源相对于一只传声器的距离差,或是多只传声器与一个声源的距离差。由于每一个传声器膜片反映的都是多个声源作为矢量声压的总和,所以除非用一只传声器拾取一个声源,否则都会产生梳状滤波效应(这也是要谨慎增加传声器数量的原因。当然从严格意义上来讲,由于有来自声源四周的反射,所以即使是一只传声器对单一一个声源同样也会产生梳状滤波效应,并且这种情况无法根除,只能减轻)。梳状滤波效应仍可从信号之间的频率差得出,由于声波之间波长的差异,即使是同时到达信号接收端的两个声音信号,仍可造成梳状滤波效应,这对于前期录音及后期制作同样具有重要的指导意义。

另外,声波的干涉还可能会在室内空间产生驻波效应。由于驻波效应在听感上表现为某一频率信号在室内某一区域的加强和衰减,造成室内各处声能分布的不均匀,并形成在同一室内对录音节目的听感不统一的效果(例如在录音师和制作人的位置上对低频质量有不同的主观评价),因此成为室内声场扩散的主要障碍因素之一。

2.7.5 声波辐射的方向特性

乐声的辐射总体来说是比较复杂的,尤其对于辐射的方向来说更为复杂。但是声波辐射的方向性是与声波的波长相联系的。一般来说,低频的声波往往无方向性,高频的声波往往具有各种各样的方向性。

对于录音行业人员来说,对扬声器、传声器以及乐器的方向特性的了解是非常重要的,同时要掌握在声学中 DI(方向系数)的概念。如图 2-29 所示,我们将一个无指向性的点声源作为参考,其中 Lp 是点声源与传声器的距离,然后我们调整两个声源的辐射功率,使之相等,接下来移动下方传声器的距离,使得两个传声器所接受的声压级相同,那么两者之间的距离差就是方向系数的大小。图 2-30 展示了一个圆管末端辐射的声波方向系数与声波频率的关系。这种情况与小号及其他铜管乐器类似。

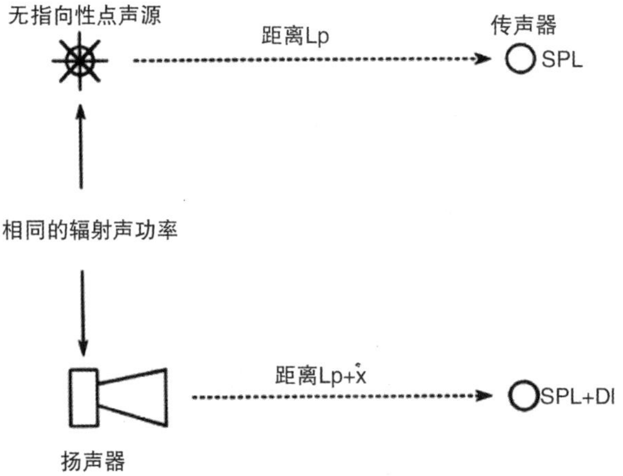

图 2-29　声波辐射的方向特性和 DI

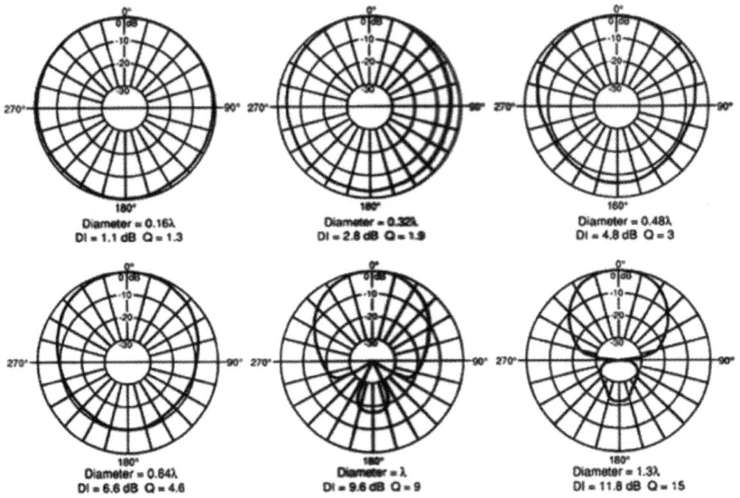

图 2-30　圆管末端辐射的声波方向系数与声波频率的关系

可以看出,当辐射的声波频率较低时,辐射方向呈无指向性。而当辐射声波频率逐渐增高,辐射方向则呈现出明显的指向性。以小号为例,假设小号的号口直径为 0.1 米,那么 0.1 米相对应的声波波长所对应的频率为 3440Hz,而且由图 2-30 可知,此频率使得方向系数为 9.6 分贝,然而我们知道 3440Hz 已经超出了小号的基本频率范围,几乎是无法演奏的。而对应小号在 1kHz 左右的频率来说,则是可以演奏的,在此频率段,号口的直径大约是频率波长的 0.3 倍,由图 2-30 可知,声波的辐射几乎是无方向性的。

2.8 声场

声学环境是通过声波的不同形式表现出来的,而这种声学环境就是我们所说的声场。自然声场是由声源的大小、声源的距离、声源传播的路径以及声波传播过程中的各种反射、吸收等因素决定的。

2.8.1 自由场

自由场是指声源辐射的声波朝四面八方辐射,同时不存在反射和吸收的一种声学环境。一般我们也用直达声场来描述这种环境。在这种声学环境中,距离声源的距离越远,或者声源的尺寸越小,那么所得到的声压就越小,此时我们称这种情况为远场。一般来说,离声源的距离每增加一倍,则声压减小一半。通过实验,我们可以得到声压与自由场中声源距离的关系(见图 2-31)。

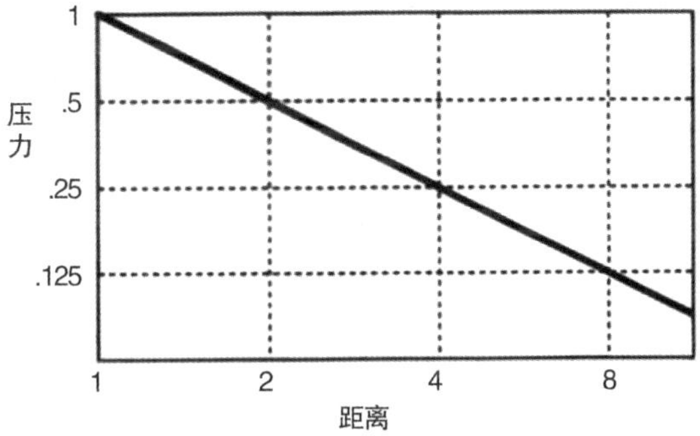

图 2-31 声压与自由场中声源距离的关系

许多扬声器和传声器的制作厂家都建有较大的、用来模拟自由场的声学环境无混响室,来进行产品的性能测试。一般来说,模拟自由场的声学环境的无混响室是非常难以实现的,尤其对于低频的响应更加难以实现。图 2-32 所示是一个无混响室的结构草图。其中,房间的六个面全部是尖劈性的玻璃纤维,尖劈的深度至少是最低频率波长的 1/4 或更大,这样才可以更充分地吸收声波的辐射,消除声波的反射,达到没有混响声的目的。因此可以看出,对于频率低的声波的吸收要困难一些。

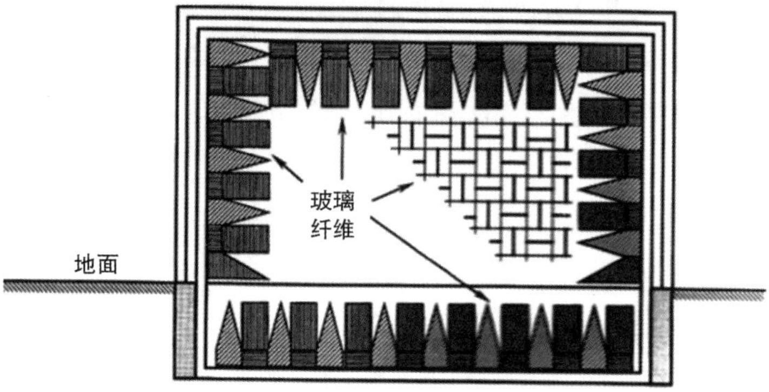

图 2-32　无混响室的结构草图

另外,室外的空旷环境也可以等效于自由场,在这个环境中只有地面存在反射和吸收的作用,因此可以将声源看作向地面以上半个球面的自由声场(见图 2-33)。

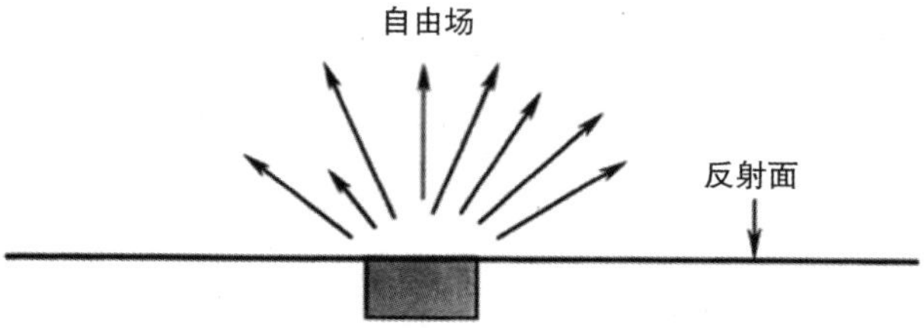

图 2-33　自由声场

2.8.2　扩散场

扩散场是指声场中任意一处的声压都相同,声波的传播在各个方向上都类似的声学环境。典型的扩散声场就是混响室,在声波辐射的过程中存在着各个表面反射的声波,比如室内,各个墙面的吸声系数都小于 0.2 时,就可以等效看成一个扩散场。在这种环境中,将声源打开后,任意点的声压变化如图 2-34 所示。

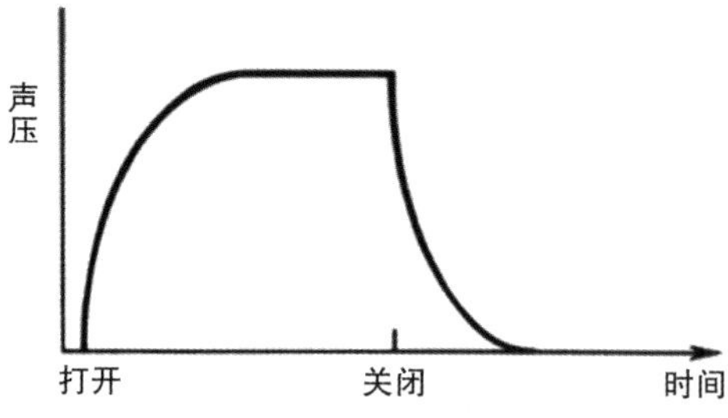

图 2-34　扩散场的声压变化

当达到声压的稳态值时,声源辐射的能量将转化为各个反射面所吸收的能量,当声源关闭时,混响声场中的混响声能量将会逐渐被吸收殆尽。我们一般称这种扩散声场或混响声场为“活场”,称上一节介绍的自由场为“死场”。为了描述混响状态,我们用混响时间来定义,当声源停止幅射声波后,混响声的声压级下降 60 分贝所需的时间被称为混响时间。由于声波的吸收与频率有关,因此混响时间一般也与频率有关。混响时间可以通过艾润公式计算得到。

$$T_{60}=0.161\frac{V}{-S\ln(1-\bar{\alpha})} \tag{2.26}$$

其中,V 是房间的体积,S 是房间的面积,α 是房间的平均吸声系数。另外,由于低频分量的声波波长较长,如果要使其充分反射,则需要房间的尺寸增大。因此,对于一个已给定房间来说,其最低的低频混响频率并不是无限制的,可以用公式 2.27 来确定。

$$f=2000\sqrt{\frac{T_{60}}{V}} \tag{2.27}$$

其中,T_{60}是房间的混响时间,V 是房间的体积。

2.8.3 直达声场和混响声场

如果我们在一个相对“活的”声场中放置一个扬声器,并使扬声器辐射声波,那么在距离扬声器较近距离的听音者会明显地感觉到扬声器直达声的作用,亦即处于直达声的声场中;当我们逐渐远离扬声器,增大与扬声器的距离时,随着距离每增加一倍,直达声的声压会以降低 1/2 的比例逐渐减小;当我们到达某一距离时,会发现直达声的声压与混响声的声压在这一点相同了,这个距离我们称为混响半径或临界距离;当我们再增加距离时,就可以明显地感觉到混响声起主要作用了,亦即我们进入了混响声场。它们之间的联系如图 2-35 所示。

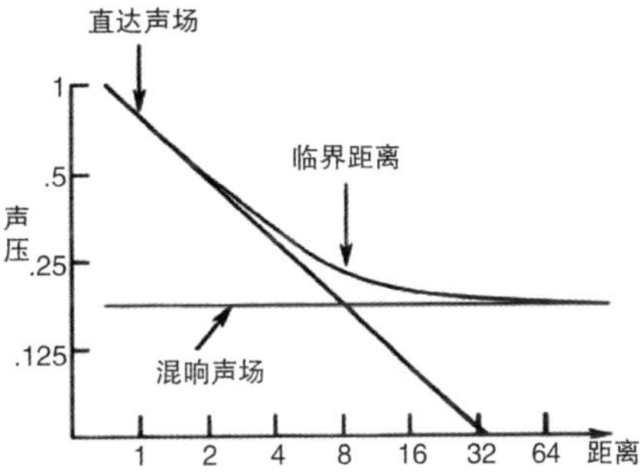

图 2-35 直达声场与混响声场的关系

对于一个无指向性的点声源来说,其混响半径或临界距离为:

$$D_c=0.14\sqrt{S\alpha} \tag{2.28}$$

其中,S 是房间的表面面积,α 是房间的平均吸声系数。

2.8.4 湿度对声场的影响

许多人认为,在空气湿度较大的环境中,声场会更“活”、更“明亮”,其实恰恰相反。事实上,空气中湿度的增加会增大声场对高频声波的吸收,一般来说,当湿度大于15%后,这种衰减就比较明显了(见图 2-36)。比如,8kHz 的频率声波在 50%湿度的声场中每 30 米会衰减 3 分贝左右,这些衰减会叠加在距离与声压的衰减上,因此在距离较远处听到的声音将是比较空的。

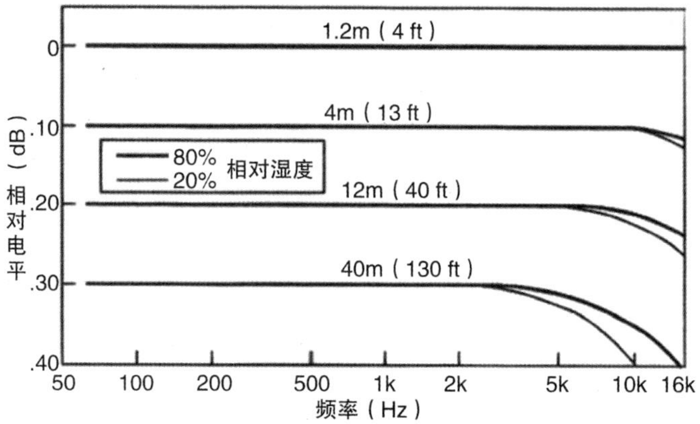

图 2-36 湿度对声场的影响

下面我们再来举一个声学的例子：我们将音叉放置在一张柔软且绷紧的薄膜上，然后使音叉振动，这时我们可以听到音叉的振动与我们直接将音叉拿在手中的振动相比是非常清晰的。这是由于音叉的振动与薄膜相互耦合，使得耦合后的波膜提供了更加有效的声音辐射，而这种辐射是音叉单独振动所不能实现的。

思考题

1. 简谐振动的三要素是什么？
2. 为什么声波是纵波？
3. 惠更斯原理是什么？
4. 试用声学原理解释“隔墙有耳”的现象？
5. 延时在实际扩声中的应用有哪些？
6. 声波在传播时有哪些特性？

3 室内声学基础

在第 2 章中,我们主要讨论了声学数理基础知识以及声波的传播特性。而在实际应用中,声音往往存在于室内空间,受到室内空间边界的影响。因此,了解声音在室内空间的传播特性是非常重要的。在此前提下,我们才能知道如何通过建筑声学设计改善室内听闻条件或录音条件,从而获得良好的听音效果。

研究分析各种不同空间环境的声学条件及其对声信号的影响,无论对于声音的艺术构思还是对于录音制作来说都是非常重要的。反过来,它又为创造特定的录音声学环境条件提供了必要的依据。

我们可以用波动理论对封闭空间声场进行严密的分析,但这种理论分析的方法计算复杂,而且至今尚无完整的实用公式可供实际使用。因此,尽管它是从声波的本质出发考虑问题,但在实际应用中有很大的局限性。另一种方法是以“声线”为基础,运用几何图解的方法分析封闭空间中的声反射情况,这就是“几何声学”。用几何声学的方法研究分析封闭空间内的声分布状况,虽然简单明了,易于掌握,也有一定的实用价值,但它受到许多限制,而且不能反映声场的各种特性,所以通常只作为一种辅助手段加以应用。在实际工作中使用最广泛的是一种对封闭空间声场的“平均”情况做统计描述的近似理论,这就是“统计声学”。这种理论虽然不能给出声场中每一个反射声及其相互干涉等个别情况,但它运用统计分析的方法可以得出描述声场总体特性的简单公式,具有很强的实用性。

综上所述,描述封闭空间声场的三种基本理论各有其长处和短处。统计声学简单实用,但它并不具体考虑各个反射声的实际情况。而几何声学虽然可以分析反射声的分布情况,但不能说明声场的特性。这两种理论都不是从声音的波动本质出发的,对许多声现象必然不能做出满意的解释,甚至还会出现某些误解,在这种情况下,只能求助于波动理论了。

3.1 用几何声学分析处理室内声场

几何声学是一门运用声线的概念研究声学问题的科学。采用声线研究分析室内声场,主要了解声波在室内各反射面反射后的反射声分布情况。它的理论基础就是惠更斯原理。惠更斯提出:波所到达的每一点,都可以看作新的波源,从这些新的波源发出次波,新的波阵面就是这些次波的包迹。根据这个原理,声波的反射同光波一样,遵循相同的反射定律。这就是说,它和几何光学的假设相似,可以用类似于光线的声线来表示声音的传播途径,并且满足反射定律(入射角、反射角等)。必须注意,由于声波的波长比光波要大得多,这就要求在运用这一规律时必须满足一定的条件,即只有在声波的波长比反射面的尺寸小很多的情况下才是正确的。

一般来说,采用几何声学的方法研究分析室内反射声分布情况时,可以从房间(封闭空间)的纵剖面和横剖面了解声波经若干次反射之后的可能分布。事实上,声波经室内各个墙壁多次反射之后(2~3 次),反射声的分布已经相当繁杂和紊乱,实际意义已经不大,因为这已经接近于无规分布了。

在具体进行作图分析时,利用镜像反射概念,可以使作图方法极大简化。以点声源为例,这时声源辐射的声波可以近似地看成球面波,辐射的声波则可以用一束声线表示。这种声线束在某一坚实平滑的平面(刚性面)上反射,就好像从反射面背面一点发出的声波一样。诚然,这点至反射面与反射面至声源的垂直距离相等。由此可见,我们可以将反射面想象为一个镜像声源——虚声源,所有反射声如同从虚声源直接发出一样。如果以前一次反射声线为入射声线重复采用镜像原理作图,可以绘出下一次反射声,以此类推。

在实际工作中,反射面的形状十分复杂,也不一定都作为扩散表面使用,特别是在录音工作中这种情况尤为常见。以上所述主要针对通常的室内声场而言,而在了解了各种不同反射面的声反射特点后,就可能运用不同的反射面形状取得不同的音响效果,这是在录音时必须加以注意的。为了使反射面取得相应的效果,在附加反射面时,必须考虑反射面的线度与波长之间的关系。

3.1.1 壁面声反射与声吸收

假设房间中有一声源发出声波,声波将向四周传播开去。设想把从声源发出的声波看成无数条向四周发出的声线,这些声线传播到壁面时,会沿镜像方向产生反射,即入射角等于反射角(见图3-1)。同时,声线在遇到壁面时,有一部分声能会被壁面吸收。声吸收大小与壁面吸声系数有关,如果壁面吸声系数为 α,入射声能为 E,则被壁面吸收的声能为 αE,而反射声所携带的能量减小为 $(1-\alpha)E$。一般来说,壁面吸声材料的吸声系数随频率变化,并且入射波的声能或声功率为声强与面积之乘积。

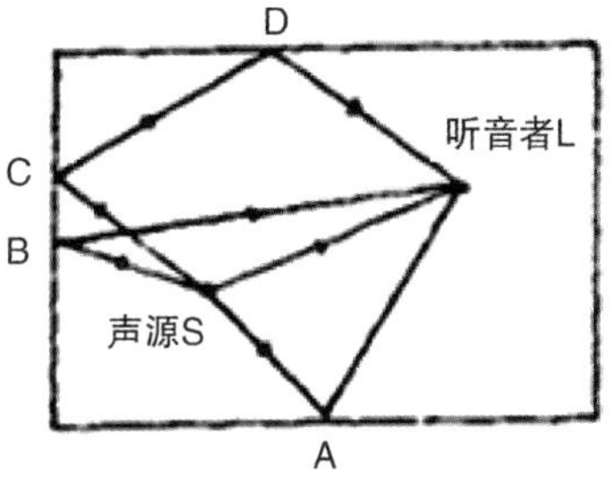

图3-1 声反射示意图

3.1.2 扩散声场

用几何作图法分析封闭空间声场的状况,方法虽然简单,但有很大的局限性,尤其是在声波经多次反射后,反射声的分布相当紊乱,往往难以得到明确的结果。然而,这恰恰给统计分析提供了必要条件。对于体积很大、形状不规则的封闭空间,声线的分布更加无规,统计分析所得到的结果就更为精确。

封闭空间声场的统计理论又称室内统计声学。它从声线入手,采用统计分析的方法了解室内声线的总体效果,而不去讨论各个声线的具体情况。用以描述这一总体效果的是室内声能的变化状况。当房间中某个声源发出声波时,在几何声学中,可看成由声源向四周发出无数条声线,每条声线遇到壁面会发生镜像反射,最终经过多次反射声能衰减为零。这样,房间内的声线随时间推移迅速变得越来越密集,但每条声线携带的能量会变少。如果房间壁面呈不规则形状,那么声线就在室内到处“乱窜”,并不断地迅速改变其方向,结果使室内声能的传播完全处于无规状态,以致从统计学上可以认为,声线通过任何位置的概率是相同的,并且从不同方向到达各个位置的概率也是相同的,同时,在同一位置相遇时各声线的相位关系是无规的。这样的室内声场的平均声能密度分布是均匀的。这种统计平均的均匀声场被称为扩散声场。可见,从几何声学的角度看,房间形状越不规则,越容易获得扩散声场,矩形房间不能满足理想扩散声场条件。此外,扩散声场是统计分析的前提条件。

3.1.3 平均自由程

平均自由程是指房间内两次反射之间的平均路程,一般用 $\bar{L}$ 表示。对于一个矩形房间,平均自由程可由以下公式计算:

$$\bar{L}=\frac{4V}{S} \tag{3.1}$$

其中，$\overline{L}$ 为平均自由程(m)，V 为房间体积(m^3)，S 为房间总表面积(m^2)。

在扩散声场的统计分析中，往往需要计算声线在 1 秒内与壁面的碰撞次数，这时就要用到平均自由程。一方面，只有知道声线在 1 秒内与壁面的碰撞次数，才能计算出室内声能的衰减速率，从而确定混响时间。另一方面，只有了解声线在 1 秒内与壁面的碰撞次数，才能计算出室内声场每秒钟被壁面吸收的声能，才能计算出室内稳态声能密度，从而计算出室内稳态声压级。

3.1.4 平均吸声系数

室内声学环境都具有一定的吸声性能，声吸收主要来源于壁面。壁面吸声系数定义为：

$$\alpha = \frac{E_{in}}{E} \tag{3.2}$$

其中，α 为壁面吸声系数，E 为入射声能，E_m 为壁面吸收的声能。

平均吸声系数是室内声学的重要参数之一，它反映了房间声学环境的总体吸声情况。平均吸声系数定义为房间的总吸声量与总表面积之比，即：

$$\overline{\alpha} = \frac{\sum S_i\alpha_i + \sum A_j}{\sum S_i} = \frac{\sum S_i\alpha_i + \sum A_j}{S} \tag{3.3}$$

其中，$\overline{\alpha}$ 为平均吸声系数，α_i 为墙面吸声系数，S_i 为吸声系数为 α_i 的墙面面积(m^2)，$S = \sum S_i$ 为室内总表面积(m^2)，A_i 为室内吸声物体的吸声量(m^2)。吸声体可能是人、座椅或其他具有吸声特性的物体。例如，室内有 20 只木椅，每只木椅的吸声量为 0.02m^2，则 20 只木椅的吸声量为 20×0.02=0.4(m^2)。

由此可见，如果已知 $\overline{\alpha}$，则房间的总吸声量为 $\overline{\alpha}S$。吸声量单位是面积的单位，因此，也将吸声量称为等效开窗面积，因为当波长甚小于窗的几何尺寸时，开窗的吸声系数相当于 1。

3.1.5 直达声、早期反射声和混响声

一、直达声

假设房间里有一支发令枪和一位听音者。手枪发声后一瞬间，听音者将听到手枪发出的声音，这个声音从手枪直接到达听音者，传播距离最短，延迟时间可以用距离除以声速计算。听音者首先听到的是这个声音，这个声音分量被称为直达声。

一般来说，直达声是声源按视线距离传到人耳的声音，它携带着声源方向的信息，

反映着声源的瞬态特性，决定着声音的清晰度。由于声源大多可看成点声源，发出的球面声波的声是与距离平方成反比的，因而听声人距声源越远，听到的直达声强度就越弱。由于直达声在传播过程中要受到空气对高频成分的吸收，因此人耳听到的直达声与声源发出的声音相比缺少高频成分，音色也就显得发暗。

由于直达声携带的声音信号不受周围环境影响，因此这个声音十分重要。为了获得清晰的声音和好的语言清晰度，就要求直达声具有较高的声压级。此外，直达声对听觉定位起着重要作用。

直达声的传播特性与自由空间的传播特性相同，因为它没有和边界发生相互作用，因此可以用自由空间声压或声强计算公式来计算离声源一定距离的直达声的声压或声强。

二、早期反射声

听到直达声稍后一段时间内，听音者会听到经过一个或更多表面（墙壁、地板等）反射后的声音，这些声音被称为早期反射声。早期反射声在到达时间和到达方向上都与直达声不同，听觉可以利用它们来判断房间的大小，并有助于判断声源在空间的位置，同时，这些早期反射声有助于提高声音的响度，改善听闻条件。另外，如果这些反射声相对直达声的延迟时间较长，当延时大于约 50 毫秒时，可能会形成回声。

反射声通常是由厅堂的侧墙形成的，它的幅度要受房间界面吸声材料的吸声性能影响。吸声材料吸声性能越强，则早期反射声幅度就越小，混响声的持续时间就越短，房间就比较“沉寂”，反之则较“活跃”。

早期反射声的声压级与传播距离以及反射面有关，通常表面会吸收一定的声能，因此声吸收会使反射声强度进一步变弱。一般来说，由于表面的吸声作用，反射声的声压级要比仅仅依据距离平方反比定律的直达声的声压级小。

另外，直达声与早期反射声之间的时间间隔，通常被称为初始延时或预延时间。这一时间的长短，反映了房间的大小和空间感。因此，早期反射声可以给人以亲切感和临场感。早期反射声与混响声相配合，使听音者感到声音更丰满。

当壁面存在声吸收时，声压级会进一步减小。为了便于理解，可以利用声强进行计算。由于声强是由单位面积声功率决定的，因此，反射声的声强为：

$$I_r = I_i \times (1-\alpha) \tag{3.4}$$

其中，I_r为反射声声强（W/m^2），I_i为入射声声强（W/m^2），α 为壁面吸声系数。

由于声强的乘积运算相当于声强级的加法运算，因此式（3.4）可用声强级表示为：

$$L_{I_r} = L_{I_i} + 10\lg(1-\alpha) \tag{3.5}$$

上式与平方反比定律结合后，得到经过吸声表面反射后早期反射声声强级计算公式为：

$$L_{I_r}=L_{I_{1m}}-20\log_{10}L+10\lg(1-\alpha)$$

对于单个声源或行波来说，声压级等于声强级。因此，一次反射声声压级计算公式为：

$$L_{p_r}=L_{p_{1m}}-20\lg L+10\lg(1-\alpha) \tag{3.6}$$

三、混响声

听到直达声更长时间后，声音经过多次反射并从各个方向到达听音者。由于声音从如此多不同的方向和路径到达听音者，因此各个反射声彼此在到达时间上非常靠近，听音者听到的是一组密集的反射声，这部分声音被称为混响声（见图 3-2）。混响声属于环境声，之所以称环境声，是因为它与房间的声学环境密切相关。相比而言，直达声仅与声源有关。混响声具有丰富和烘托音乐的作用，还能使不同乐器的声音融合，使听音者听到相互融合的所有乐器的声音。因此，混响声是人们所希望听到的。混响声是不携带声源方向信息的，它只加长声音的持续时间，提高声音的丰满度。由早期反射声到建立起高密度反射的混响声所需的时间，通常被称为混响延时。混响延时时间的长短，也反映了房间的大小或空间感。

混响是指声源停止发声后仍然存在着的声延续现象。混响的概念在封闭空间声场的统计研究中具有特殊的意义，它对室内的听闻条件有着重大的影响。

混响与回声有着本质上的区别，回声是人的听觉可以辨认的反射声。换句话说，回声是指听者在听到直达声之后，又听到一个分立可辨的反射声，或者是在听到某一反射声之后，又听到一个分立可辨的这一反射声的反射声。这两个先后到达的声音，在时间差上必须满足一定的条件，即随后到达的反射声与产生这一反射声的声音之间的时间差应达到一定的数值，而且强度又相当大。这种可以被人的听觉辨别出的两个声音的离散延时反射声，成为回声。至于两个声音之间的时间差及其强度，则因声音的类型不同而不同。对于短脉冲声而言，其时间差约为 50ms。混响则不同，尽管它是由反射声形成的，但它是一系列时间间隔虽然不同、均不可辨认（即时间间隔很短）的反射声序列，而且在方向上也是无规的。这就是说，形成混响的反射声是满足一定统计规律的声音序列。

混响声场通常指的是由反射声形成的声场。严格地说，它必须是扩散声场，能够使得室内任意位置的声波沿着所有方向传播的声场被称为扩散声场。

也就是说，满足扩散声场的要求是混响声场的必要条件，具体如下：

（1）室内的声能密度均匀，即声能密度处处相等；

(2)声能在室内各个方向传递的概率相同;

(3)从室内各个方向到达任一点的声波,其相位是无规的。

在实际应用中,由于扩散声场的要求大多是难以满足的,因此我们所指的混响声场基本上是通常意义上的反射声形成的声场。明确这一点非常重要,因为这是统计理论所得到的结果与实际情况有一定距离的重要原因之一。

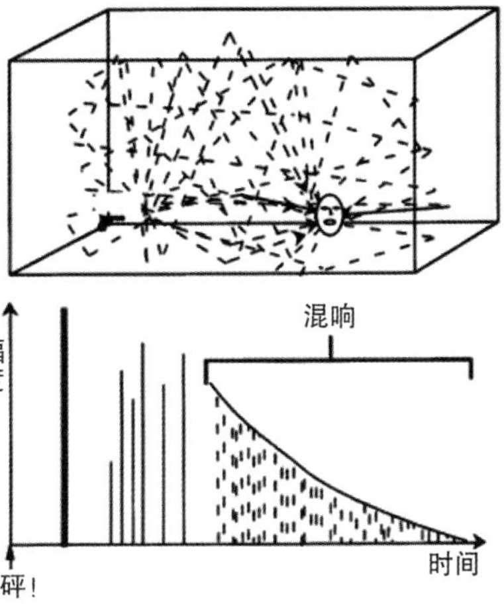

图 3-2 房间的混响声

图 3-2 所示现象也被称为房间脉冲响应,用来表示直达声和各次反射声之间的时间关系和强度关系。脉冲响应在一定程度上反映了房间音质,脉冲响应越均匀、越光滑,则房间音质越好。

3.1.6 混响时间

一、混响时间定义

当声源停止发声时,直达声随之消失,但混响声不会立刻随之消失,而是要经历一个被壁面不断反射吸收直至最终消失的过程,这个现象被称为室内混响。室内混响的大小用混响时间表示。混响的概念在封闭空间声场的统计研究中具有特殊的意义,对室内的听闻条件有着重大的影响。

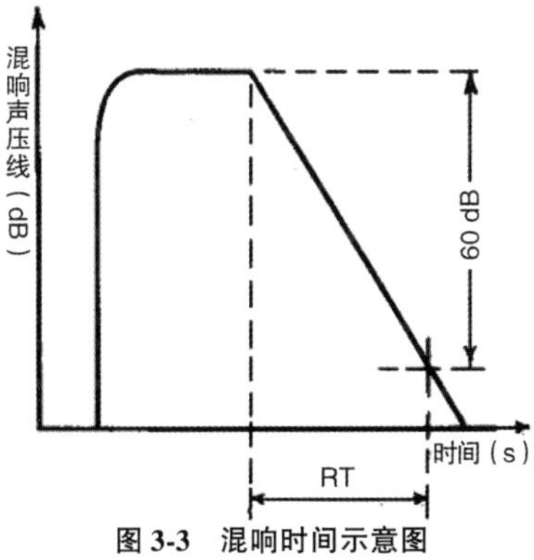

图 3-3 混响时间示意图

在室内声源停止发声之后,声音的衰减过程可以用混响时间来度量。混响时间的定义为:当一个连续发生的声源,在达到稳态声场后突然停止发声,从声源停止发声到室内声能密度衰减到原来的百万分之一(60dB)所经历的时间,被称为混响时间 T_{60} 或 RT(见图 3-3)。一个房间的 T_{60} 随频率变化而变化,通常以 500Hz 声音的混响时间为代表。

混响时间的长短对室内听声有很大影响。因此混响时间是对各类房间进行音质设计或音质评价的一个重要指标。混响对房间的音质有着重要影响,它是决定房间音质的必要条件,因此有必要对其进行定量量度。为了使混响的量度仅仅取决于房间本身的声学特性,而排除其他因素(如室内原声场声级的大小及背景噪声水平等)的影响,使其具有良好的重复性，国际上公认的标准是以室内声能密度衰减到原始值的百万分之一时所经历的时间进行量度，这个时间被称为混响时间。

混响时间长短与房间大小以及每次反射的吸声量有关。首先，当房间较小时，由于两次反射之间的时间间隔较短，而每次反射都存在能量损失，所以混响时间较短；其次，壁面吸声系数越大，则每次碰撞吸收的能量越多，混响时间越短。

二、混响时间计算公式

1. 艾润混响公式

假设声源停止时(t=0)室内平均混响声能密度为 D_0，则经过第一次反射后平均声能密度为 $D_0(1-\overline{\alpha})$，第二次反射后平均声能密度为 $D_0(1-\overline{\alpha})^2$，第 N 次反射后平均声能密度为 $D_0(1-\overline{\alpha})^N$。而根据平均自由程计算公式，可得出声线 1 秒内发生的反射次数为 $\frac{c}{L}=\frac{cS}{4V}$，$t$ 秒内发生的反射次数为 $\frac{cS}{4V}t$，t 秒后的平均声能密度为：

$$D_t=D_0\left[(1-\overline{\alpha})^{\frac{cS}{4V}t}\right]$$

$$\lg\frac{D_0}{D_t}=\lg(1-\overline{\alpha})^{-\frac{cS}{4V}t}$$

根据混响时间定义得：

$$\lg 10^6=\left(-\frac{cS}{4V}T_{60}\right)\cdot\lg(1-\overline{\alpha})$$

$$T_{60}=-\frac{6\times 4V}{cS\lg(1-\overline{\alpha})}=\frac{-0.161V}{S\ln(1-\overline{\alpha})} \tag{3.7}$$

其中，T_{60} 为混响时间(s)。

式(3.7)为艾润(Norris-Eyring)混响公式，式中的负号与自然对数计算产生的负号相抵消，使混响时间的计算结果为正值。混响时间计算公式的推导是以统计学为基础的，因此，式(3.7)背后存在一些重要假设，即声波以相同的概率从各个方向到达墙面的各个位置，亦即声场为扩散声场。

由此可见，当平均吸声系数保持不变时，混响时间随房间尺寸的增大而增大。在普通房间里，吸声往往由人和地毯、窗帘等物品产生，一般可以认为其所占面积的比例不变(平均吸声系数大致相同)。因此，一般来说，大房间比小房间有更长的混响时间，这也是我们主观评判房间大小的依据之一。另一个评判依据是早期反射声与直达声的时间间隔。我们常常看到人们更喜欢在“大”声学环境而不是“小”声学环境里听音，这里的“大”“小”其实是指混响时间的大小。现在，利用高质量的电子混响系统，也可以在小房间内产生长混响，但在这样的环境里听音总给人不自然的感觉，因为听觉感受和视觉是相互矛盾的。

2. 赛宾混响公式和努特森混响公式

当 $\bar{\alpha}<0.2$ 时，由于 $\ln(1-\bar{\alpha})\approx-\bar{\alpha}$，代入艾润公式得：

$$T_{60}=\frac{0.161V}{S\bar{\alpha}} \tag{3.8}$$

以上混响时间计算公式被称为赛宾公式，由美国声学家赛宾（Sabine）于 1895 年提出，用于计算室内吸声较小时的混响时间。

另外，由于混响时间主要与房间体积、表面积和平均吸声系数有关，而实际材料的吸声系数随声波频率变化，因此，房间的混响时间也将随频率变化。此外，还要考虑空气的声吸收。当频率高于 1kHz 时，空气的声吸收将对混响时间产生显著影响。下面，我们将推导考虑空气声吸收时混响时间计算公式。

假设由于空气吸收引起的声压变化为 $p=p_0e^{-\alpha x}$，其中 α 为声压吸收系数，则空气声吸收引起的声强变化为 $I=I_0e^{-2\alpha x}=I_0e^{-mx}$，其中 $m=2\alpha$，被称为声强吸收系数。考虑空气声吸收后，t 秒后的平均混响声能密度为：

$$D_t=D_0(1-\bar{\alpha})^{\frac{cS}{4V}t}e^{-mct}$$

解得：

$$T_{60}=\frac{0.161V}{-S\ln(1-\bar{\alpha})+4mV} \tag{3.9}$$

上式为考虑空气声吸收后的混响公式，被称为努特森混响公式。其中，声强吸收系数 m 与空气的温度、湿度以及频率有关，可查表得到。例如，在 20℃、相对湿度 50% 的空气中，频率为 2kHz 时的 4m 值等于 0.010/m，4kHz 时 4m 值为 0.024/m。如果涉及房间的容积大小，声波的频率高于 1kHz，除了墙壁的吸收外，空气的吸收对混响时间的影响也是不容忽视的。

最后要说明的是，对混响公式的推导是建立在扩散声场中的。在理想的扩散声场中，室内声能密度在声源停止发声后便开始按指数规律衰减，室内各处的混响时间相等。当房间扩散处理得不好时，以上规律将遭到破坏，如出现混响衰减不连续的现象，有时还会引起听觉的回声感觉。另外，还会导致室内不同地点混响时间的差异，使得室内各处的混响效果不同。所以房间的良好扩散是十分重要的，这在理论上是混响时间概念的基础，在实际电声工程中也是直接影响声音效果的。

三、早期衰减时间

早期衰减时间（early decay time，EDT）主要是指 T_{10}，有时也把 T_{20} 和 T_{30} 包含在内，分别指利用 0～-10dB、0～-20dB 和 0～-30dB 的斜率计算的混响时间。

从上一节的分析中我们可以看到，在理想扩散声场中，混响衰减时间特性应是光滑的指数衰减特性，即单位时间衰减恒定的分贝数，声压级衰减曲线成线性。然而，实际声场并非理想扩散声场，因此，实际测得的混响衰减曲线包含多个衰减斜率，看上去更像一条两段或三段的折线（见图 3-4）。

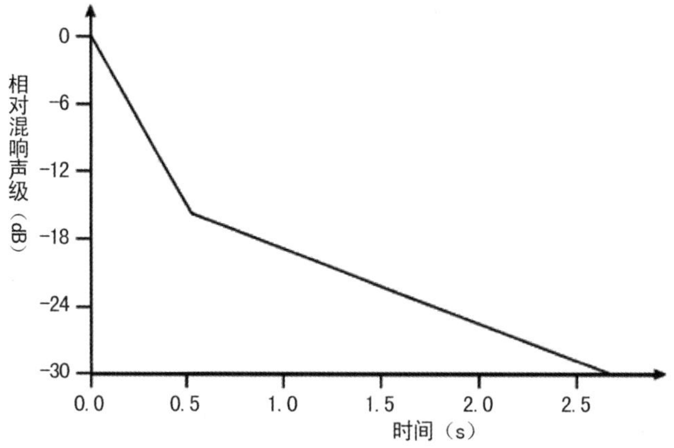

图 3-4　实际混响衰减曲线

在实际应用中，T_{60}一般是指以-5～-35dB 的斜率计算的混响时间。这个混响时间与听觉的关系并不是特别密切，这是因为本底噪声的存在，使混响声级在衰减 60dB 之前就已经降低到本底噪声级，并被本底噪声所淹没。由于我们很难听到整个混响的衰减过程，因此我们的大脑自然而然地将注意力集中在所能听到的部分，所以，听觉对前 20～30dB 的衰减曲线更加敏感。从理论上说，如果混响衰减曲线是理想的指数型，则 60dB 混响时间与早期衰减时间是相同的。但是，如果混响衰减曲线呈现图 3-4 所示的两个斜率的特性，则这种简单的关系就会被打破，产生的结果是，虽然 T_{60}是描述混响声场特性的一个恰当值，由于衰减 30dB 的早期衰减速率较大，使听觉感到的混响时间要比实际混响时间短，对听音的影响是声音听起来要比从简单测量得到的 T_{60}值所预测的声音更“干”。因此，现代声学设计者在设计音乐厅时更关注早期衰减时间 EDT，而不像过去那样只关注 T_{60}。

四、最佳混响时间

混响时间与音质的关系非常密切。混响时间过长，则声音浑浊不清，清晰度降低；混响时间太短，则产生沉寂感，空间感变差。而且，不同类型的音乐需要不同的混响时间。因此，对于不同用途和体积的厅堂，存在一个听音效果最令人满意的混响时间，被称为最佳混响时间。过长的混响时间会使人感到声音有“混浊”不清的感觉，使语言听音的清晰度降低，混响时间太短就有“沉寂”的感觉，声音听起来很不自然。

1. 厅堂

根据努特森-哈里斯(Knudsen-Harris)推荐的各种厅堂(无扩声)的最佳混响时间标准、最佳混响时间和厅堂体积的关系,可以看出,对于混响时间的频率特性,除了音乐用的厅堂外,一般应尽量平直,使混响声不附加任何染色现象。而对于音乐用的厅堂,低频的混响时间可略长于中、高频,以使声音更加丰满、厚实。

2. 自然混响播音室

自然混响演播室是指在制作节目时不需增加人工的延时、混响信号的播音室。根据白瑞奈克(Beranek)建议的播音室最佳混响时间,对于汉语播音室,经过大量研究实践,将高频的混响时间略加提升,可以使声音效果变得更好。

比较厅堂和播音室,可知二者对于混响时间的要求是不同的。在厅堂中感受的是身临其境,而播音室的声音需要经过电声设备的纪录传输重放。这种重放会在听声环境中发生反射混响现象,所以要使重放效果与厅堂效果基本一致,播音室的混响时间要短一些。

3. 短混响播音室

短混响播音室是为多声道录音而专门设计的,体积大致为1000~3000立方米,混响时间一般为0.5~0.6秒左右。短混响适应了多轨录音的需要,可以后期加入所需效果,但对于演奏者来说会受到限制,适用于流行音乐的录音。

4. 电视演播室

电视演播室容积大、混响短,一般为同容积的音乐演播室的一半左右,频率特性平直。原因有以下三点:第一,图像声音分开,适合语言现场拾音;第二,传声器距离的考虑;第三,降低噪声的要求。

5. 广播剧录音室

广播剧录音室通常会用厚幕帘分成几部分,活跃区0.8左右、沉寂区0.3左右、居中区0.5~0.6。

然而,也存在一些广泛适用的规则。首先,节奏感强、起伏较快的音乐,要比较慢而和谐的音乐需要更干的声学环境;其次,当演奏的空间体积增大时,所有类型音乐所需的混响时间随之增大,图3-5所示为最佳混响时间随音乐类型和房间体积变化的特性;最后,大多数听众偏好混响时间在低频(125Hz)比中频(500Hz)提升约40%(见图3-6)。低频混响的提升有助于增加声音的“温暖感”,同时,由于低音乐器的基频往往较弱,通过增大混响声级可以提高低音乐器的音量。然而,当在演播室进行录音或监听录制的音乐时,低频混响提升是没有必要的,这时往往更需要平坦的混响时间频率特性。

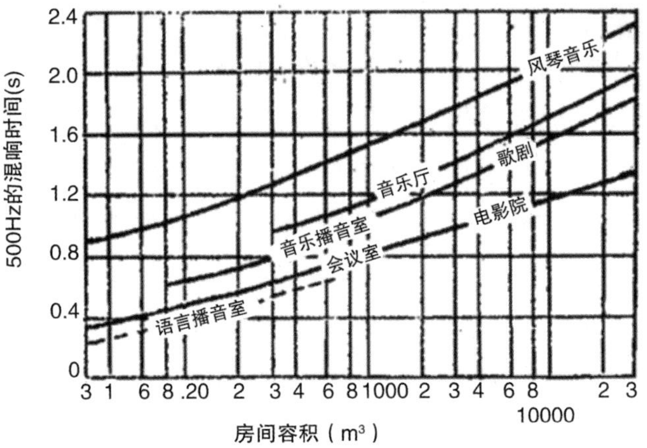

图 3-5　最佳混响时间

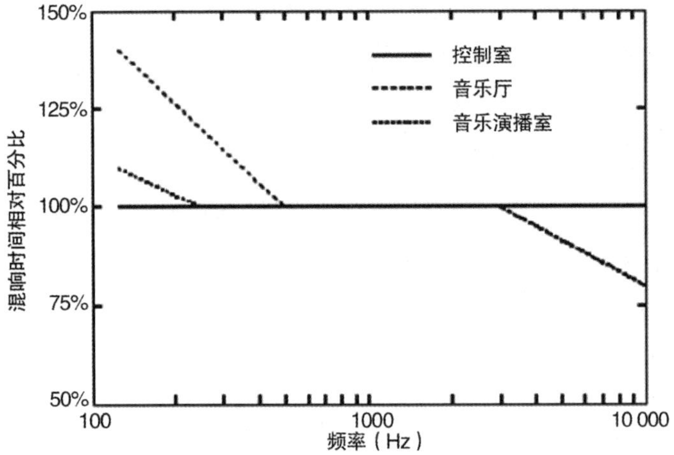

图 3-6　理想混响时间频率特性

表 3.1 为推荐的最佳混响时间参考：

表 3-1　不同厅堂环境中的最佳混响时间

厅堂的功能	最佳混响时间(S)
体育馆	小于 1.8
音乐厅、歌剧院	1.5~1.8
多功能厅堂	1.2~1.4
会堂、话剧	0.9~1.3
电影院	1.0~1.2
立体声电影	0.8~1.0
音乐录音室(自然混音)	1.4~1.6
强吸声录音室(多声道分部录音)	0.4~0.6
语言录音室	0.3~0.4
电视演播室	0.8~1.0
电影同期录音摄影棚	0.7~1.0
电话会议室	0.3~0.4

3.1.7 室内稳态声压级

一、室内稳态混响声场的建立

如果室内有一声源连续发声，在某一听音点将会连续收到一次、两次……多次反射声，即在该听音点的声能密度有一个逐渐增长、积累的过程。由于声波在房间界面反射时要吸收一部分声能，所以声能密度不会无限制地增长，而会达到一个稳定状态。增长状态是按指数规律进行的(见图 3-7)。当声能密度达到稳态时，如果声源停止发声，则直达声首先消失，随后一次、两次……多次反射声依次消失，声能密度按指数规律衰减。当室内声场达到稳态时，某一点的声级与室内表面的声吸收能力有关。显然，在声源功率一定的情况下，如果室内各个表面的吸声能力很差，则每次反射所损失的声能就很少，反射声波所聚集起来的总声强就要比直达声本身高得多；只要声源连续发声，室内总是保持较高的声强。相反，如果室内各个表面的吸声能力很强，则相应值就比较低。

假设房间里有一个声功率为 W 的声源。从声源开始发声到停止发声，混响声场可分为建立、稳态和衰减三个阶段(如图 3-7)。

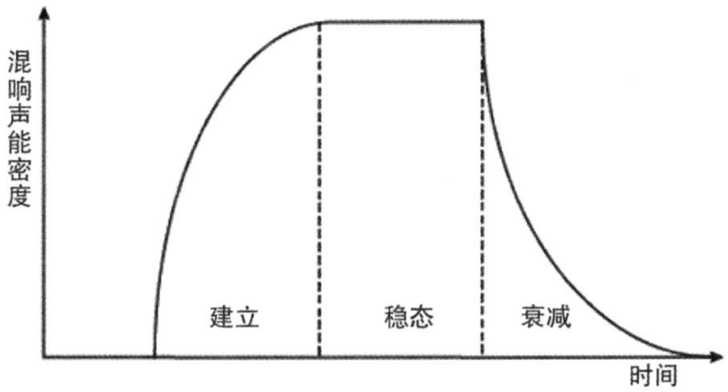

图 3-7 混响声能密度随时间变化过程

1. 混响声场的建立

在声源刚刚开始发声时，由于室内声能密度较小，声源每秒提供的声能大于壁面每秒吸声的声能，因此房间的混响声能密度逐渐增大。这里需要注意，声源向声场提供的声能不是 W，而是 $W(1-\bar{\alpha})$。稳态混响声场的建立时间与房间的尺寸和房间的吸声量有关。房间越大，两次反射的时间间隔越大，建立稳态声场所需时间就越多；吸声量越大，则每次碰撞被吸收的声能越多，建立稳态声场所需时间就越少。

2. 稳态混响声场

随着室内混响声能密度的增大，当声源提供的声能等于房间吸收的声能时，室内混响声能密度将维持不变,进入动态平衡状态,室内混响声场达到稳态。较小吸声量的房间比较大吸声量的房间具有更高的稳态混响声压级。一个瞬态声在房间里不能达到稳态声压级。

3. 混响声场的衰减

当声源停止发声时,房间里的混响声能密度不会马上变为零,而是以一定的速率衰减,最后减小为零。衰减速率取决于每次反射吸声量的大小,因此,在吸声量较小的房间,混响声场需要更多的时间完成衰减过程。

二、室内稳态声压级的计算

从统计观点来看,我们可以认为声线通过任何位置的概率是相同的,通过各个方向的概率也是相同的,并且在同一位置声线相遇的位相是无规则的,由此造成了室内声场的平均能量密度的均匀分布,这种统计平均的均匀声场,我们称之为扩散声场。扩散声场的理想条件为:

(1)声场中任一点的声波应由各个方向上以相同强度传来的声波叠加而成;

(2)声场中各个方向传播的声波相位是任意的;

(3)声场中各处的声能密度相同。

达到扩散需要采取的措施为:

(1)在墙的表面装有很多不规则的装饰物或使墙表面变得很粗糙,可以使入射声波在墙表面产生部分扩散的声反射,经过多次这样的反射,便可以得到比较好的总稳态扩散声场;

(2)使平滑墙的阻抗不均匀,也可产生扩散反射或部分扩散反射;

(3)在房间里加障碍物,干扰声线的直接传播。

我们将室内声能分成直达声能和混响声能两部分,前者是声波受到第一次反射之前的声能,后者是包括第一次反射以后的所有声波能量的叠加。当声源开始稳定地辐射声波时,直达声能的一部分被壁面或媒介吸收,另一部分就被用来不断增加室内混响声场的声能密度,所以声源开始发声后的一段时间内,房间的总声能密度是随混响声能的密度增大而增大的。混响声能密度越大,被壁面或媒介所吸收的就越多。最后由声源每秒钟供给混响声场的能量将刚好补偿被墙壁或媒介所吸收的能量,室内的混响声能密度达到动态平衡,使房间的声能密度达到稳态。

1. 稳态混响声能密度

假设声场为扩散声场,D_R 为稳态混响声能密度,V 为房间体积,则室内混响声能为 D_RV。

经过一次反射后,声能被壁面吸收的损失为 $D_RV\bar{\alpha}$,其中 $\bar{\alpha}$ 为房间平均吸声系数。

声波在单位时间内的反射次数为 $c/\overline{L}=c/\frac{4V}{S}=\frac{cS}{4V}$，则单位时间内的声能损失为 $D_R V\overline{\alpha}\frac{cS}{4V}=\frac{D_R\overline{\alpha}cS}{4}$（假设每次损失是一样的）。稳态时，声源提供的声能等于房间吸收的声能，即：

$$W(1-\overline{\alpha})=\frac{D_R\overline{\alpha}cS}{4}$$

由此可得，稳态混响声能密度为：

$$D_R=\frac{4W(1-\overline{\alpha})}{\overline{\alpha}cS}=\frac{4W}{cR} \tag{3.10}$$

其中，W 为声源声功率，$R=\frac{S\overline{\alpha}}{1-\overline{\alpha}}$，被称为房间常数。

2. 直达声声能密度

假设声源为无指向性，其输出声功率为 W，距声源 r 处直达声声能密度为：

$$D_d=\frac{W}{4\pi r^2 c} \tag{3.11}$$

3. 总稳态声压级

总稳态声由两个部分组成，即混响声和直达声。由于这两部分声波为非相干波，因此满足能量叠加原理，即总声压有效值平方为各列波声压有效值平方之和。

根据 $D=\frac{p^2}{\rho c^2}$，并将式（3.10）和式（3.11）代入后得：

$$p_R^2=\frac{4W\rho c^2}{cR}=\frac{4W\rho c}{R}$$

$$p_d^2=\frac{W\rho c}{4\pi r^2}$$

其中，p_R 为混响声声压，p_d 为直达声声压。再由能量叠加原理得：

$$p^2=p_d^2+p_R^2=\frac{W\rho c}{4\pi r^2}+\frac{4W\rho c}{R}=W\rho c\left(\frac{1}{4\pi r^2}+\frac{4}{R}\right)$$

其中，p 为总声压。因此，室内稳态总声压级为：

$$SPL=10\lg\frac{p^2}{p_r^2}=10\lg W+10\lg\rho c+94+10\lg\left(\frac{1}{4\pi r^2}+\frac{4}{R}\right)$$

由于：

$$SWL=10lg\frac{W}{10^{-12}}\approx 10\lg\left(W\cdot\frac{\rho c}{400\times 10^{-12}}\right)=10\lg W+10\lg\rho c+94$$

所以：

$$SPL=SWL+10\lg\left(\frac{1}{4\pi r^2}+\frac{4}{R}\right) \tag{3.12}$$

其中，SWL 为声功率级。

室内稳态混响声压级为：

$$SPL_R=SWL+10\lg\frac{4}{R} \tag{3.13}$$

当声源输出声功率已知，且房间声学特性已知时，可以计算室内稳态声压级和稳态混响声压级。例如，在扩声系统设计时，用于室内稳态声压级的计算。然而，在实际应用时，声源往往具有指向性，这时直达声的计算还需要考虑到声源的指向性。室内声场越是满足扩散声场条件，计算结果越符合实际情况。

当声源具有指向性时，假设声源的指向性因数为 Q，则室内稳态声压级为：

$$SPL=SWL+10\lg\left(\frac{Q}{4\pi r^2}+\frac{4}{R}\right) \tag{3.14}$$

Q 指的是离声源中心某一位置上（一般常指远场）的有效声压平方与同样功率的无指向性声源在同一位置产生的有效声压平方的比值。这个 Q 值与观察点同声源中心的连线的方向有关，并且与频率有关。

当无指向性声源在房间中时，Q=1；当声源位于墙表面时，Q=2；当声源位于两墙交接处时，Q=4；当声源位于墙角时，Q=8。

声源指向性主要影响直达声的声能密度或声压级，而对混响声影响较小。

3.1.8 临界距离

从听音者的角度看，混响声与直达声和早期反射声有很大不同。直达声和早期反射声都满足平方反比定律，它们的声压级随位置变化。而对于理想扩散声场，房间里的混响声大小几乎不随听音者位置变化。因此，直达声与混响声之间的平衡随听音者相对声源的位置而变化。当房间常数为某一数值时，在声源与房间某点相连的直线上，必然有一由直达声场变为混响声场的转变点，该点与声源的距离被称为临界距离或混响半径 r_c。

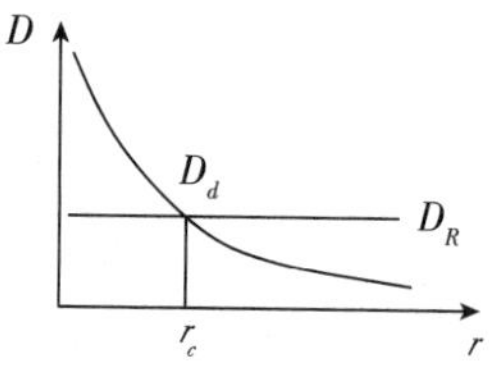

图 3-8　直达声和混响声随距离变化特性

另外，还可将房间某处的混响声声能密度与直达声声能密度之比称为该处的声学比。

图 3-8 所示为混响声与直达声的声能密度随到声源距离变化的特性。由图可知，当到声源的距离达到某一值时，混响

声开始大于直达声,这个距离就是直达声和混响声能量相等时的距离,被称为临界距离,一般用 r_c 表示。

将式(3.10)和式(3.11)代入 $D_R=D_d$ 得:

$$\frac{4W}{cR}=\frac{W}{4\pi r^2 c}$$

$$r=r_c=\sqrt{\frac{R}{16\pi}}=0.141\sqrt{R} \tag{3.15}$$

当考虑到声源指向性时,设声源指向性因数为 Q,则:

$$r=r_c=\sqrt{\frac{RQ}{16\pi}}=0.141\sqrt{RQ} \tag{3.16}$$

临界距离也称混响半径或扩散距离。临界距离的重要意义在于,它是直达声为主的声场与混响声为主的声场的分界线:当到声源距离小于临界距离时,直达声大于混响声,接收到的声音以直达声为主;当距离大于临界距离时,声音以混响声为主。因此,临界距离在录音、扩声系统设计等方面具有重要意义。

3.2 用波动声学处理室内声场

3.2.1 房间的简正频率和简正波

无论是几何声学还是统计声学,其理论基础都是对声音传播途径——声线的分析而得出的结果。前者着重于对个别反射声的图解分析,可以说意在了解反射声的微观状况;后者则采用了统计方法研究声线的总体效果,应当说是从宏观上观察问题。二者都没有从声音的波动本质观察封闭空间的声学问题,因此对实际声场中的许多现象无法准确地解析,甚至对某些问题无法解释。例如在小型对白录音棚和演播室中出现的声染色现象,几何声学和统计声学都无法解释,因此就要求助于波动声学了。

封闭空间的声音传播可以应用波动方程和边界条件来求解。波动声学法是通过求解带边界条件的波动方程来分析室内声场特性的一种分析方法,它保留了声波的波动特性,而不像几何声学那样,忽略了声波的波动性。因此,虽然说波动声学法适用于低频小房间的分析,但实际上是适用于任何情况,只是因为它的计算比较复杂,不如几何声学分析来得直观简便,因此通常被用于几何声学无法适用的情况。

下面主要以矩形刚性壁面房间为例,分析室内声场特性。虽然这是一种极端情况,但它有助于了解室内声场的基本规律,是有一定实际意义的。

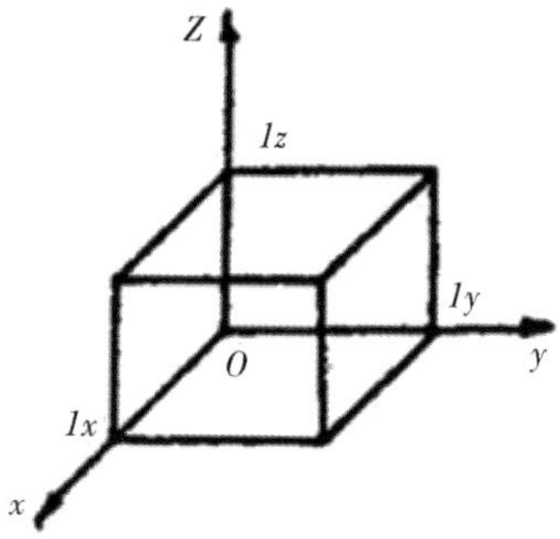

图 3-9 矩形房间的位置坐标

假设矩形刚性壁房间的长、宽、高分别为 l_x、l_y、l_z，以房间的一个顶角为坐标原点，建立直角坐标系（见图 3-9）。假设房间内无声源（如声源刚刚停止发声时）和无阻尼（声波无能量损失），通过求解带边界条件的波动方程后，得到室内声压的表达式为：

$$p = \sum_{n_x=0}^{\infty}\sum_{n_y=0}^{\infty}\sum_{n_z=0}^{\infty} A_{n_x n_y n_z} \cos\frac{n_x \pi}{l_x}x \cos\frac{n_y \pi}{l_y}y \cos\frac{n_z \pi}{l_z}z \cdot e^{j\omega_n t} \tag{3.17}$$

其中：

$$\omega_n = 2\pi f_n$$

$$f_n = f_{(n_x,n_y,n_z)} = \frac{c}{2}\sqrt{\left(\frac{n_x}{l_x}\right)^2 + \left(\frac{n_y}{l_y}\right)^2 + \left(\frac{n_z}{l_z}\right)^2} \tag{3.18}$$

其中，c 为声速（常温下为 343m/s），n_x、n_y、n_z 分别取 0、1、2、……、∞，但不能同时为 0。

由式（3.17）可知，室内声场是由无数个振动频率为 f_n 的驻波叠加而成的，驻波振幅由 $A_{n_x n_y n_z}$ 决定。由于这个频率与声源无关，是由房间本身体型和尺寸决定的，因此被称为简正频率，相应的驻波被称为简正波，也称简正模式。不同的简正模式可用（n_x，n_y，n_z）表示，对应的简正频率记为 $f_{(n_x,n_y,n_z)}$。

3.2.2 简正波分类

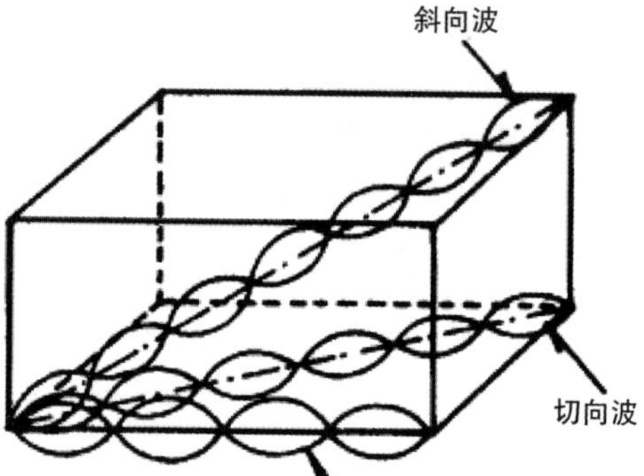

图 3-10 矩形房间中的简正波

对于矩形房间，简正波可分为轴向波、切向波和斜向波三大类（见图 3-10）。轴向波或轴向模式是指传播方向平行于矩形房间任一轴的一类简正波。例如，平行于 x 轴的轴向波为（n_x，0，0）模式，其简正频率计算公式为：

$$f_{(n_x,0,0)} = \frac{n_x c}{2l_x} \quad (n_x = 1、2、\cdots\cdots、\infty) \tag{3.19}$$

同理，平行于 y 轴和 z 轴的轴向波频率分别为 $f_{(0,n_y,0)} = \frac{n_y c}{2l_y}$ 和 $f_{(0,0,n_z)} = \frac{n_z c}{2l_z}$，其中 n_y = 1、2、……、∞，n_z = 1、2、……、∞。

切向波是指传播方向平行于矩形房间任一面的一类驻波模式。例如，平行于 xy 平面的切向波为$(n_x, n_y, 0)$模式，其简正频率计算公式为：

$$f_{(n_x,n_y,0)} = \frac{c}{2}\sqrt{\left(\frac{n_x}{l_x}\right)^2 + \left(\frac{n_y}{l_y}\right)^2} \quad (n_x、n_y = 1、2、\cdots\cdots、\infty) \tag{3.20}$$

同理，平行于 yz 平面和 xz 平面的切向波频率分别为：

$$f_{(0,n_y,n_z)} = \frac{c}{2}\sqrt{\left(\frac{n_y}{l_y}\right)^2 + \left(\frac{n_z}{l_z}\right)^2} \quad (n_y、n_z = 1、2、\cdots\cdots、\infty) \tag{3.21}$$

$$f_{(n_x,0,n_z)} = \frac{c}{2}\sqrt{\left(\frac{n_x}{l_x}\right)^2 + \left(\frac{n_z}{l_z}\right)^2} \quad (n_x、n_z = 1、2、\cdots\cdots、\infty) \tag{3.22}$$

传播方向既不平行于轴也不平行于面的驻波模式被称为斜向模式或斜向波，其简正频率计算公式为：

$$f_{(n_x,n_y,n_z)} = \frac{c}{2}\sqrt{\left(\frac{n_x}{l_x}\right)^2 + \left(\frac{n_y}{l_y}\right)^2 + \left(\frac{n_z}{l_z}\right)^2} \quad (n_x、n_y、n_z = 1、2、\cdots\cdots、\infty) \tag{3.23}$$

图 3-11 为三类简正波形成示意图。由图可知，轴向波、切向波和斜向波所形成的驻波个数呈依次增多之势，因此，矩形房间中这三类波的强度有所不同。一般来说，轴向波最强，切向波次之，斜向波最弱。

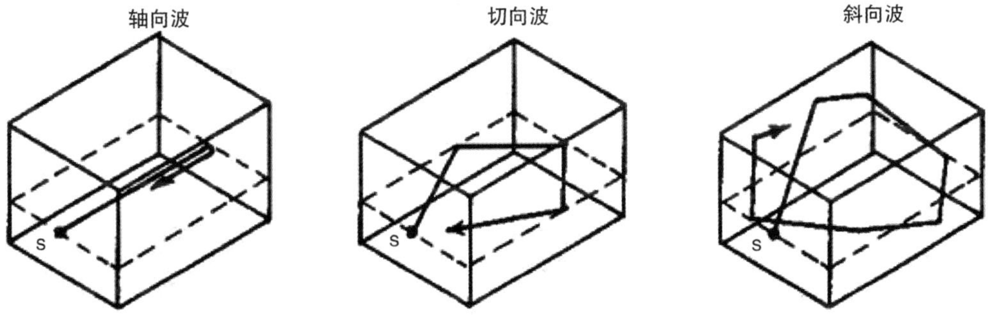

图 3-11　三类简正波形成示意图

虽然式(3.17)表示矩形刚性壁房间无声源、无阻尼时的声场声压，但实际声场总存在阻尼作用。当考虑阻尼作用时(如非刚性壁的情况下)，式(3.17)中的各次简正波振幅将随时间呈指数规律衰减，简正频率也将略微偏离上述计算值，但驻波的基本特征不会发生变化。

例如，某房间尺寸为 3.5m×5m×2.5m，试计算其最低模式频率。如果某切向模式在 3.5m 方向有一个半波长、在 5m 方向有三个半波长，试问这个切向模式的频率是多少？斜向模式(2,2,2)的频率是多少？第一个模式重合频率是多少？

解:利用式(2.18)计算模式频率。最低模式频率是第一个沿着房间最长尺寸方向的轴向模式频率,在本题中为(0,1,0)模式,其频率为:

$$f_{(0,1,0)}=\frac{c}{2}\sqrt{\left(\frac{0}{3.5}\right)^2+\left(\frac{1}{5}\right)^2+\left(\frac{0}{2.5}\right)^2}=\frac{343}{2}\sqrt{\left(\frac{1}{5}\right)^2}=34(\mathrm{Hz})$$

在3.5m方向有一个半波长、在5m方向有三个半波长的切向模式是(1,3,0),其频率为:

$$f_{(1,3,0)}=\frac{c}{2}\sqrt{\left(\frac{1}{3.5}\right)^2+\left(\frac{3}{5}\right)^2+\left(\frac{0}{2.5}\right)^2}=172\sqrt{0.082+0.36}=114(\mathrm{Hz})$$

斜向模式(2,2,2)的频率为:

$$f_{(2,2,2)}=\frac{c}{2}\sqrt{\left(\frac{2}{3.5}\right)^2+\left(\frac{2}{5}\right)^2+\left(\frac{2}{2.5}\right)^2}=172\sqrt{0.327+0.16+0.64}=182(\mathrm{Hz})$$

长度5m是长度2.5m的两倍,所以沿着5m方向的第二个轴向模式与沿着2.5m方向的第一个轴向模式频率重合,即:

$$f_{(0,2,0)}=f_{(0,0,1)}$$

$$f_{(0,2,0)}=\frac{c}{2}\sqrt{\left(\frac{0}{3.5}\right)^2+\left(\frac{2}{5}\right)^2+\left(\frac{0}{2.5}\right)^2}=172\sqrt{\left(\frac{2}{5}\right)^2}=69(\mathrm{Hz})$$

$$f_{(0,0,1)}=\frac{c}{2}\sqrt{\left(\frac{0}{3.5}\right)^2+\left(\frac{0}{5}\right)^2+\left(\frac{1}{2.5}\right)^2}=172\sqrt{\left(\frac{1}{2.5}\right)^2}=69(\mathrm{Hz})$$

3.2.3 声源存在时的室内声场

为了突出声源对室内声场的影响,不使问题复杂化,仍然以矩形刚性壁房间为例进行分析。假设声源在单位时间向单位体积空间提供的媒质质量为$\rho q(x,y,z,t)$,其中ρ为空气密度(常温下为1.21kg/m^3),$q(x,y,z,t)$为声源面积与振速的乘积,这被称为声源函数。利用波动声学法解波动方程(存在声源时的波动方程)后,得到室内总声压为:

$$p=\sum_{n_x=0}\sum_{n_y=0}\sum_{n_z=0}\left(\frac{-\rho c^2\omega jB_{n_xn_yn_z}}{\omega^2-\omega_n^2}\right)\psi_{n_xn_yn_z}e^{j\omega t} \tag{3.24}$$

其中,ω为声源频率,$B_{n_xn_yn_z}$为由声源函数决定的常数,$\psi_{n_xn_yn_z}=\cos\frac{n_x\pi}{l_x}x\cos\frac{n_y\pi}{l_y}y\cos\frac{n_z\pi}{l_z}z$,$n_x$、$n_y$、$n_z$为0、1、2、……、$\infty$。

由式(3.24)可知,当室内声源为单一频率ω时,室内稳态声场由无数个振动频率

为 ω 的驻波组成。对比式(3.17)后可知,驻波的存在方式与无声源(自由振动)时相同,即以轴向波、切向波和斜向波三种形态存在。当声源为宽带声音信号时,当频率等于简正频率 ω_n 时,驻波振幅达到无限大(在实际情况下,阻尼总是存在的,因此将达到极大值),即产生共振,在频率特性曲线上表现为共振峰。因此,简正模式也称共振模式或共振驻波。共振模式使房间频率特性出现峰谷,当某个共振峰足够显著时,就会引起声染色效应,对房间音质产生不利影响。

3.2.4 简正频率分布对音质的影响

一、简正频率的分布

由式(3.18)可以计算出矩形房间包含的简正频率。由式(3.18)可知,从与房间最长轴对应的第一个轴向波频率(最低简正频率)开始,简正频率有无数个,并且是离散的。

例如,有一个尺寸为 3m×4.5m×6m 的矩形房间,利用式(3.18)可计算出低于 100Hz 的所有简正频率(见表 3-2)。可见,低于 100Hz 的简正频率大约有 18 个,其中存在不同简正模式而简正频率相同的情况,如(1,0,0)和(0,0,2)、(0,1,2)和(1,1,0)、(0,2,2)和(1,2,0),这是因为房间边长成整数比 1:2、2:3或 3:4。这种不同简正模式的简正频率相同的现象被称为简并化。

表 3-2 尺寸为 3m×4.5m×6m 的矩形房间的部分简正频率

简正波 (n_x,n_y,n_z)	频率(Hz)	简正波 (n_x,n_y,n_z)	频率(Hz)
(0,0,1)	28.6	(1,0,2)	80.5
(0,1,0)	38.0	(0,2,1)	81.6
(0,1,1)	47.7	(0,0,3)	85.8
(1,0,0)	57.2	(1,1,2)	89.4
(0,0,2)	57.2	(0,1,3)	93.7
(1,0,1)	63.9	(0,2,2)	95.1
(0,1,2)	68.6	(1,2,0)	95.1
(1,1,0)	68.6	(1,2,1)	99.2
(1,1,1)	74.3	(1,0,3)	
(0,2,0)	76.1		

矩形房间的简正频率个数可以被计算出来。频率低于 f 的简正波总数为:

$$N=N_a+N_t+N_b=\frac{4\pi f^3 V}{3c^3}+\frac{\pi f^2 S}{4c^2}+\frac{fL}{8c} \tag{3.25}$$

其中，第一项为轴向波个数，第二项为切向波个数，第三项为斜向波个数，$V=l_xl_yl_z$，为房间体积，$S=2(l_xl_y+l_xl_z+l_yl_z)$，为房间总内表面积，$L=4(l_x+l_y+l_z)$，为矩形房间边线总长。

对式(12.25)进行微分后，得到一定频带内包含的简正频率个数为：

$$dN=\left(\frac{4\pi f^2V}{c^3}+\frac{\pi fS}{2c^2}+\frac{L}{8c}\right)df \tag{3.26}$$

其中，df为频带宽度，f为频带的中心频率。

由此可见，一定频带内包含的简正频率个数随中心频率的增大而增大。简正频率的总体分布情况是低频比较稀疏，高频比较密集。对于矩形房间，简正频率的分布主要与房间的尺寸有关：房间尺寸越大，相邻简正频率间隔越小，其分布越密集；尺寸比例决定了简正频率分布是否均匀，当尺寸比例为小整数比时，容易出现简并化现象，造成简正频率分布的不均匀。

二、简正频率分布与音质的关系

正如第 3.2.3 节所提到的，驻波模式会引起一个有限带宽的共振峰，从而影响房间频率特性。图 3-12 所示为实测的低频区简正频率对某房间频率特性的影响。这些共振峰反映了房间对声音传输的影响，当其中一些共振峰能够被听觉感知时，就产生了声染色。

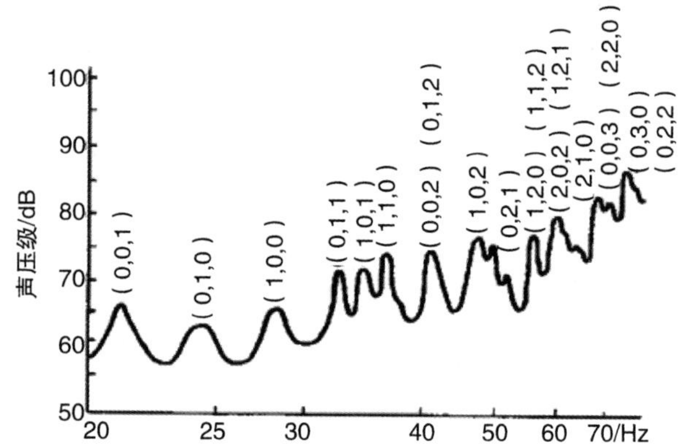

图 3-12　实测的某房间低频区频率特性

在较大的、声学性能良好的房间里，简正频率分布密度随频率的变化是均匀的。Bonello 准则指出，将频率按 1/3 倍频程(近似于听觉临界频带)划分，然后计算每个频带内包含的模式个数。如果每 1/3 倍频程带宽的模式频率个数随频率单调上升，那么尽管房间里存在共振驻波，仍然能够听到均匀的频率响应；如果每 1/3 倍频程内的共振频率个数随频率的升高而不变或下降，那么房间的频率响应就可能存在听觉能够察觉的频响峰值。Bonello 准则进一步指出，模式频率重合即简并化也可能引起可觉察的频率响应峰值,因此应避免出现简并化。

Bonello 准则并不难解释。首先,之所以按听觉临界频带划分,是因为听觉对声音信号的频谱分析是基于临界频带,听觉对临界频带内的声音信号频谱变化不敏感,因此,可以对临界频带内的简正频率数目进行统计,无须考虑简正频率分布是否均匀。其次,由于 1/3 倍频程带宽随中心频率的增大而增大,为了使模式频率均匀分布,就要求每 1/3 倍频程带宽的模式频率个数随频率单调上升。只有这样,激发的共振模式才足够多。由于平均效应,使频率特性的峰谷效应减弱,同时,也使声压空间分布的驻波效应减弱,使频率特性和声压分布变得均匀。因此,音质就不会受到共振模式的影响。

一般来说,低频(小于 300Hz)简正频率分布较稀疏,因此对房间音质有较大影响。简正频率分布越密集、越均匀,则房间的传输频率特性越好,房间的音质越好。应避免相邻简正频率的间隔大于 20Hz 和简并化现象。为此应避免房间尺寸比例为整数或小整数比。推荐的长宽高尺寸比例有 1.618∶1∶0.618、1∶$\sqrt{2}$∶$\sqrt[3]{2}$、1∶1.25∶1.6、1∶1.14∶1.39、1∶1.28∶1.54、1∶1.60∶2.33 等。

3.2.5 共振模式的带宽和振幅

研究表明,共振峰带宽和振幅与房间的平均吸声系数有关:房间吸声越强或平均吸声系数越大,共振峰越平缓,带宽越宽,振幅越小。反之,房间吸声越弱或平均吸声系数越小,共振峰越尖锐,带宽越窄,振幅越大(见图 3-13)。图中 α 代表房间平均吸声系数。

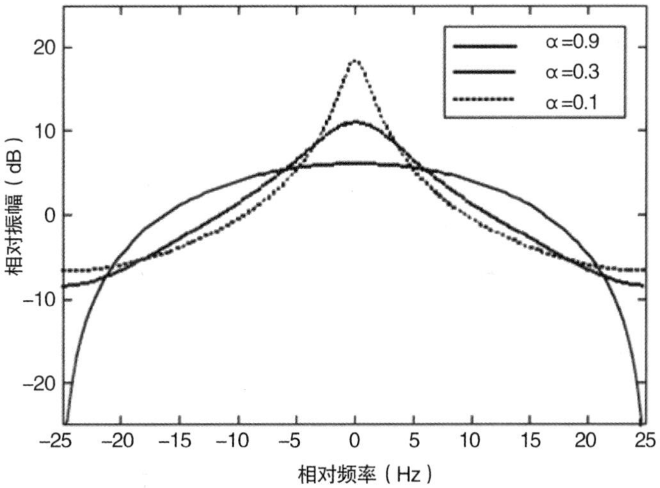

图 3-13 不同吸声系数时共振模式带宽和振幅

增大吸声也会减小驻波中最大声压和最小声压的差值,从而减小声压空间分布的不均匀度,图 3-14 所示为不同吸声系数时驻波模式声压振幅的空间分布。显然,吸声系数较大时,驻波声压随空间位置的波动较小,这对获得扩散声场是有利的。

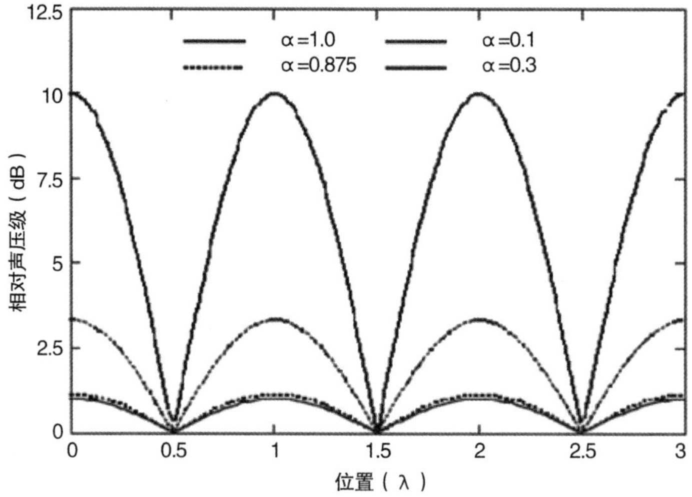

图 3-14　不同吸声系数时驻波模式声压振幅的空间分布

3.3　典型房间频率特性

任何一个房间都存在一个频率值,当频率低于此值时,房间里的驻波模式起主导作用。在驻波模式起主导作用的频率区域,房间频率响应将起伏变化。由于驻波的声压随位置变化,受驻波模式影响的房间声压级也将随位置变化,其结果是声场不再是扩散声场,混响时间的计算公式不再适用。图 3-15 所示为典型房间频率特性,图中分为三个不同的频率区域。

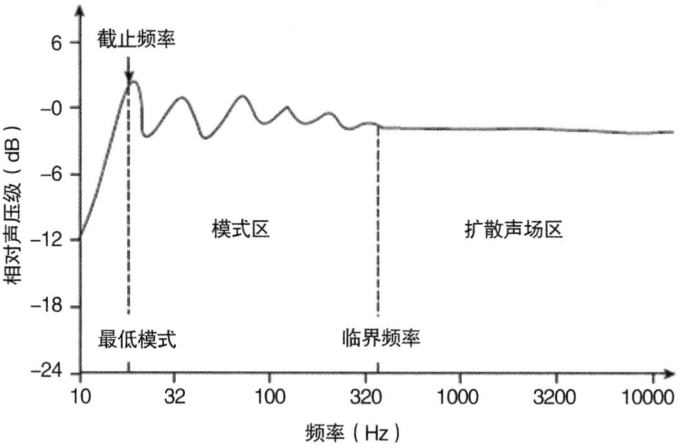

图 3-15　典型房间频率特性

(1)截止区:低于最低共振模式的频率区域,有时也称压强区。在此频率区域,房间内的所有尺寸都比半波长小,房间里几乎没有声波传播,就像一个终端没有开口的打气筒。当房间里存在声源如扬声器、乐器时,声源的辐射阻抗变得很小,使之难以向空间辐射声波,这些频率的声压级极小。截止频率可按最低简正频率计算,即:

$$f_c = \frac{c}{2L} = \frac{343}{2L} \tag{3.27}$$

其中,L 为房间的最大边长。

(2)模式区:紧接着截止区的是声学特性以驻波模式为主的频率区域,也就是模式区。在此区域,频率特性呈现峰谷起伏,以扩散声场为前提的计算方法不再适用。

(3)扩散声场区:在此区域,有关混响时间和稳态混响声压级的计算公式成立。通常在此频率范围,只要混响频率特性良好,音质将达到最佳。此时房间的驻波效应最小,听音者感受到的是一个在整个房间内分布均匀的混响声。

从模式区变换到扩散区的分界频率被称为临界频率,注意这里不要和听觉临界频率相混淆。虽然临界频率是指某个特定的频率值,但实际上特性转换的边界是模糊的,因此,临界频率只是发生区域转换的某个代表性频率。临界频率可按下式计算,即:

$$f_c = 2102\sqrt{\left(\frac{T_{60}}{V}\right)} \tag{3.28}$$

上式表明,临界频率与房间体积的平方根成反比,与混响时间的平方根成正比。因此,较大房间的临界频率小于较小房间的临界频率,较小混响时间或较大平均吸声系数意味着较小临界频率。从这一点看,大房间较容易获得扩散声场,增大吸声系数也可以抑制房间的共振效应,从而改善音质。

3.4 实际应用

在了解室内声场的基本规律后,不难理解在实际应用中,与音质相关的以下几个问题:

(1)声源位置对音质的影响。当声源如音箱等处在房间的不同位置时,相当于改变了式(3.24)中的 $B_{n_x n_y n_z}$,将激发出不同的简正波强度关系,甚至使某些简正模式振幅为零,从而改变模式频率分布特性,影响房间音质,这一点在矩形房间尤为突出。例如,当声源处在房间中心位置时,将只激发出 n_x、n_y、n_z 为偶数的简正模式,使房间的模式效应变得显著,不易产生扩散声场,对音质不利;如果声源置于某个非对称位置,则会激发出更多的简正模式甚至所有简正模式，平均后使模式效应减弱，有利于产生扩散声场，改善音质。这与音乐声学中的杨氏定律类似，即声源所在位置相当于房间的激振点，它将抑制此处为波节的共振模式。因此，应尽量使声源处在房间尺寸的非整数比例位置。

(2)房间尺寸比例对音质的影响。对于小型演播室或听音室来说，这一点更为显著。由式(2.18)可知，房间尺寸比例将影响简正频率分布，从而影响房间频率特性和声场的均匀扩散。因此，房间可以采用一些推荐的最佳尺寸比例，而尽量避免采用整数比。

(3)房间大小对音质的影响。大房间比小房间更容易获得扩散声场，因此更容易获得较好的音质。从简正频率分布的角度看，房间越大，简正频率分布越密集，声源激发的共振模式越多，房间频率特性和声场空间分布越均匀，越容易获得扩散声场。从临界频率计算公式也可以看出，房间尺寸越大，临界频率越低，声场越容易均匀扩散。因此，大型厅堂不容易出现声染色现象，反而要更加注意避免回声、声影等声学缺陷。

(4)房间声染色的本质。研究人员曾经对中小型演播室的声染色现象进行过调查，发现声染色主要发生在频率低于300Hz的区域。由于低频简正频率分布比较稀疏，因此声场的驻波模式效应比较显著，当某个共振模式强到足以让人耳觉察时，就出现了声染色现象。由于轴向波振幅最大，往往是产生声染色的主要原因。解决的途径有：改变房间内部结构的尺寸比例、采用非平行墙设计、增加低频吸声、对平行墙进行扩散处理等。

3.5 三种声学分析比较

从上述内容可以看出，处理封闭空间中的声场问题，上述三种理论各有优劣。由于统计声学处理问题的方法简单、结果明了，所以在实际工作中通常以统计声学为主，以几何声学的图解分析作为辅助，以在吸收波动声学中有益的结论作为指导。但必须清楚，无论是统计声学还是几何声学，都是从实用的目的出发，为了避免繁杂的数学计算而对大多数问题的处理做了某种简化的。它们都包含了种种假定，所得到的结果大多是近似的。在某种情况下，这些假定得不到满足，从而可能出现一些错误结论。因此在实际工作中，必须牢记它们的适用范围。在适用范围之内，这两种理论是十分方便的。

在封闭空间中应用统计声学和几何声学时,主要包含以下一些假定:

(1)从声源发出的声波以假想的直线——声线代表。声线经多次反射后,声场处于扩散状态。

(2)在声音的增长和衰变过程中,仅考虑声源的频率存在。

尽管这些假定使问题的处理大大简化,但事实并非真正如此。对第一个假定来说,完全扩散的声场一般是难以实现的;对第二个假定来说,试验研究已经清楚地表明,声音在室内增长和衰减的过程中除了声源的频率以外,还存在其他频率,即房间的简正频率。因此,在声源停止发声后的声音衰变过程——混响过程中,所有被激发的简正振动方式的叠加,必然引起声压很大的起伏。这就是在统计声学中假定声压按指数衰减实际上难以完全实现的原因。只有在高频段,简正频率非常密集以至于在声音衰变过程中声压起伏很小,这时两者的考虑方式才比较接近。对于不规则的大房间来说,简正频率密集并且均匀,因此具有良好的连续性。只有在这种情况下,用统计声学进行处理才可能反映出声场的实际状况。

只有当声波的波长与房间的尺寸相比小得多时,几何声学和统计声学才能够与波动声学所得到的结果近似。对于大多数房间来说,一般仅适用于250Hz以上的频率;在体积较大的厅堂中,使用的限度可以降低;对于小型录音室而言,往往要求的频率范围非常宽,这是在应用几何声学和统计声学时就应该注意的局限性。

总之,统计声学是目前最为广泛适用的一种声场分析理论,因此,后面也将着重从统计声学的角度对声场做进一步的研究。

3.6 吸声材料和吸声结构

当声音投射到一个固体障碍物上时,大部分声能将被障碍物表面反射;一小部分被障碍物吸收并最终转化为热能;另一小部分将穿透这个障碍物。这三部分的相对份额要视障碍物表面光滑程度、障碍物材料的比重和障碍物的形状及厚度等因素而定。光滑坚硬表面的声能反射系数比较大,一般在90%以上。而减少声波反射的最常用办法是增加声能的吸收和透射。

一些以吸声为主的特制的材料,即所谓的吸声材料,已经成为控制房间音质的一个重要手段,对于控制室内的混响时间、调整室内声场分布、降低室内噪声等都起着重要的作用。吸声材料一般是指可供直接使用、具有良好吸声能力的声学材料,而吸声结构主要是指按照一定要求、经过特殊设计的吸声构件。这里存在两种物理机制:共振吸声和多孔吸声。一些柔软多孔的表面,吸收性能较好。这是由于在柔软多孔介质中,声波的空气振动比较容易转化为介质的振动并通过摩擦转化为热能耗散掉。增加多孔型材料表面对声波吸收的办法通常有三种(见图3-16)。

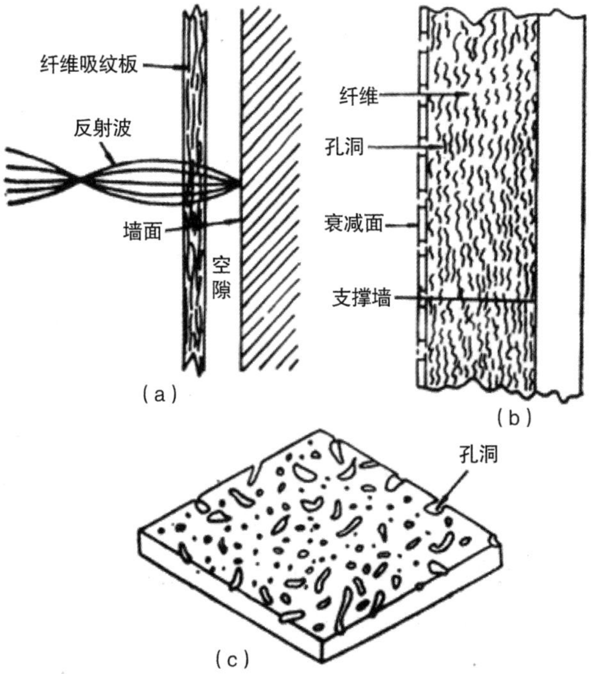

图3-16　三种多孔型材料示意图

注:(a)纤维板的吸收,通过摩擦衰减吸收声能;

(b)纤维板上覆盖穿孔的板,通过纤维摩擦、孔壁摩擦、板表面振动摩擦吸收声能;

(c)典型的装饰声学砖。

一般我们使用吸声系数来衡量材料的吸声特性。影响吸声系数大小的因素除材料本身的性质之外,还包括材料背面的条件(有无空气层及其大小)、材料的安装方法、声波的入射角度以及入射声波的频率。

3.6.1　吸声材料和吸声结构分类及特性

一般来说,我们可以根据吸声材料和吸声结构对声音频率范围的吸收来定义其分类:

(1)全频带吸声材料和吸声结构:100~5000Hz。

(2)中高频吸声材料和吸声结构:500/1000~5000Hz。

(3)高频吸声材料和吸声结构:2000Hz以上。

(4)中频吸声材料和吸声结构:300~2000Hz。

(5)低频吸声材料和吸声结构:300Hz 以下。

对于不同类型的吸声材料和吸声结构来说,除了上述频率范围内的分类之外,更多关注的是它们的吸声特性:

1.多孔型吸声材料

玻璃棉、岩棉、木棉等矿物、植物纤维等具有毛细管或连通气泡的材料,当声音入射时,会在材料的细孔中传播,由于与孔壁摩擦及粘滞阻,以及材料小纤维的振动等,使声能的一部分转化为热能,消耗掉的声能与声波的质点振速成正比。因此将多孔型吸声材料置于声波的质点振速大的位置,吸声效果就大。声波入射到刚性界面表面时,会产生驻波,在距离界面 λ/4、3λ/4 等处时质点振速最大,因此将多孔型材料紧贴刚性界面时,必须具有相当于 λ/4 的厚度,才能有效吸声。通常多孔型吸声材料在低声频段吸声系数较低,频率逐渐增高,到达 λ/4 与材料厚度相等的频率后,在更高的声频段,吸声系数可非常高,这就是多孔型吸声材料的特点。可以理解为材料越厚,低声频的吸声效果越好。并且当材料的厚度一定时,要想提高低声频的吸声特性,还可以采用在吸声材料和刚性界面之间加入空气层的方法实现。概括来说,它的吸声频率特性通常是低声频小、高声频大。还要注意的是多孔型吸声材料的厚度以及与界面之间空气层厚度、材料密度与流阻、材料孔隙率、施工工艺、吸湿程度等都会对吸声特性造成影响。

2.共振腔式吸声结构

开有小孔的空腔形成的共鸣器,当声波入射时,会在共鸣频率附近使小孔部分的空气受到激励而振动,以摩擦热损耗声能。它的吸声频率特性是在共鸣频率频点附近具有非常大的吸声性能。共鸣器可将声音再辐射出来,但与放置处的房间混响相比,共鸣器辐射的声音衰减通常较快,因此人们通常听不到它,只表现出吸声效果。在共鸣型吸声结构中应用的主要有两种类型:一种是单一共鸣型吸声结构,另一种是穿孔板及窄缝共振型吸声结构。

(1)单一共鸣型吸声结构只在共振频率附近很窄的频率范围具有较强的吸声作用,很难用作一般的吸声处理,而只能用来对房间中某些固有的共振频率或特定的频率(如空调通道低频嗡嗡声)进行抑制。单一共鸣型吸声结构的空腔一般采用砖、瓦、陶器等制成的开孔罐子或将玻璃瓶埋在混凝土中实现,也有采用木材制作的,但必须保证刚硬且密闭。具体使用中通过改变空腔颈部的长度和空腔的体积,来调节共振频率的大小。另外,空腔体积越大,吸声能力就越强,但各部分的尺寸都应在波长的 λ/6 以下。

(2)将胶合板、纤维板、金属板、石膏板及水泥石棉板等板材有规律地钻上一定数量的小孔就形成了穿孔板。穿孔板通常安装在距刚性墙面一定距离,隔有空气层的位置。这样每个孔后的空气层都被独立地隔开来考虑时,就可按小孔数目的单一共鸣器并联来看待。空气层大时,将在低频范围出现共振吸收,如在板后放置多孔型吸声材料,就可使高频也具有良好的吸声特性,但中频吸声将较差。如果希望在较宽的频率范围内有较高的吸声系数,可用孔径小于 1mm 的微孔板。窄缝共振吸声结构简单地说就是将小孔变为具有一定宽度的缝隙来实现,有兴趣的读者可查阅相关的书籍。它的吸声特性与穿孔板基本相同,在此就不赘述了。

3.膜状和板状吸声材料

薄膜与薄板共振型吸声结构是指用板或膜离开墙面一定距离钉在木龙骨上,使之与墙面之间有一封闭空气层。膜通常是指皮革、人造革、漆布类织物和塑料薄膜等;板是指木板、硬纸板、胶合板、石膏板和石棉水泥板等。其吸声原理是:当声波撞击板面或薄膜时,使之发生振动,吸收部分声能并转变为热能。当声波频率等于共振频率时,系统发生共振,大量的声能转变为振动能量,最后转换为热能耗散掉。其吸声特性表现为吸声系数峰值大多在 200~1000Hz(膜)或 80~300Hz(板),吸声系数峰值为 0.2~0.5,因此中、低频吸声性能较好。吸声频率特性是在低声频段的共振频率形成峰值,但通常吸声系数不太大。使用板(膜)振动型吸声结构时应注意以下几点:

(1)板越薄吸声系数越大。同样的板钉在框架上比粘在框架上更容易振动,吸声系数也较大。

(2)吸声系数的峰值大多在 200Hz 以下。材料越重,后面的空气层越厚,峰值越向低声频移动。

(3)后面空气层中加入多孔型吸声材料,吸声系数的峰值会高。

(4)膜和板在不影响振动的情况下,可进行随意的涂布和装饰。

(5)在吸声软纤维板之类的多孔型板后面,留有空气层,可得到将多孔型吸声材料特性与板振动型吸声结构的特性结合在一起的吸声特性。

4.其他吸声结构。

第一,可变吸声结构。

可变吸声结构是指通过改变结构来改变吸声系数的吸声结构。其主要作用是使室内混响时间可变,满足厅堂多功能使用要求。可变吸声结构主要是通过翻转式或推拉式结构,使板的吸声面或反射面暴露在外,从而达到调节吸声系数的目的。帘幕也可作为一种可变吸声结构。与其他可变吸声结构相比,帘幕具有结构简单、价格便宜的优点。

第二,空间吸声体。

用穿孔板做成各种形状悬挂于空间,里面填充或衬贴多孔吸声材料,就构成了空间吸声体。空间吸声体有两个或两个以上的面接触声波,相当于增加了有效吸声面积,因此其吸声效率较高。如果按投影面积计算,则吸声系数大于1。因此,空间吸声体通常直接用吸声量表示其吸声性能。空间吸声体可以根据建筑空间艺术造型需要,做成各种形状。

第三,柱面吸声结构。

柱面吸声结构的表面采用一定弦长的圆弧表面上覆盖吸声材料构成。在实际使用中,柱面体的宽度,即柱面的弦长应各不相同,这样既有利于室内声场的扩散,也有利于展宽吸声频带。它的吸声机理与薄板共振结构一样,弦越长,对低频的吸声效果也越好;随着弦的减小,吸收峰值频率将逐渐上升。

第四,强吸声结构。

在消声室等一些特殊声学环境中,要求在一定频率范围内,室内各表面都具有极高的吸声系数,这种情况下就要用到一种强吸收结构,叫作吸声尖劈。吸声尖劈是用棉状或毡状多孔吸声材料填充在楔形框架中,并蒙以玻璃丝布或塑料窗纱等罩面材料制成,其吸声系数可达99%。

5.人与家具的吸收

人和家具是室内的重要吸声体,常在演播室、音乐厅等场合出现,且占较大比例,故不能忽略它们的吸声特性。

由于人的衣着属多孔材料,故具有多孔吸声材料的吸声特性。此外,随着四季变化以及不同人的着装不同,个体吸声特性存在差异,一般用统计平均值来表示。座椅的吸声量主要取决于所用材料及尺寸大小,同时还与排列方式、密度等因素有关。人和家具不易计算面积,因此大多以每个人或每个家具的吸声量来表示。硬木、塑料、玻璃钢等制成的硬座椅的吸声量通常在0.1m^2以下,软座椅吸声量较大,在0.8m^2左右具体吸声量取决于垫层的厚度以及面层材料的透气性等因素。实际使用中,硬座椅上坐有观众,吸声量增大明显,而软座椅上坐有观众,吸声量不会有明显增大。

在处理剧院观众厅时,不能不考虑观众对声音的吸收。为了保证大厅内音质尽量少受观众人数的影响,应尽量使空场状态下的单个座椅的平均吸声量相当于一个观众的吸声量。一般来说,软椅主要对低频进行吸收,而人的穿着如果不是很厚的话,主要是对中高频的吸收,对低频的吸收很小。而当多人作为整体吸收声音时,随着频率的增高,吸声系数也随之增加,但当频率大于2000Hz时,吸声系数开始下降。下降的原因是吸声面的相互遮蔽,这种遮蔽在高频时变得很重要。

3.6.2 吸声材料的选择

(1)必须充分了解吸声材料或吸声结构的各种特性,因地制宜,综合评价。

(2)为了充分发挥吸声材料的作用,应将它们布置在最容易接触声波和反射次数最多的表面上。

(3)吸声材料和吸声结构可用于消除长延时反射声,以免在建筑物中形成回声。

(4)为了有利于声场扩散,吸声材料和吸声结构以分散式或补丁式布置为宜。

(5)充分利用空间吸声体的吸声特性。

(6)在对音质要求较高的建筑中使用可变吸声结构时应注意这类结构可能出现的振动或狭缝吸收等问题。

(7)为了达到设计要求,在施工中应留有合适的调整面。

上述注意事项是对一般建筑而言的,而对于特殊建筑,如活跃端—寂静端型音乐录音棚,则应根据具体的要求进行特殊处理。

3.7 房间的隔声、隔振

声学场所为了不使外界声音干扰声音录制、制作及演出等工作,应比一般居室具有更为良好的隔声和隔振性能。

外界声音传进室内的途径有以下三种:

(1)由空气直接传入。声音可以通过房门、窗户或管道的缝隙传入室内。

(2)通过墙壁等隔离物传入。声音传到墙壁等隔离物时,声波将使墙壁如同一个膜片一样产生振动,在墙壁的另一面形成二次声源,将声音向室内辐射。

(3)撞击传声。墙壁等隔离物受到机械撞击或振动后,振动沿隔离物传播,辐射出声音。

其中,(1)(2)两种情况,声音是在空气中产生和传播的,被称为“空气传声”或“空气声”;(3)则被称为“固体传声”或“撞击声”。实际上,撞击声也要通过空气传播才能使人听到的。对于“空气声”和“固体传声”的隔绝方法是不同的,前者被称为隔声,后者被称为隔振。

3.7.1 隔声

1. 隔声量

声音在空间传播的过程中,如果遇到一个隔离物,一部分声能被反射,一部分声能被吸收,还有一部分声能则透过隔离物传到另一空间。

假设入射总声能为 E_0,透过隔离物而传到另一个空间的声能为 E_τ,则隔离物的透声系数 τ 为:

$$\tau=\frac{E_\tau}{E_0}$$

在工程中,通常使用透声系数 τ 的倒数取常用对数乘以 10 的 dB 数来表示隔声的程度,将它称为隔声量 R,或称透声损失 TL,即:

$$R=TL=10\lg\frac{1}{\tau}\quad (dB)$$

τ 越小则 R 越大,代表隔离物的隔声性能越好。由于同一隔离物对不同频率声音的隔声性能可能不同,所以通常取中心频率为 125、250、500、1000、2000、4000Hz 的 6 个倍频程的 R 值来表示某一隔离物的隔声性能。

2. 单层墙

墙的单位质量面积 ρℓ 越大,则透声系数就越小,隔声效果就越好,并且频率越高,隔声效果也越好,这就是隔声的质量定律,适用于平均隔声量在 50dB 以下的墙。在质量定律控制的范围内,单层墙的隔声量可用下式计算:

$$R_\lambda=20\lg M+20\lg f-43\quad (dB)\quad (垂直入射)$$

$$R=R_\lambda-10\lg(0.23R_\lambda)\quad (dB)\quad (漫入射)$$

其中,R 为墙的隔声量(dB),R_λ 为垂直入射时墙的隔声量(dB),M 为隔声墙的质量(kg/m^2),f 为入射声波的频率(Hz)。

根据以上公式可以看出,当墙的单位面积质量加倍(或墙的厚度加倍)时,其隔声量将增加约 6dB。

介于两个房间中间的墙的实际隔声能力,可以用平均声压级差来表示。这对现场测定墙的隔声能力比较方便。发声房间和接收房间之间的平均声压级差 D 是两房间内平均声压级 L_1 和 L_2 的差值。即:

$$D=L_1-L_2$$

平均声压级差与隔声量的关系为:

$$R=D+10\lg\frac{S}{A}\quad (dB)$$

其中，S 为墙的面积，A 为接收房间的吸声量，即 $\overline{\alpha}S$。

在实际生活中，由于存在各种复杂的共振条件，质量定律会在一定程度上受到限制和修正。最低频的共振要受到墙的质量和力劲控制，而内部的阻尼和边缘紧固条件又控制了较高模式振动的高频，"吻合效应"就是最明显的例子。吻合效应是这样的：由于实际的墙都可被认为是具有一定刚度的弹性板，当它被声波激发振动后，会产生沿墙面传播的弯曲波和其他振动方式。设某一斜入射声波到达墙面上 A 点，使它产生振动。经过时间 t，弯曲波到达 B 点，设它的波长为 λB，传播速度为 cB。这时，如果声波的斜入射角度合适，空气波以声速 c，经同样时间 t 也正好到达 B 点，即 λB = λ/sinθ，在 B 点也激发墙，使它产生新的弯曲波，与从 A 点传来的弯曲波恰好相吻合，使总的弯曲波振动达到最大。这时墙将向另一侧辐射大量声能，这种效应就是"吻合效应"。

墙产生吻合效应将使隔声量大幅度下降，不再遵循质量定律。吻合效应只发生在一定频率范围，它的下限被称为临界频率 fc。由于噪声对人影响的范围主要在 100～2500Hz，应设法不使吻合效应发生在这一范围。通常硬而厚的墙，其 fc 要小于软而薄的墙。所以可以通过控制墙的软硬、厚薄来改变临界频率 fc。一些隔声材料如玻璃、金属薄板的共振频率为 100～300Hz，使用时必须增加其阻尼，如涂沥青、橡胶、塑料等减弱其共振幅度，否则这些隔声结构就会变成"噪声放大器"了。

质量定律说明，墙的质量或频率每增大一倍，隔声量将增大 6dB。但质量增大一倍，建筑费用也要相应地增加。为了增大隔声量但又不过分增加墙体厚度，大多采用双层墙结构。

3. 双层墙

双层墙能够提高隔声能力的主要原因是由于两层墙之间有空气层，振动通过空气层传入第二层墙，再由第二层墙传到另一房间。由于空气层的特性阻抗与墙的特性阻抗相差很大，在分界处会产生明显的衰减，空气层的弹性起到了减振的作用，从而使第二层墙的振动大为减弱，提高了墙体的隔声能力。

简化的双层墙隔声量的计算公式为：

$$R = 13.5\lg(M_1+M_2)+13+\Delta R,\ (M_1+M_2)<100kg/m^2$$

$$R = 18\lg(M+M)+8+\Delta R,\ (M_1+M_2)>100kg/m^2$$

其中，R 为双层墙的隔声量，M_1、M_2 分别为两墙单位面积的质量（kg/m^2），ΔR 是一个与双层墙之间空隙有关的修正值，通常 $\Delta R \approx 8 \sim 12$dB（空隙厚>10cm）。

双层墙之间不能有刚性连接，否则将使隔声量降低 15～30dB。因此在施工中，对双层墙的建造要求十分严格。要防止双层墙之间被固体连接物所"短路"，影响隔声量。

另外,双层墙之间的空气层与双层墙可组成一个共振系统,共振频率为:

$$f_0=\frac{1}{2\pi}\sqrt{\left(\frac{1}{M_1}+\frac{1}{M_2}\right)\frac{\rho c}{l}}$$

其中,ρ 为空气密度,c 为声速,M_1、M_2 分别为两墙单位面积的质量(kg/m^2),ℓ 为空气层厚度。

当入射声波等于 f_0 时,将产生共振,隔声量将显著减小。所以当双层墙的共振频率 $f_0<30Hz$ 时,隔声效果才较好。如果用松软的多孔型吸声材料填充空气层,可以提高隔声量。

4. 门和窗的隔声

对于演播室来说,通常只有与控制室间的观察窗。它的玻璃一般应为 2~3 层,玻璃与玻璃之间的距离为 8~12cm,玻璃彼此之间不平行,以免引起单一频率的共振。玻璃厚度也可采用不同尺寸的,这样可以避免玻璃的共振频率相同。通常靠近控制室一段的玻璃下部应向内倾斜,以免反光射到调音师。玻璃与窗框之间应密封。

演播室的门应采用大重量的,通常门的中部为钢板。门与门框间应密封,通常包以毛毡。演播室大多用里外双重门,在两门之间形成一个空间,称声闸或声锁,声闸深度应大于 1.5m,面积应大于 $2m^2$。

5. 墙壁上的门和窗对隔声量的影响

墙壁上开有门和窗后,由于门窗的隔声要比墙壁差,因而会使总隔声量减小。

假设墙壁的透声系数为 τ_1,窗的透声系数为 τ_2,门的透声系数为 τ_3,墙壁的面积为 S_1,窗的面积为 S_2,门的面积为 S_3,于是总的透声系数 τ 为:

$$\tau=\frac{\tau_1 S_1+\tau_2 S_2+\tau_3 S_3}{S_1+S_2+S_3}$$

因而,总隔声量 R 为:

$$R=10\lg\frac{1}{\tau}(dB)$$

例如,某墙壁的 $R_1=50dB$(即 $\tau_1=1/105$),面积为 $S_1=20m^2$,在墙壁上开了一个门,$R_2=20dB$(即 $\tau_2=1/102$),面积为 $2m^2$,经过计算可以得到总隔声量为 30.4dB。即开门后的总隔声量要比不开门时墙壁的隔声量低 20dB。综上可以看出,单独提高墙的隔声量意义不大,应根据“等隔声量”原理来选择墙的隔声量。

按照等隔声量原理应为:

$$\tau_1 S_1=\tau_2 S_2$$

$$\tau_1=\frac{S_2}{S_1}\tau_2$$

因此：

$$R_1=10\lg\frac{1}{\tau_1}=10\lg\left(\frac{S_1}{S_2}\cdot\frac{1}{\tau_2}\right)=R_2+10\lg\frac{S_1}{S_2}$$

在上述例子中，$S_1/S_2=10$，因此 $R_1=R_2+10\lg10\text{dB}$。即当 $R_2=20\text{dB}$ 时，R_1 只需要 30dB 即可，即墙的隔声量需 30dB。

如果 $R_1=50\text{dB}$，则 $R_2=40\text{dB}$ 即可。而隔声量为 40dB 的门是不容易制作的，实际上，只要 R_1 比 R_2 大十几分贝就可以了。

6. 空隙对隔声的影响

当声波遇到墙面上的空隙时，如果声波波长小于空隙尺寸，则全部声能可以透射过去，即 $\tau=1$；如果声波波长大于空隙尺寸，则透射量和空隙形状及空隙深度有关。长条形空隙要比圆型空隙透声量大；空隙越厚透射量越小。门窗的缝隙大多是长条状的，因而要特别注意。

例如，一个理想的隔声墙 $\tau=0$，在其上有一个面积为墙面积百分之一的洞（即 $\tau=1$），经过计算可以得出墙的平均隔声量由原来的无穷大变为 20dB。从计算结果来看，一个隔声很好的墙，如果上面有了面积为 1/100 到 1/1000 的孔隙，它的隔声量就不会超过 20dB。因此，对于墙壁、门窗上的孔洞和缝隙必须进行密封。

3.7.2 隔振

声音在固体中传播时，速度要比在空气中传播快得多，而衰减得较慢。要想隔绝固体传声，即隔振，应设法消除振动源或撞击源与隔离物之间的刚性连接。通常采用如下三种措施来予以隔绝。

（1）在地板或楼板面层上铺设一层弹性面层，例如地毯、橡胶或软木垫层等，用来消耗撞击振动的能量。

（2）在楼上房间的结构楼板上加装弹性垫层或隔振垫层、垫块，如矿棉毡、橡胶等，再在该弹性垫层上做室内地面，形成浮筑结构，使由楼板面层结构传给楼下的振动大为减弱。

（3）采用“房中房”构造。“房中房”由外层结构、内套房和弹性垫层三部分组成。外层结构与内套房之间应无刚性连接，以隔绝固体声的传播；弹性垫层可采用橡胶隔振器或金属弹簧隔振器。

3.8 声音扩散

关于扩散的研究开始于20世纪40年代,它是指声音朝着许多方向不规则反射、折射和衍射的现象。扩散对"丰满度""活跃度""空间感"是有利的,并且能保持丰满和明晰度之间的平衡、语言清晰度和较长混响时间之间的平衡,还可以保持观众厅内音调的自然性,另外可以使室内声能分布均匀、消除回声等。室内扩散不好,音色往往很粗糙。

为了使房间内声场各处的声能密度分布均匀,各点声波都向所有方向传播,声波应在房间内充分扩散。为了达到良好的扩散,在房间音质设计时应考虑以下几点:

(1)房间形状最好避免出现平行的表面。

(2)墙面和天花板可设计成不规则形状,应避免凹面,以免产生声聚焦。

(3)安装凸面结构扩散体。

(4)不对称地布置吸声材料和吸声结构,可采用"补丁"式的布置。

在设法使厅堂内产生声扩散时,有两点必须着重考虑:首先,要充分应用不规则表面,如外露的建筑结构部件、方格顶棚、锯齿形的墙面、凸出的包厢、墙面雕刻装饰和深窗框等;其次,这些不规则表面的尺寸,应有适当的大小。不规则的布置吸声材料或交替布置反射材料和吸声材料,也是一种增加声扩散的方法。很明显,扩散体对改善厅堂的声学条件有非常显著的效果。当在混响时间稍长的厅堂内安设一定数目的适当大小的不规则扩散体表面时,可以大大改善听觉的条件。

扩散体主要对低频段及低中频段进行声音扩散。任何扩散体的扩散效果都与它本身尺寸和声波的波长有关。如果扩散体的尺寸小于波长,则无扩散效果;如果扩散体的尺寸与波长相当,声波会产生散射、无规反射;如果扩散体的尺寸远大于声波波长,则声波按扩散体的表面形状产生反射,将声音扩散。

扩散体的形状有半圆形、三角形、三角锥体等,扩散体的尺寸与波长的关系为:$2a \approx \lambda$,$b \geq a/3$,式中λ为要求起扩散作用的声波波长。由德国Schroeder提出的相关扩散体,是使构成声波的各声波改变相位,彼此相互干涉,从而将声波能量扩散的装置。这种扩散体也被称为反射相位栅扩散体RPG。它是在墙面或顶棚设置按一定规律及不同深度排列的"井"。利用相干扩散体可获得宽频带、宽角度的扩散效果。除了有良好的空间扩散特性外,反射相位栅扩散体也能达到良好的时间扩散特性,扩散后的反射声能在空间中以及在时间轴上都是均匀分布的。

RPG 中井的最大深度是要扩散声波最长波长的 1/2,井的宽度为要扩散声波最短波长的一半。RPG 能在一个很宽的频段内将入射声波能量均匀地扩散到一个很宽的角度内,一般能覆盖 4~5 个倍频程的频带宽度,演播室中使用 RPG,可使声场扩散均匀,混响特性良好。

要想设计出有效的扩散体,必须使它对各种频率、振幅、入射角都能均匀扩散,实际上做起来很不容易,往往只能局限于狭窄的频率范围内或一些特定的反射角范围内,而无法将声能有效地散射开来。到了 20 世纪 80 年代,根据 Schroeder 发表的论文研制出的二次余数扩散体是目前扩散效果最好的扩散体。

二次余数序列,它定义为以下这个公式:

$$Sn = n^2 \text{modulo } N$$

其中,N 是格子个数,只能取质数,n 是 N 的非负余数。Modulo 是取模的意思,即用 n^2 除以 N 所得的余数。举例来说,N 取 17,则 1~16 均为 17 的余数,这些余数的平方除以 17 之后所获得的第二余数就是所需要的数字,得到的序列为 Sn = {0,1,4,9,16,8,2,15,13,13,15,2,8,16,9,4,1}。二次余数扩散体的工作频率为设计频率 f_0 的整数倍,相应的波长为 λ_0,则可计算出格子的深度为 $dn = Sn\lambda_0/2N$,这样格子的深度大致会在 0 到 $\lambda_0/2$ 之间变化。数学上分析显示,在这样的安排下,散射到不同方向的能量频谱基本上是十分均匀的。

普通扩散体通常只对设计频率起作用,而二次余数扩散体有一个特殊的扩散特性:如果以中心频率为基准,它的扩散下限频率可以向下延伸到中心频率以下约半倍频(若中心频率为 1000Hz,半倍频则为 750Hz),上限则可以高达中心频率的 N-1 倍。假设中心频率为 1000Hz,该二次余数扩散体的格子数为 7,则扩散范围的上限约为 6000Hz。这就是二次余数扩散体如此受欢迎的原因之一——它不仅能够均匀分散反射声波,使室内声能密度较为均匀,其宽广的工作频率范围也使它能够更好地发挥作用。

二次余数扩散体是根据二次余数序列的数学公式为原理设计的扩散体。由于它的结构是利用规则形的构造产生均匀的声扩散,扩散效果非常好,适用于录音室、听音室、音乐厅、会议室等各种场所的扩散处理。它们由一系列相同宽度不同深度的格子构成,每个格子被薄板隔开。格子的深度由数学序列决定,比如二次余数序列。假如一个平面声波向扩散体入射,它会被格子底部反射出来再辐射到空间里。这些声波振幅相同但相位不同,因为相位的变化取决于声波在不同的格子所经历的时间。

扩散体的作用包括:

(1)可以对厅堂中的回声进行控制;

(2)减少小型听音室内的声染色；

(3)控制混响室内的驻波；

(4)减少大空间的声染色；

(5)减少凹面的聚焦效应。

在设计与配置扩散体时，应注意以下问题：

(1)扩散体不能同时是吸声体；

(2)扩散体的材质应尽量采用比重大且具有一定刚度的材料，如混凝土、抹灰砖石体、大理石、花岗石等；

(3)如用木材则宜采用实心硬木，如柚木、橡木、花梨木或硬木表面加贴多层组合板，而切忌用三合板、五合板等薄板制成空心体，这样会形成对低频的强吸收；

(4)尽可能避免用石膏浇铸扩散体，虽然制作成本很低，但它会产生金属声染色，对音色不利；

(5)扩散体各个扩散面的几何尺寸必须足以与声波波长相比，才有良好的扩散效果。

根据反射原理，一旦扩散体尺寸一定，室内声波的扩散程度会随频率上升而递增。因此，在进行声扩散设计时，应注意采用大尺寸的扩散体，以增加对低音的扩散能力。

例如，卡内基音乐厅之所以要应用扩散体，是因为从后墙来的延迟反射声引起了回声，使舞台上的演奏者彼此之间不能及时配合。采用扩散体以后可以分散反射声，减小到达舞台的反射声声压级，最终使演奏者完全听不到。同时，扩散体对后墙反射声的均匀扩散还可以增加厅堂的空间感并掩盖来自包厢的回声。

再如，多伦多的休明伯德中心(Hummingbird Centre)也是采取扩散处理的良好实例。这个礼堂在进行翻新时增加了混响增强系统，这个系统会增加来自侧墙扬声器的反射声。这是个扇形的大厅，像多数这种形状的厅堂一样，如果声源在侧墙上，穿越在观众席之间的回声就会被听到。如果只有舞台有声音传出就不会出现这样的问题，但如果有来自侧墙的人工混响产生，那么这个问题就不能被忽略，解决的办法就是采用扩散体。最初的设计是用 Schroeder 扩散体，并用织物覆盖在上面使之美观，但是这样的处理就会使扩散体变成吸音体，因此最后选用了曲线扩散体，既美观又能起到扩散体的作用。

3.9 专用录音场所

录音室又称录音棚。它是人们为了创建特定的录音环境声学条件而创建的专用录音场所。录音室的声学特性对于录音制作及其制品的质量起着十分重要的作用。

在一般情况下,录音师遇到的是已经建成的录音室,但有时可能会遇到需要新建或改建录音室的事。在这种情况下,作为录音师就不可避免地要对录音室的声学条件提出要求或建议,并参与建成后的录音室鉴定、验收等工作,甚至要对录音室的声学状态进行某些调整。例如,为了造成某种环境气氛或获得特殊的声音效果,需要在录音室内设置反射面或吸声面,或者对室内的混响时间做临时性的调整等。必须明确的是,录音室对录音师而言犹如所使用的其他录音设备一样,也是用于对声信号控制的重要设备,正确地使用录音室,甚至可以起到调音台、延时器效果器等设备难以起到的作用,而且这一切都基于对声场及影响声场声学环境特性因素的深刻了解。

一般来说,录音室按声场的基本特点可以分为:自然混响录音室、强吸声(短混响)录音室、活跃端—寂静端(LEDE)型录音室;按用途角度可以分为:对白录音室、音乐录音室、音响录音室、混录录音室等。

3.9.1 对白录音室

对白录音室又叫作语言录音室,它是以录制语言节目为主的专用录音场所,包括电影中的对白、旁白、独白、解说以及广播电视中的新闻、报告、广播剧等。

这种录音室的主要特点是体积小、混响时间较短,一般体型比较简单规则,除地面外,边界面吸声处理通常采用分散式均匀布置。尽管这种录音室录制的是语言类节目,但由于对音质的要求不同,声学特性也有所差别。就体积而言,用于广播录音的录音室(播音室)一般体积较小,通常不足100立方米,许多播音室的体积为45~75立方米,有的只有30立方米;用于电影电视剧的语言录音室体积一般在200立方米以上,有的甚至达到800立方米。就音质要求而言,前者偏重于清晰、自然、真实,而后者除了保证应有的清晰度外,根据节目内容的不同,往往还要求具有空间环境感、空间方位感及其他音色特点。

由于这类房间体积小、混响短,难以满足扩散声场的要求。但总的趋势是,以语言为主的房间,最佳混响时间比传输音乐信号的房间短得多,并且与房间的体积有关。对于对白录音室与播音室一类房间的最佳混响时间,过去大多采用白瑞纳克提出的会议室最佳混响时间曲线。近年来在对白录音室和播音室的最佳混响时间方面存在着不确定的倾向。我国声学工作者提出的建议值比较高。混响时间随频率的增高逐渐增长,这种频率特性首先在于保证语言的清晰度和明亮度,并减少低频嗡声出现的可能性,这对于广播来说是很重要的。事实上它还有助于消除鼻音和喉音的加重。对于汉语普通话,如果250Hz左右过分加强将导致鼻音和喉音的加重,而4000~8000Hz过强，则容易出现嘶声，所以适当加强高频虽然有助于语言的明亮度，并加强了辅音的能量，但不宜过长。一般建议混响时间的频率特性尽可能平直。

需要注意的是，低频嗡声是小房间录音中经常会遇到的问题，处理不当将严重影响语言的音质，甚至导致录音失败。低频嗡声是一种声染色现象，许多电声系统或其他传输系统都可能出现这一现象，只不过出现染色的频率不同而已。

所谓声染色是指在信号传输过程中，由于某种原因使得声源中某一频率得到过分加强，从而改变了声源特性的一种现象。分析表明，出现声染色的频率一般分布在100~300Hz。在语言录音室，男生最可能出现声染色的频率是100~175Hz，其次在250Hz左右；低于80Hz或高于300Hz时则很少出现。声染色对语音的音色极为不利，必须加以消除。研究表明，消除声染色最有效而简便的方法，是增大房间的平均吸声系数及减小出现染色频率对应的简振方式的能量。一般情况下，当房间的平均吸声系数大于0.3时，小房间的声染色现象不复存在，这就是对低频混响时间加以限制。如果出现低频嗡声，可在找出产生声染色的频率后使用共振吸声结构加以消除。增加阻尼，即加大房间的吸收，则可展宽共振峰的宽度而减弱其峰值的高度，这就使得有一定宽度的简振方式相互重叠而覆盖整个频率范围。这就是增大吸声消除声染色的基本依据。

在小房间中录音出现声染色现象，除房间本身的因素之外，还和声源以及声源与传声器的位置有关。

就声源而言，它是房间简正方式的激励源，而对白录音室是以语言节目为主的，语言的频谱特性就不能不对声染色有重要影响了。从这类录音室容易产生声染色的频率分布来看，声染色和语音的基频及元音的共振峰有密切关系。实验结果表明：

(1)英语男声：124~141Hz，第一共振峰270Hz；

(2)英语女声：210~235Hz，第一共振峰310Hz；

(3)汉语男声：200~210Hz，第一共振峰290~1000Hz；

(4)汉语女声：310~320Hz，第一共振峰320~1280Hz。

处在墙角的声源具有最好的激发条件。墙角指的是据室内三个边界面交点1/4波长范围内。如果将声源置于1/4波长范围之内，则可强烈地激发所有的简正振动。事实上，在实际录音中不可能出现这种情况。一种已经被证实的较好位置是矩形平面对角线的1/3处，如果出现声染色，适当改变声源和接收点的位置，亦即改变房间简正方式的激发状态或简正方式的声压指，可望减少染色频率的强度。

总之，对白录音室由于体积小、混响时间短，声源又是高频能量小、低频能量大的语声，而且在大多数情况下，拾音点附近的声场以直达声为主，因而直达声场的有效范围比一般声场大得多。在这种情况下,前期反射声对音质的影响比混响声大得多。换句话说,在混响时间很短的情况下,拾音时应将主要精力集中在分析和控制可能到达拾音点的反射声及其延时时间。

3.9.2 自然混响音乐录音室

一般来说,音乐的演奏几乎都需要一定的混响。传统的音乐录音室几乎都是混响时间一定的自然混响音乐录音室,也称音乐录音棚。

这种录音室的基本特点是房间的体积相当大、体型尽可能不规则、混响时间及其频率特性具有不同类型音乐所要求的最佳值、背景噪声很低。因此,这一声场扩散状态良好、声场分布也比较均匀,是一种比其他录音室更加接近扩散声场的声学空间,类似于一个音质良好的音乐厅。

就自然混响音乐录音室而言,至少应对以下几个问题加以考虑:

(1)自然混响音乐录音室的一个基本特点是录制的音乐节目的混响完全取决于录音室本身,且需要利用其他手段加以补充。因此,自然混响音乐录音室最佳混响时间的确定就成为十分重要的问题了。不同风格的作品需要不同的混响时间,一般来说,低频(500Hz 以下)的混响时间可适当加长,中高频混响要保持平直。

(2)房间的体积不仅是混响时间和声扩散的要求,还是避免室内出现声饱和的要求。所谓声饱和就是室内声压级过高。过高的声级在听感上是发炸,震耳欲聋。而对于频率分布相当宽的音乐(交响乐)而言,在某些频段上就有可能超过传声器的最高允许声级,因此很难对通过传声器之后的声音衰减加以纠正。室内声级的大小主要取决于房间常数和声源的声功率。解决声饱和的有效方法是适当增加室内的声音吸收。室内边界面的吸声系数增大,从效果上讲相当于增加了室内的体积,但是也不可避免地减少了混响时间。

(3)尽管房间的混响半径并非描述房间声学状态的独立参量,但它对于描述室内不同位置的混响情况有着十分重要的实用意义。换句话说,借助于混响半径,可以在室内的不同位置获得不同的混响量。

对于混响时间一定的大型音乐录音室而言,在乐队的整个频率范围内,混响半径并非固定值。它不但与录音室混响时间的频率特性有关,而且与乐器的指向性和传声器的指向性有关。

3.9.3 可调混响和自然混响加人工混响型音乐录音室

这两种类型的录音室主要是为满足不同风格、不同类型的音乐对最佳混响时间的要求而建造的,因此也被称为“多功能音乐录音室”。这种多功能录音室并不是牺牲音质要求而采取折中方案实现的,因此从经济和制作上讲都具有一定的优越性,是目前较为流行的音乐录音室形式之一。

可调混响音乐录音室的混响时间是以预期录制的音乐所要求的最佳混响时间为依据的。

自然混响加人工混响录音室以等于或小于预期录制的音乐所要求的最佳混响时间作为该录音室的混响时间设计值,混响不足的部分由人工混响加以补充。最大特点是保留了大部分或部分自然混响成分,并可适当发挥录音制作的自由度。

3.9.4 短混响音乐录音室

这种录音室又被称为寂静型录音室,也称强吸声录音室。它的出现一方面是为了适应音乐录音(轻音乐)从采用主辅传声器技术到采用多传声器技术的拾音方式的变化,另一方面则由于近代录音设备,尤其是音质处理设备的多样化使音色的创造成为可能。换句话说,强吸声音乐录音室是为了适应多传声器多声轨录音工艺的要求而建造的。

它要求传声器拾取的仅仅是声源信号的本身,并仅仅作为声音素材使用,全部音色及声音效果几乎都依靠后期加工制作完成,其中包括立体声的声像定位。

3.9.5 活跃端—寂静端型音乐录音室

这是一种室内声场从长混响的活跃区向短混响的寂静区逐渐过渡的音乐录音室,简称 LEDE(Live End-Dead End)。在室内的一端布置大量的反射材料,形成声音的活跃段,这个区域混响时间长;在另一端采用吸声材料,形成无反射声的寂静端。有的录音室还将边界面设计成吸声系数可调的,使混响时间可以调节。在录音室中还设置若干活动的隔声屏风或活动帷幕,把录音室分成若干个声场不同的区域。在这种录音室内录音克服了强吸声录音室的两个明显的缺陷:一是由于强吸声录音室的声吸收很大,演员普遍感觉不舒服,容易失去“声音活物性”;二是音乐的音色完全依赖印制处理设备和技术通过后期处理制作完成,音质不可避免地要受到不同程度的影响。

这种人为的声场连续变化,为不同乐器对声场的不同要求提供了先决条件。只要根据不同乐器的不同要求对其在室内的位置进行适当的安排,无论对于演奏者还是录音师来说,都将是令人满意的。

在录音室中使用的隔声屏风是一块具有一定隔声能力的板状轻质隔声结构,通常一面为反射面,另一面为吸声面。

隔声屏风的隔声效果除了与屏风本身的结构形式、尺寸大小、放置位置等因素直接相关外，还与声源的大小、频率特性、指向性、持续时间、传声器的指向性以及录音室的大小、混响时间等因素有关。

3.9.6 录音控制室

录音控制室是加工制作录音作品的场所，录音作品的音质，包括立体声声像等效果都是录音师根据自己在这一房间中监听的结果来进行调整的。

早期立体声录音控制室的基本类型主要包括：

(1)前端活跃、后端寂静——传统控制室；

(2)前端寂静、后端活跃——LEDE 型控制室。

对早期反射声的研究分析及其在立体声放声的声学条件方面的应用，使得对传统控制室提出了异议，并进行了改进。传统录音控制室后端采用大量吸声材料形成短混响寂静区，前端由于大型观察窗形成相应的活跃区，扬声器容易产生梳状滤波效应。这种控制室在监听位置上存在两个可能的问题：

(1)缺乏必要的混响声；

(2)存在梳状滤波效应。

但无论哪一种问题，都应该满足以下基本条件来进行改善：

(1)混响时间足够短，通常在 0.25 到 0.4 秒之间；

(2)声学处理左右对称；

(3)在监听位置上的频率响应平直。

与传统控制室不同的 LEDE 控制室的特点是：

(1)在房间的前区尽可能地布置吸声材料或吸声结构，使监听扬声器发出的声音基本上在没有短延时反射声干扰的情况下到达监听者的双耳；

(2)房间的后区则设置反射面，并使其成为声音扩散体。反射—扩散面可控制第一反射声的延时时间，使其比录音室内的第一反射声与直达声之间的时间间隔大 2~5 毫秒，但不小于 12 毫秒。

这种控制室的音质特点如下：

(1)可以避免梳状滤波现象；

(2)可以获得大房间的效果；

(3)不会影响声像定位；

(4)充分利用混响声能，避免由于体积小出现的声染色及颤动回声等现象。

当前的录音控制室已经逐渐向环绕声甚至全景声过渡，因此对于声学条件来说也受到了环绕声或全景声重放系统的限制和要求,在此不再赘述。

3.9.7 审听室

审听室是供最后审查节目声音质量的场所。

就审听室的要求而言,原则上与录音控制室相同,但是审听室是检验节目在实际放声条件下可能取得的真实效果的重要场所,并为实际放声环境提供一个标准,因此其要求也相当严格。

审听室的要求如下:

(1)混响时间尽可能短;

(2)声场分布主要以直达声为主;

(3)避免声缺陷。

思考题

1. 什么是吸声系数?吸声系数大小与哪些因素有关?

2. 常用吸声材料和结构主要有哪几种?试分别说明其结构特征、吸声原理和吸声特性。

3. 隔声量是如何定义的?什么是隔声质量定律?

4. 门、窗隔声的基本措施有哪些?

5. 隔振的基本措施有哪些?

6. 音质设计的基本目标是什么?具体内容包含哪几项?

7. 获得扩散声场可采取哪些措施?

4 心理声学

心理声学领域是一个范围相当广泛、覆盖多领域的学科。在这一章我们仅仅讨论与音乐技术相关的部分,诸如录音、广播、声音增强及电子音乐等。

在讨论心理声学及人耳听觉的一些现象之前,我们首先从人耳的生理结构开始,继而讨论等响现象、双耳扬声器及耳机定位现象、声相增强及定位、音高及临界频带等。

4.1 耳朵的物理结构

耳朵的生理结构图如图 4-1 所示。从图中我们可以看出,耳朵分为三部分:外耳、中耳、内耳。

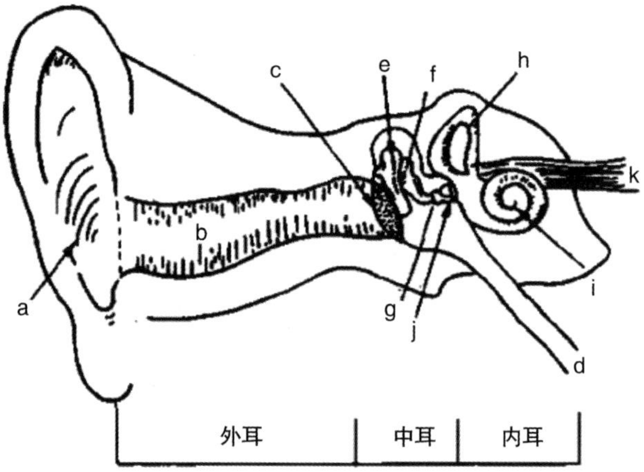

图 4-1 耳朵的生理结构图

注:其中,a.耳廓;b.耳道;c.鼓膜(中耳膜);d.耳咽管;e.锤骨;f.砧骨;g.镫骨;h.带半圆通道的前庭器官;i.耳蜗;j.椭圆窗;k.前庭神经和蜗神经。

其中,外耳是我们所能看到的部分,也叫作耳廓,拢聚声波通过耳道传导至耳膜,到达耳鼓,大约距离为27毫米。耳廓的一个非常重要的作用就是高频声波的定位。通过耳廓上不同的褶皱结构,用以反射和折射声波,来确定高频率声波的前后声相及高度上的声相。

中耳从耳膜开始,经过三个听小骨:锤骨、砧骨、镫骨,将耳鼓的运动传递到内耳。三个听小骨组成了非常精密的机械传输结构,将耳鼓的运动传动到内耳中。咽鼓管用以连接中耳与咽喉腔,目的是平衡外部环境与内耳的空气压力差。通过听小骨周围的肌肉控制,可以限制外部非常响的声压,保护内耳免受伤害。

内耳从卵形窗(椭圆窗)开始,一端与镫骨直接相连,另一端与耳蜗相连。耳蜗是内耳的中心器件,由于它的外形酷似蜗牛的壳而得名,长约35毫米。蜗管是由前庭膜和基底膜围成的,沿着耳蜗管将耳蜗管分隔成两个管子,即前庭阶和鼓阶。在耳蜗的内部以及基膜的两侧充满了液体,在耳蜗的另一端有一个小的开口叫蜗孔,用以连接和平衡耳蜗与基膜两侧液体的内部压力。沿着基膜有一片区域叫作皮层,在上面分布着30,000多个神经末梢,神经末梢是听觉神经系统的一部分,用来收集两个耳朵的信息并将信息直接传递到大脑中。

概略地说,感知乐音全部特征的全过程,按时间尺度可以分为三个阶段:第一阶段,从开始到0.05秒左右,感知的过程是在中耳和内耳中完成的,这基本上是一个纯力学的过程;第二阶段,从0.05秒到0.1秒,是听觉神经传达过程,这时信息经听觉神经传递给大脑的听觉神经中枢;第三阶段,0.1秒以后,这是大脑听觉神经中枢全面处理乐音信息的过程。

在基底膜感知音高的过程中,有一个值得注意的事实,即一个纯音引起基底膜振动后,基底膜上最大振幅的位置和纯音频率有关。也就是说,对每一个频率来说,基底膜上都存在一个最灵敏的(共振)小区域。研究表明,低频音调对应的区域靠近顶端(那里的基底膜最柔软),高频音调对应的区域靠近耳蜗的椭圆窗(那里的基底膜最硬)。因此沿着基底膜上的位置决定音调的主观感觉。纯音频率的改变引起基底膜共振区域位置的移动,这种位置移动就被人脑主观解释为音调的变化。

4.1.1 耳的功能

耳是一个传声器,可以接受有10^7数量级的声强动态范围,可以自动调节外界不同强度的声音,进行自动保护,世界上还没有一个仪器可以有这么大的动态范围和这样优异的自动控制功能。

耳是一个频率计,可以测出不同的频率。

耳也是一个频率分析器,可以从几个声源中分辨出多种或单个音。耳朵比眼睛高明。在一个时间里,对于一个对象,眼睛只能看到一种颜色。

古典的理论是,耳朵对声波的相位不起反应,这叫作听觉的欧姆定律;现今的理论和实践表明,声波的相位对听觉是起作用的,立体声就是其中一例。

4.1.2 耳的听觉范围

图 4-2 给出了人耳的听觉范围,横轴是频率,纵轴是声压级。人耳只有在一定的频率和声强范围内才能听得见。图中最小的一块区域是一般说话和歌唱的范围,稍大的一圈是音乐范围,最大的一个区域是全部可听声域。从图 4-2 中也可看到,在 1~5kHz 附近,耳朵可以听到最弱的声音。

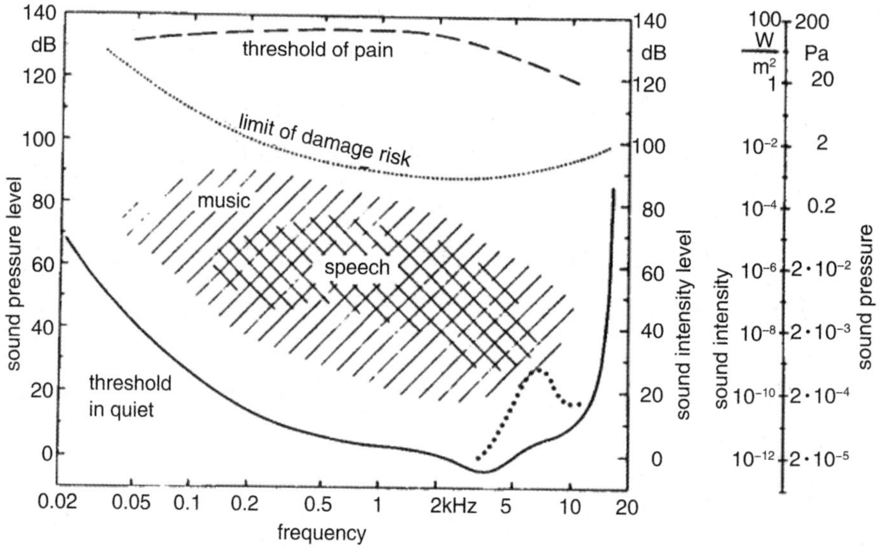

图 4-2 耳的听觉范围

听觉并不能感受到所有频率和所有声强的声音,而只能感受到一定声压和频率范围的声音。正常听觉范围如图 4-2 所示,是用持续时间不小于 100ms 的稳态纯音测得的。图中纵坐标所示为声压级和相应的声强级,横坐标采用频率的对数坐标,只有这样,才能把听觉范围内的所有频率和声压在坐标中表示出来。因为声压的最大值和最小值之间相差若干个数量级,是无法用线性坐标全部表示出来的。由图可知,声音的频率范围是 20Hz~20kHz;声压级范围在听阈曲线和痛阈曲线之间,最大值和最小值相差约 140dB。听阈是指能够听得见的声音的最低声压级。听觉范围的上限有时取在不舒适阈,它的声压级大约为 120dB,与频率无关,但更常用的是取 140dB 的痛阈为极限。声压级大于 140dB 时会使人耳感到疼痛。听阈曲线和痛阈曲线如图 4-2 中下方实线和上方虚线所示。

图 4-2 中还表示出了语声和音乐所在的声压和频率范围。语声的频率范围是 100Hz~7kHz，声压级变化范围是 30~70dB；音乐的频率范围是 40~10kHz，声压级范围是 20~95dB。同时还可以看出，语声和乐声都呈现在远高于听阈的位置。

图 4-2 中另一条由点画线形成的上限是可能引起听力损害的上限，是多人参加测试后的统计结果。曲线说明，在较低频率时，可能引起听力损害的上限可以达到很高，在 1~5kHz 的频率范围，上限下降到约 90dB。这样高的声压级在一些工厂车间是很容易达到的，因此要注意采取一些措施保护听觉。另外，在使用耳机听音乐时，也很容易使声压级过大，如果不加注意很可能会引起听力的暂时性损失甚至损坏。该曲线是按每星期 5 天、每天 8 小时的承受时间统计分析的结果，如果听觉承受的时间减少一半，则上限声压级可以增加 3dB，若承受时间减少 10 倍，则上限声压级可以增加 10dB。当听觉承受过高的声压时，最初会引起听阈暂时上移，当不再承受过高声压时可以恢复到正常听力。但如果长期承受高声压级，就可能使听力受损，产生不可恢复的听阈上移。图 4-2 中听阈曲线上的点画线部分表示经常用耳机大声听音乐的年轻人的听阈，引起的听力损失主要表现在 3~12kHz 的频率范围。

4.2 等响现象

任何复杂的声音都可以用声压的三个物理量来表示，即幅度、频率和相位。对于人耳听觉，声音也可以用另外三个属性来描述，即响度、音调和音色，这三个属性有时被称为声音主观感觉的三要素。

人耳对声音强弱的感觉被称为响度。响度的单位为宋，并且以 1kHz 的实际声压级来定义。声音的响度主要与声压有关，声压越大，响度越大。但响度与声压并不是成线性比例关系，而是大致与声压的指数成正比，这个指数大约是 0.23。有关响度的这一听觉特性被称为史蒂文斯指数定律（Stevens' power law）。响度还与频率、波形和声音的持续时间有关。人耳对不同频率声音的响度感觉是不同的。也就是说，对于频率不同而强度相同的声音，人耳会感觉到不同的响度。为了进一步说明人耳的响度感觉，定义了响度级。响度级用来表示响度的大小，其单位为“方”。定义一个声音的响度级在数值上等于和它同样响的 1kHz 纯音的声压级。图 4-3 所示为人耳的等响曲线。等响曲线是通过不同频率纯音的主观响度与 1kHz 的纯音的主观响度进行比较得到的。

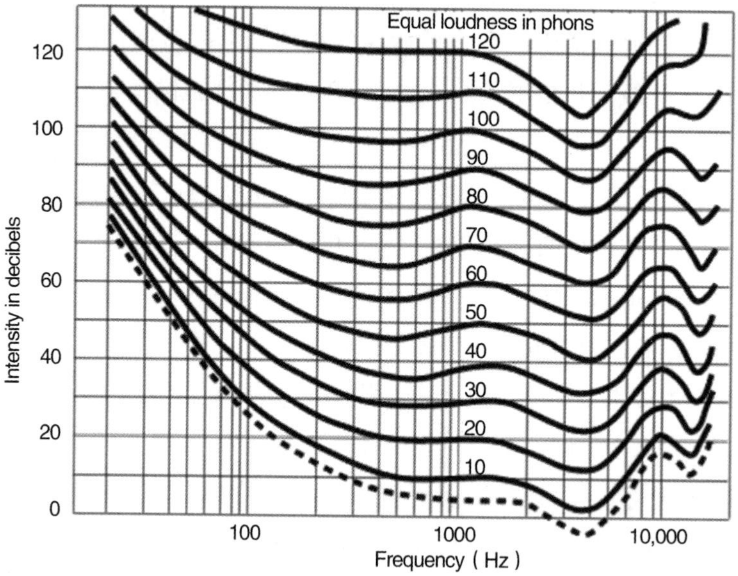

图 4-3　等响曲线

等响曲线用来表示具有相同响度级的纯音的声压级随频率变化的特性。图 4-3 所示为近年来由 ISO 在大量测量数据的基础上确定的标准等响曲线,该曲线在自由声场的条件下被测得,声音来自听音者的正前方。图中描绘了响度级从 10 方到 100 方的等响曲线,同时也描绘了听阈曲线。等响曲线反映了听觉对不同频率的声音有不同的响度感觉;听觉对 3000~4000Hz 频率范围的声音比较敏感,而对较低或较高频率的声音的敏感度有所减弱。在较低声压级时,听觉的频率特性很不均匀,而在较高声压级时,听觉的频率特性变得较为均匀。

根据上述听觉响度感觉的特点,当改变声音重放装置的音量时,各个频率声音的响度级也将随之改变,人们会感到声音的音色有变化。即使是一个高级的放音装置,在低声级放音时,也会感到声音频带变窄,声音显得单薄。相反,即使是一个低级的放音装置,只要提高放音音量,就会感到放音频带展宽,声音较丰满。这是因为在较低声级时,低声频段和高声频段声音的响度下降很多,甚至会使有些频率的声音听不见。为了改变这种情况,有些音响系统在前置放大器部分安装了响度控制器,使在低音量放音时,能根据等响曲线自动将低声频段和高声频段的声音进行提升,使在较低声级放音时,声音听起来同样真实自然。

人耳能够承受的最大声压级为 120dB,相对应的声压比为 1,000,000 : 1。超过 120 方以上的区域被称为痛阈,其响度可能会对内耳造成伤害。最低的虚线表示人耳的最小听觉阈(MAF),此曲线以下的响度区域人耳无法听到,只有高于此曲线的响度才能被人耳感受到。

等响曲线说明了听觉对响度的一些特点：

(1)量的设置与声音重放时响度级与声强有关，声强提高，响度级也会相应增加；

(2)响度级与声音的频率有关，频率不同时，声压级即使一样，响度级也会不同；

(3)在 3400Hz 附近的声音听起来比较响，是由外耳道共鸣引起的；

(4)随着方值的增大，等响曲线随频率的变化减小，即曲线变得比较平直；

(5)对于 400~4000Hz 的声音，响度级与声压级 dB 相差不大，有时就以 dB 值代替方值；

(6)监听音音量对频带的影响。

从曲线图中可以看出人耳对 3~3.5kHz 区域的频率最敏感，而随着频率的降低，听觉灵敏度也逐渐降低，因此许多立体声功放和接收机都具备“响度”控制，通过提升低频响度，使得高低频率较平衡，从而使听音者感到声音的平衡，用以弥补人耳听觉在低频灵敏度上的不足。一般在电影院中参考电平为 Lp=85dB，如果低频要求 40Hz，就必须要求回放的声压级达到 100dB，这样才能保证 40Hz 的低频信号可以被听到。

4.2.1 声压级的测量

声压级的测量往往使用声压表(见图 4-4)。声压表已经被广泛地应用，并且在声压表中加入了计权系统，如图 4-5 所示，一般有三种计权系统：计权 A、计权 B、计权 C。其中 C 计权曲线比较平坦，用以测量响度较高的高电平信号；B 计权曲线也叫 70 方曲线，主要用以测量 60~80 方响度的电平信号；A 计权曲线主要用于测量低响度信号，尤其是测量在录音过程中录音系统和传声器的低电平噪声性能。而 D 计权曲线主要用以测量飞机噪声，在录音广播中几乎不用。通常使用的三种计权方式我们记为 dB(A)、dB(B)、dB(C)。测量噪声级的声级计也要利用等响曲线。因为在测量噪声这种复音时，必须反映人耳的感觉特点，不能简单地对声音的各个频率成分进行相加，而需要对它们按等响曲线的相反特性曲线来计权相加，使测量结果更符合人耳的听觉特性。声级计上的 A、B、C 三种计权频率特性分别是按 40 方、70 方和 100 方的等响曲线设计的。

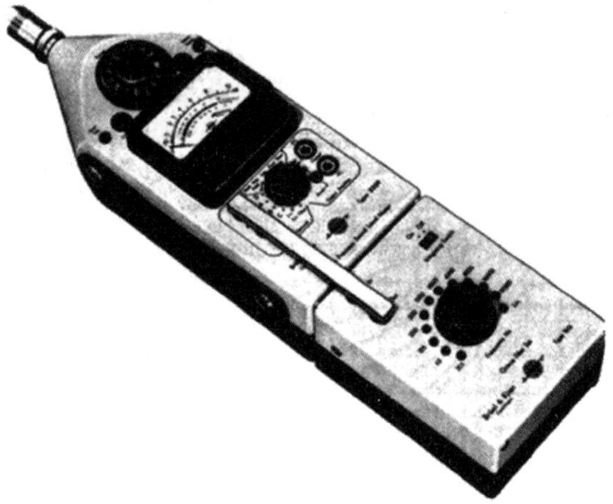

图 4-4 声压计

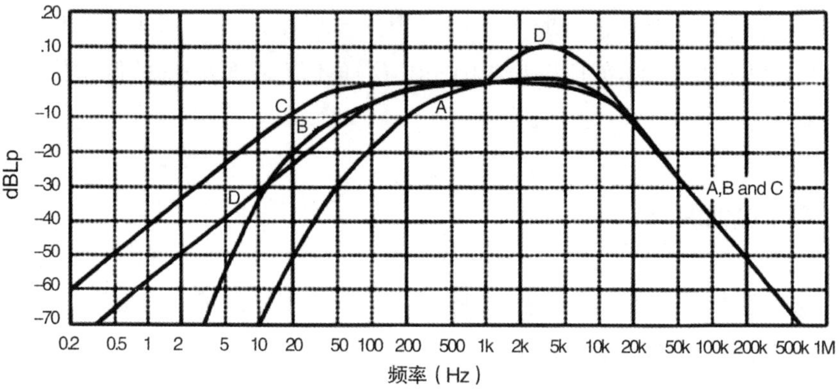

图 4-5 A、B、C 计权曲线

4.2.2 OSHA 安全标准

在现代录音和扩声的应用中，操作人员往往喜欢将声压级调得非常大，甚至现在的交响乐队演奏员也尽可能地制作出更大的声压来。实际上长期忍受和生活在较大声压级的环境中，会给人的听力造成损伤。职业安全健康法案（Occupational Safety Health Act）规定了一些环境中声压级的限制和人耳的忍受程度（见表 4-1）。环保组织（EPA）也做出了更强硬的规定，日常的声压级不能超过 85dB，并且逐渐降低。

表 4-1 一些环境中声压级的限制和人耳的忍受程度

声压级(A)计权(dB)	每日可忍受时间(小时)
90	8
92	6
95	4
97	3
100	2
102	1.5
105	1
110	0.5
115	0.25

4.2.3 响度和响度级

响度级的单位是方,在整个频带内采用类似于分贝的标度进行表示。响度也有自身的定义,它的单位是宋。在噪声评估过程中,使用响度宋比使用响度级方更加适用。图 4-6 展示了响度与响度级两者之间的关系。一般我们可以判断当一个信号比另一个信号高 10dB 时,听上去前者的响度比后者高一倍或后者的响度是前者响度的 1/2,从图 4-6 中也可以看出它们二者确实存在这种关系。

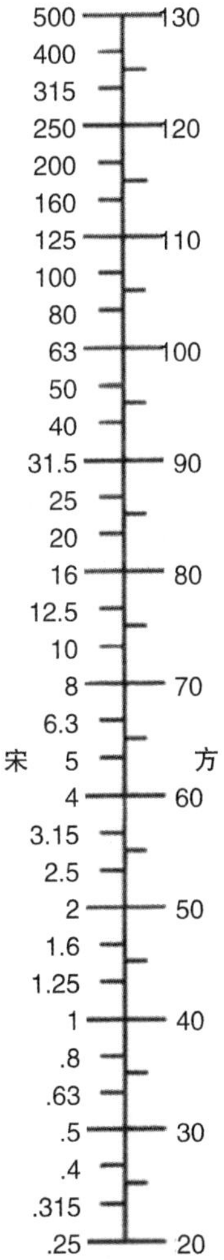

图 4-6 响度与响度级两者之间的关系

由于响度级"方"值并不与人耳感觉到的响度成正比,即响度级增大一倍时,人耳感觉到的响度并不增大一倍。因此又定义了与人耳感觉成正比的响度单位,即"宋"(sone)。规定声压级为 40dB 的 1kHz 纯音的响度为 1 宋,比它高一倍的响度则为 2 宋,比它小一半的响度定为 0.5 宋。响度曲线通常给出的是 1kHz 纯音的测量结果,但结合等响曲线,可以得出其他频率纯音的响度随声压级变化曲线。在所示的等响曲线中,响度级方值可以改用响度宋值表示,对应于 20 方、30 方、40 方、50 方、60 方、70 方、80 方和 90 方的宋值分别是 0.25 宋、0.5 宋、1 宋、2 宋、4 宋、8 宋、16 宋和 32 宋。

在一定的条件下,一方面,听觉的响度感觉与声压或声强的指数成正比,即所谓的响度指数定律;另一方面,反映了响度和响度级的数值关系:当响度级大于 30 方时,响度级变化 10 方，对应的响度宋值变化两倍，响度级变化 20 方，对应的响度宋值变化 4 倍；当响度级小于 30 方时，宋值和方值之间不再满足指数关系；当响度级小于 10 方时，响度迅速下降，并在响度级为 3dB 时响度趋近于 0 宋。

4.2.4 信号的持续时间对响度的影响

响度除了与声压级、频率等因素有关外，还与声音的持续时间有关。持续时间长的信号响度听起来总是比持续时间短的信号大，图 4-7 展示了持续时间与响度之间的联系。可以看出一个持续时间 2ms 的纯音的响度听起来比持续 200ms 的相同的纯音信号的响度低 15dB 左右，但当持续时间超过 0.2s 后，这种响度的听觉差别就非常小了。

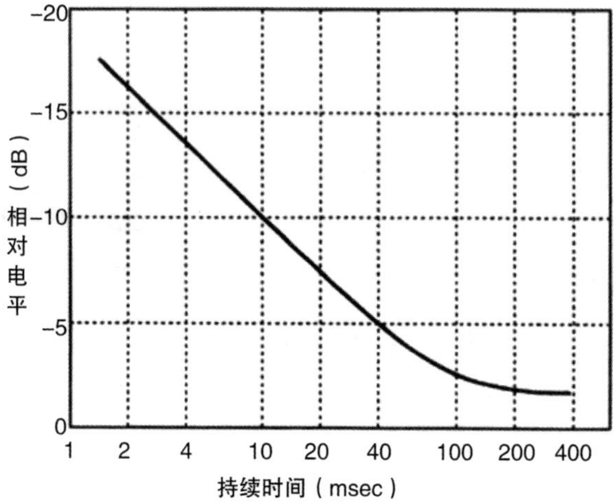

图 4-7 持续时间与响度的关系

通过 57dB、2kHz 纯音测得的响度级随持续时间变化的特性为例可知，当持续时间大于 100ms 时，响度级基本保持在 60 方，等于持续时间较长的稳态声的响度级；当持续时间小于 100ms 时，响度级随持续时间以大约每 10 倍时间 10 方的斜率下降，即持续时间从 100ms 下降到 10ms 时，响度级大约从 60 方下降到 50 方，当持续时间继续下降到 1ms 时，响度级大约下降到 40 方。对其他频率进行测量后也能得到类似的结果。

大量的测试结果表明，响度与声音的持续时间有关，在 100～200ms 的持续时间，声音的响度随持续时间的增大而增大。这一特性说明听觉的响度感觉具有时间积分效应。换句话说，听觉是有记忆的。在设计反映声音响度的音量单位表时，就考虑到了人耳响度感觉的时间积分效应。虽然音量单位表的积分时间是 300ms，与听觉的积分时间有一定的差距,但它还是在一定程度上反映了人耳的这一特性。

电影画面是不连续的,但视觉看到电影中的动作是连续的,这种现象被称为视觉暂留现象。当人耳听到一个短促的脉冲声时,如果强度不变,长度由 1ms 变为 2ms,则听起来不是长度变了,而是更响了。这说明人耳听到的响度不是简单的与声音的强度有关,而是与它的强度和时间的乘积有关。因此,当人耳倾听频度超过一定值的一系列脉冲声时,并不能感觉到响度的不连续性。因此,类似于视觉暂留现象,听觉也存在暂留现象。

考虑到听觉对声音强弱的感觉大致与声压级成正比的特点,电声设备中的音量控制器一般会做成对声音信号电平均匀调节的结构,这样才能使人感到声音强弱随控制器的变化而均匀变化。

在实际应用中,如广播、节目录音时,要利用人耳对于持续时间短的高电平信号相对不敏感的特点,制作出不同模式的节目监听表。VU 表就是其中之一,它显示的是在某一时刻内的平均响度(见图 4-8)。VU 表的建立时间与峰值表的建立时间的比较,从图 4-8 中可以看出,VU 表的建立时间与图 4-7 恰好相反。另外在响度相关表和绝对峰值表中也包含了人耳的这个特点。在录音过程中,响度的处理对保持稳定的工作电平是非常重要的,同时在一些通过调制方式记录的媒体中,对信号峰值的分析可以保证记录过程出现不必要的损失。

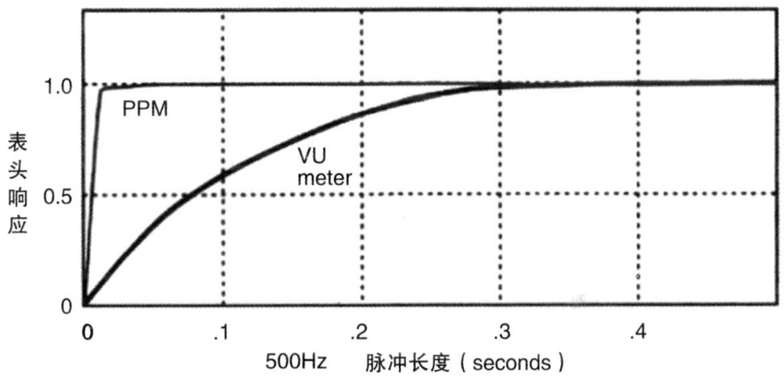

图 4-8 VU 表的建立时间与峰值表的建立时间的比较

4.3 声音定位

人类对声源方向的判别机理问题,不但涉及声波传播的物理过程,而且涉及人类听觉系统的生理和心理因素,甚至还涉及视觉、触觉等对听觉的影响,因此是一个较复杂的多元问题。多年来,为了了解人类听觉定位特性,人们进行了大量的心理声学实验,对听觉定位特性有了一定的了解,但仍然存在一些不能明确解释的听觉定位现象。在探讨听觉定位机理之前,首先要了解人类听觉定位能力。

人类对声源方向的定位能力是有限的,也就是说,听觉对方向的分辨率小于物理测量时能够达到的方向分辨率。一个实际点声源在听觉上产生的方位感并不是空间某一位置上的一个点,而是向四周扩展开一定的度数。听觉定位能力可以用听觉对方向的辨别阈(localization blur)来衡量。

一、水平面的方向辨别阈

在水平面上,听觉对正前方的方向辨别阈最小,即方向分辨率最高。当声源方位侧移时,方向辨别阈逐渐增大,在正左侧和正右侧时达到最大,为正前方的 3~10 倍。当声源水平方位角继续增大并向后移动时,方向辨别阈再次变小,在正后方时方向辨别阈大约是正前方的 2 倍。听觉的方向辨别阈与测试信号有很大关系,如果采用不同持续时间或不同频谱特性的测试信号,会得到不同的测量结果。听音实验表明,如果延长白噪声的持续时间到 700ms,听觉的方向辨别阈会变小。当听音信号采用正弦波或窄带信号时,和采用宽带噪声时的情况一样,听觉对正前方的方向辨别阈最小,随着声源向两侧移动,方向辨别阈逐渐增大。

听觉在对窄带信号进行定位时,还经常出现所谓的镜像位置声像定位混乱的现象,即声像不出现在声源所在的方向,甚至不在声源附近,而是出现在大约对称于两耳连线的另外一个方向。这是因为对于镜像对称位置的声源来说,由于时间差和声级差相同,听觉主要依据两耳信号的音色差进行定位,而对于单频或窄带信号而言,可能只存在声级差和时间差,而缺乏足够的音色差信息。实验进一步表明,当信号持续时间足够长并允许头部轻微转动来判断声源方位时,听觉往往就能够正确定位,从而避免出现镜像位置声像定位混乱的现象。

研究还表明,人耳在水平面的定位要比垂直方向的定位准确,并且定位能力与频率有关。对于频率低于 300Hz 的声音,确定声音传来的方向实际上是困难的,只有在约 1000Hz 以上的中频和高频,声源的定位才变得可能,因此中高频声对定位起主要作用。在设置立体声重放系统时,一般要求音箱上的中高频单元和人耳在同一水平面上,就是出于上述原因。

二、中垂面的方向辨别阈

当声源在中垂面上时,双耳信号几乎没有差别,听觉不能应用双耳信号差来判别声源的方位,因此听觉在中垂面的定位与水平面的定位有本质上的区别。听觉在中垂面上的方向辨别阈也与测试信号有关,当采用不熟悉的语声进行定位时,正前方的垂直方位角辨别阈约为 17°;当采用熟悉的语声进行定位时,正前方的垂直方位角辨别阈大约为 9°;当采用白噪声进行定位时,正前方的垂直方位角辨别阈约为 4°。图 4-9 所示为用熟悉的语声进行定位得到的在 θ 为 0°、36°和 90°方向的垂直方位角辨别阈。可见,听觉对在头顶和头后方的声源定位不如对在前方和前上方的定位好,而且中垂面的定位能力明显低于水平面的定位能力。

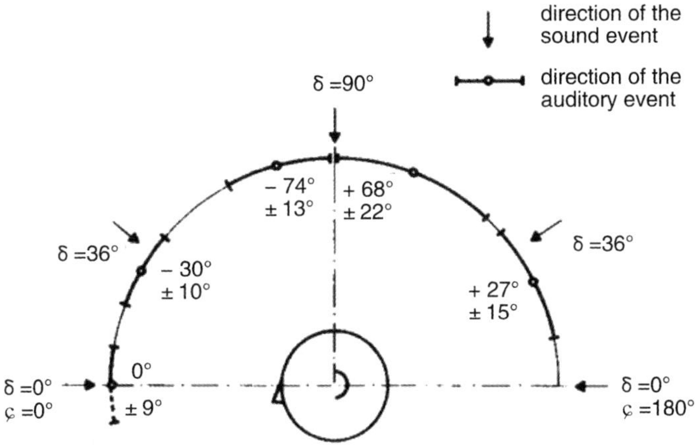

图 4-9 用熟悉的语声定位得到的垂直方位角辨别阈

当声音信号是持续时间较短的脉冲声时,听觉可能会把前方的声源错误地定位在后方,在中垂面上产生前后声像定位混乱的现象。如果在定位之前先让听音者熟悉一下声音,那么前后声像混乱的现象就可以得到消除。可见,对声音的熟悉程度在中垂面定位中起着一定作用。

当声音信号为正弦波或小于 2/3 倍频程的窄带信号时,无法测定听觉在中垂面上的方向辨别阈。因为听音实验表明,此时的声像位置并不是由实际声源的方位决定的,而是由信号的频率或中心频率决定的,即无论声源位于中垂面上的任何位置,只要信号频率不变,声像总是定位于某一固定的位置。

三、距离感或深度定位

听觉的距离定位能力要比方向定位能力差。在听觉对距离的定位中,听音者对声音信号的熟悉程度起着重要作用。对于人们熟悉的声音信号如正常音量的语声,听觉对声源距离的判断与实际声源的距离是相当一致的,但当用不常听到的声音进行距离定位时,产生的定位距离误差会变大。图 4-10 所示为听觉在正前方 0.9~9m 范围的距离定位特性,图中分别表示出声音信号为正常语声、大声叫喊的语声和轻声说话的语声时测得的距离定位特性。可以看出,听觉对正常语声的距离定位最好。

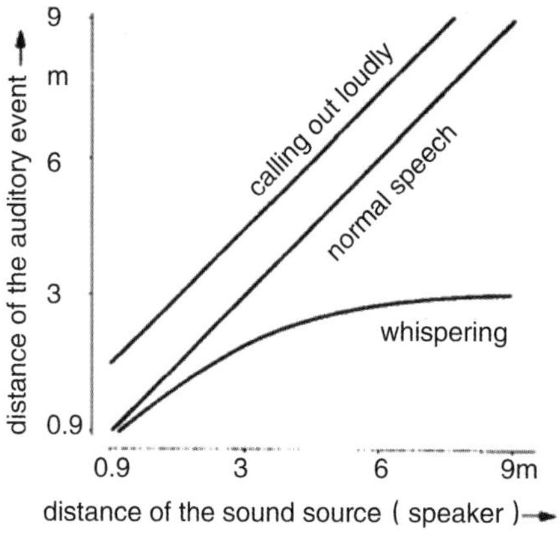

图 4-10 听觉在正前方 0.9~9m 范围的距离定位特性

如果用持续时间较短的脉冲声进行距离定位实验,则应该在听音实验之前让听音者充分熟悉所要听的声音,这样,听音者在实验中就能够像听正常语声一样进行较好的距离定位,并能够测得听觉距离定位的准确性以及对距离的辨别阈。在实际测量中,通过使用脉冲声测得正前方的听觉距离定位及距离辨别阈。其中,在较近距离时,听觉的距离定位是比较准确的;在较远距离时,听觉的距离定位准确性变差,但距离的辨别阈似乎与声源的远近无关。当声源距离较远时,声像距离并不能很好地跟随声源距离,即随着声源距离的增大,声像距离与声源距离的差距逐渐增大。由此产生了所谓"听觉视界"(auditory horizon)的假设,即听觉的距离定位在空间上是有界的。

当声音信号为不熟悉的声音或窄带声时,听觉的距离定位有很大的不确定性。这时声像的距离不是由声源的位置决定的,而是在较大程度上取决于声音信号的响度。研究还表明,对声音的适应和熟悉在中垂面和距离定位中所起的作用十分显著,也就是说,听觉的定位特性可能随时间变化。例如,在听音实验进行的过程中,听觉定位的准确性可能会越来越高。另外,听觉定位具有惯性,即声像方位只能以有限的速度变化,如果声源位置变化太快,听觉有可能跟不上快速变化的声源位置。因此,当研究对象是快速移动的声源时,必须考虑到听觉定位的惯性问题。

四、人耳对声源的定位

人耳对声源方位的判断,主要取决于以下两个因素:

(1)声音到达两耳的时间差;

(2)声音到达两耳的声级差。

另外还有由上述两个因素派生出来的另外两个因素:

(1)声音的低频分量对双耳产生的相位差;

(2)由于人头对声音的高频分量造成掩蔽而产生的音色差。

由于人头对声波的衍射作用,即使声波传来的方向相同,但由于频率不同也会对人的双耳形成不同的声级差。对于高于 2kHz 的高频声来说,声波的波长小于或等于人头的尺寸,声波会被人头遮蔽而不能衍射到达人的另一耳,使其附近形成声影区。声源偏离听音者正前方的角度越大或频率越高,两耳间的声级差也越大。因此可以得

出如下结论:

(1)人耳对正前方附近或正后方附近声源的方位变化判断比较准确;

(2)人耳对300Hz以下的低频声定位能力较差,随着频率的增高,定位能力增强;

(3)当声源不是纯音时,由于谐波分量的不同声级,会造成两耳之间的音色差。

人耳对前方声源远近的感觉,也可被称为纵深感或距离感。在室外是通过声音强弱的对比以及与反射声相对大小的对比所致;在室内则除去声音强弱外,还有由于室内与声源相距不同的点,混响声能与直达声能之比不同所致。但总体来说,人耳对声源距离感判断的准确性是很差的。人耳对频率800Hz以下的声源前后的判断,有30%~40%的情况会分不清。

人耳对声源在上下的方位感,主要是由人的耳壳对不同高度声音反到外耳道时,相位干涉情况不同,以及地面等反射声作用进行综合判断决定的,判断的准确性也较差。一般来说,对于一个纯音的定位是比较困难的,而对于那些侧面的或比较复杂的声音信号来说则容易得多。比如语言或者音乐等类型,在这些类型中,含有持续时间短、清晰透明分量信号的声源更容易被定位。

人的头部对于2kHz以上的高频信号存在明显的阴影区域,这就使得偏离中心位置的声源会在相应一侧的人耳中产生较大的声压,因此在两耳产生较大的声压差,从而实现准确的定位;当声音频率低于700Hz时,声波可以通过折射绕过人的头部阴影区域,因此对于低频信号来说,两耳的声压差不明显,从而无法通过声压差准确定位,但对于此区域的低频信号,由于波长的大小与人头尺寸相比较不能忽略,因此声波到达两耳的相位关系成了定位的有效手段。因此可以看出对于高频区域的定位主要是通过声压差实现的,而对于低频信号则主要是通过相位关系来实现的。

4.3.1 双耳听音

一般来说,用于记录和传输过程时,往往用双耳听音(Binaural Hearing)效果(见图4-11)。它就好像是两个独立的摄像机一样,分别记录自己所看到的画面,而彼此之间没有任何联系,每只耳朵只接收相应侧面位置的信号,与另一只没有关联。这种方式的记录我们可以采用仿真头录音,最终通过耳机听音实现声音信号前后上下的定位,而不通过一般的听音环境实现。

在一般的听音环境中,我们可以充分利用头部轻微的摆动来快速地确定声源,尤其对于确定两侧的声源位置更为有效,一般在前方的灵敏度约为3度,在两侧的灵敏度约为4.5度。

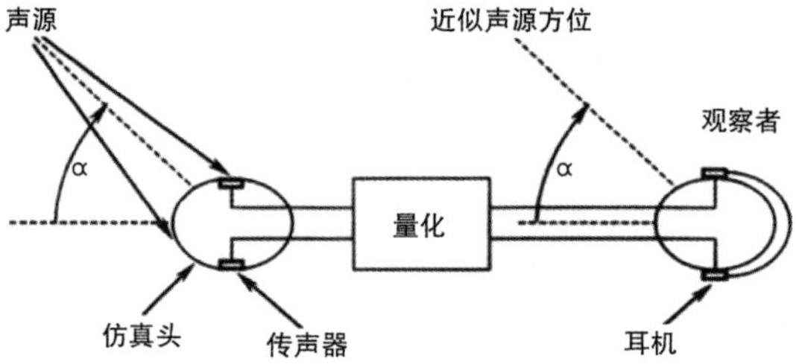

图 4-11 仿真头录音

4.3.2 优先效应

如图 4-12 所示,如果两个扬声器在同一时间发出同一声波信号,那么听音者可以感觉到声像是位于两个扬声器之间的中间位置上的;如果其中一个扬声器经过一定的延时后再发声,那么听音者会感觉到声像位于两个扬声器之间偏向于先发声的扬声器那边。当延时的时间超过 5 毫秒时,听音者会感觉到声音全部来自先发声的那个扬声器,并且扬声器的声压级大了 10dB 左右(见图 4-13)。由图 4-13 可知,当延时时间小于 5 毫秒的变化时,两扬声器的主观声压差由 0 到 10dB 相应变化;当延时时间超过 25 或 30 毫秒时,听音者会感觉到两个扬声器各自独立的发声,这种效应被称为优先效应,它是由哈斯(H. Hass)发现的,因此也叫作哈斯效应。

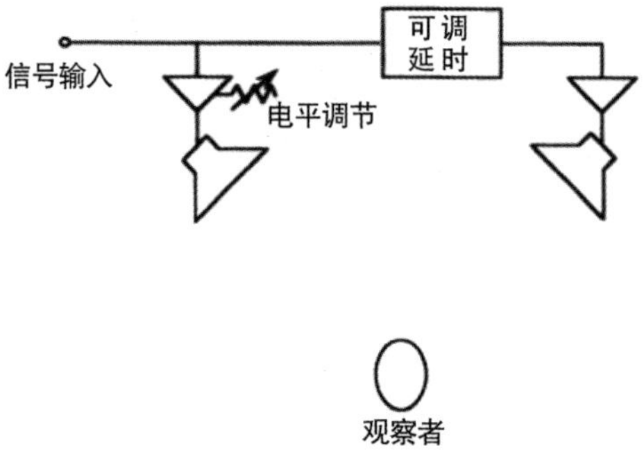

图 4-12 优先效应实验示意图

这种效应可以被应用到扩声当中,只要将延时控制在一定的范围,就可以通过有限的扬声器实现扩声增强。图 4-14 展示了这种效应的具体应用,由于后部挡板的存在,听音者听到直达声 A 后大约过 60 毫秒听到混响声 C,这样会造成声音清晰度的下降,使声音混浊不清,通过增加顶部的扬声器,并进行适当的延时处理,使得直达声 B 比直达声 A 延迟约 30 毫秒出现,这样就会大大降低混响声 C 的干扰,使得听音者仍能感觉到声音来自前方。

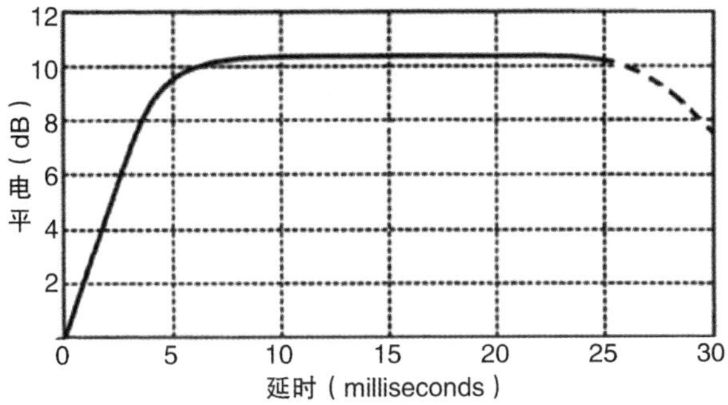

图 4-13 优先效应结果分析

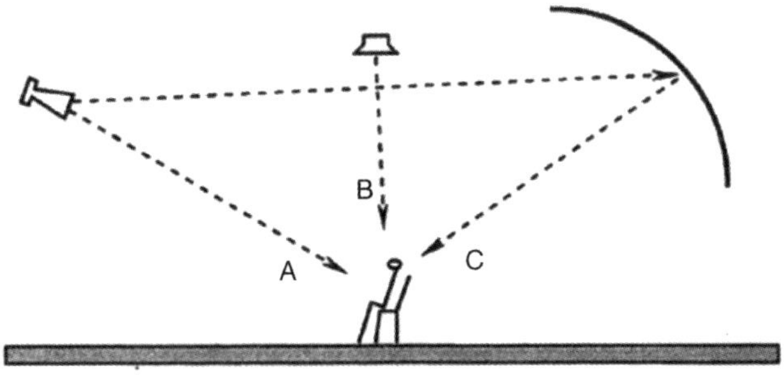

图 4-14 优先效应的具体应用示意图

4.3.3 立体声和声像

一个著名的立体声演示是1931年由波姆林(Blumlein)制作的立体声录音及放音系统(见图4-15)。在演示中,波姆林采用了两个相同的全指向性传声器用以模拟人的两个耳朵,在它们之间放置了一个挡板,用来模拟人头的声阴影效果,通过电路矩阵和均衡处理使得传声器在600Hz或700Hz以下的频带内显示8字型指向性,在大于2kHz的高频频带内,由于挡板的干涉效应提供了一个较为满意的左右通道存在声级差的录音信号。

回放采用两个扬声器,当左边传声器起主要作用时,相对应回放的声源位置也偏向于左边;当右边传声器起主要作用时,相对应回放的声源位置也偏向于右边,位于传声器中间位置的声源经过录音回放后,听音者可以准确地判断出其声源位置。

图4-16显示了所谓的声像概念,即声源是由两个扬声器发出的,但听音者可以感觉到声源是位于两个扬声器之间的位置上的,这个感受到的位置就是声像。

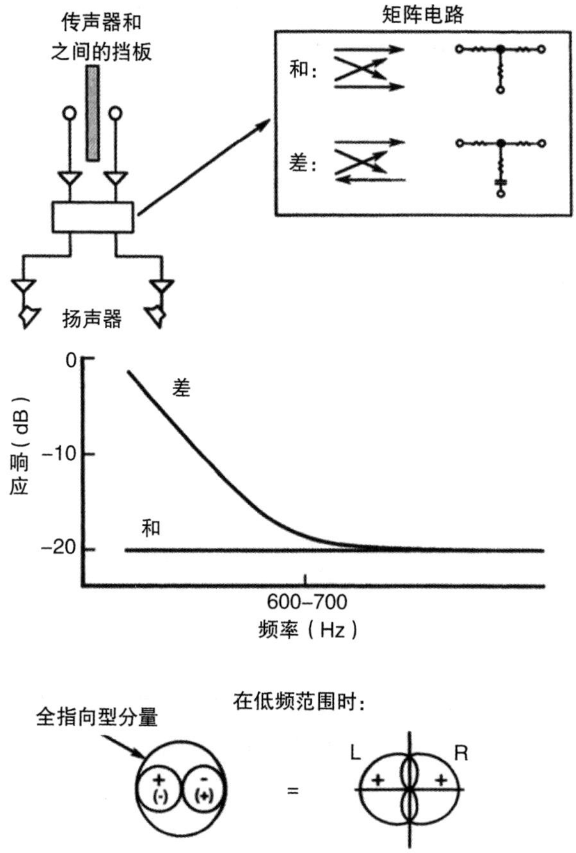

图 4-15　波姆林制作的立体声录音及放音系统

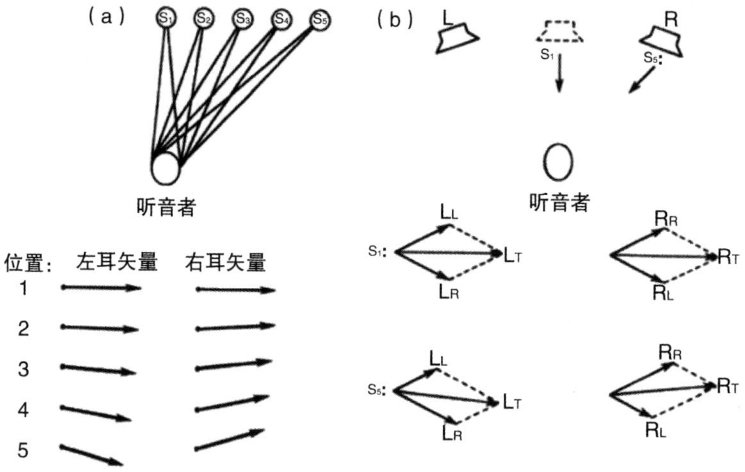

图 4-16　声像的概念

注:(a)真实声像的两耳矢量关系;(b)立体声扬声器重放时的两耳矢量关系。

4.3.4 声音定位机理

听觉定位机理总结如下：

(1)头部及外耳对声波的衍射作用引起的双耳信号差对听觉定位起重要作用。

(2)时间差主要对频率低于1.6kHz的声音信号定位起作用，对于高频信号，包络的时间差对定位起作用，随着频率降低其作用减小。

(3)当声音信号包含较多1.6kHz以上的高频成分时，声级差定位起主导作用，而且声级差的定位作用随声压级的增大而减弱，声级差在整个频率范围都起一定作用。

(4)当声音来自中垂面上的各个方向时，头部特别是耳廓对声波作用产生的音色变化对定位起决定性作用；当声音信号的频带较窄时，听觉在中垂面的定位主要取决于声音的频率，而与实际声源的方位无直接关系，定位规律用“方向频带”理论来描述；当声音信号不是窄带信号而具有一定的频带宽度时，外耳传输函数将对声音信号产生影响，使声音信号的频谱发生变化，对大多数信号而言，听觉能够根据“增强频带”所在的频率范围进行正确定位；

(5)听觉主要依据声压级、空气声吸收引起的频谱变化和直混比进行距离定位。

4.4 音高

4.4.1 音高与频率

音高(Pitch，音调)也是一个声音的主观量。

人耳对声音高低的感觉被称为音调。音调主要与声音的频率有关，同时也与声压级和声音的持续时间有关。音调随频率的增大而提高，但不与频率成线性关系。

音调的单位为美(mel)，定义40dB、1000Hz纯音的音调为1000美，比1000美高一倍的音调为2000美，比1000美低一半的音调为500美。音调与频率的关系可以用主观评价方法来确定，图4-17所示为用纯音测得的音调与频率的关系曲线，图中频率和音调均采用线性坐标。由图4-17可以看出，在频率小于500Hz时，音调和频率基本上成线性关系，并且比例系数约为1；当频率大于500Hz时，音调和频率不成线性关系，曲线向横轴方向偏移，使得当频率为16kHz时，音调只有2400美。人耳对声音高低的感觉主要与频率有关。频率高，感到音细、高；频率低，感到音粗、低。音高与频率有正相关的关系，但没有严格的比例关系，且因人而异。

图4-18所示是钢琴的调律曲线，说明在钢琴上如果按十二平均律定音高，实际调

律时在低音区要下调，高音区要上调，最大会差几十音分之多。这样听起来才有正确的音阶听感，如果完全按八度同音音程定弦，钢琴的低音键听起来就偏高，高音键听起来就偏低。

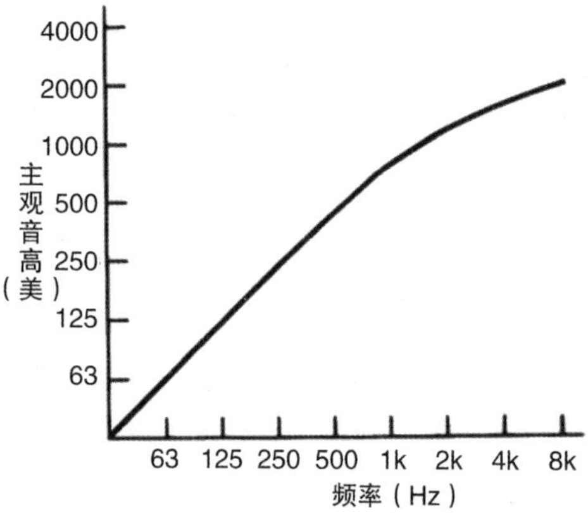

图 4-17　主观音高和频率的关系

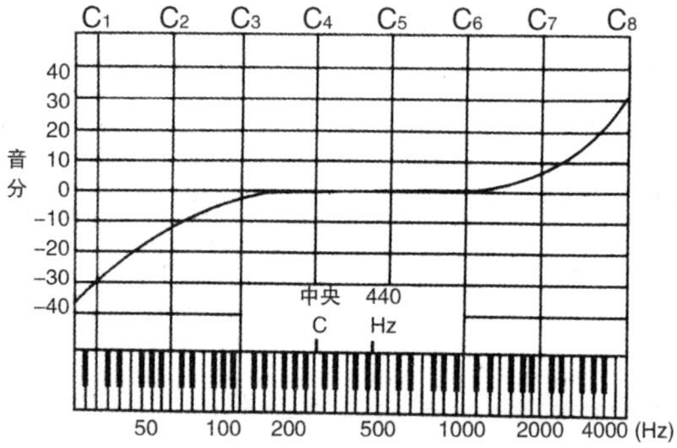

图 4-18　钢琴调律曲线

4.4.2　音高与响度

音高的听感与声音的强弱也有关。图 4-19 所示为纯音从 40 方增加到图上所示响度级时，听感音调下降的百分率。这主要在频率小于 1000Hz 时存在，频率超过 1000Hz 后影响不大，在 200Hz 左右有一个低峰值。

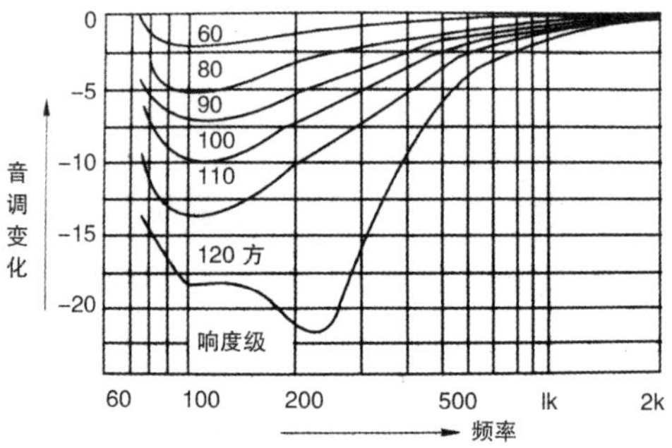

图 4-19　纯音从 40 方增加到图上所示响度级时听感音调下降的百分率

4.4.3　音高差分辨

人耳可以分辨的音高差，与声音的频率、音色、强度以及不同测试对象、测量环境条件都有关。图 4-20 所示为不同声压下，不同频段对音高分辨的能力。声压越小，低音区分得越清楚。

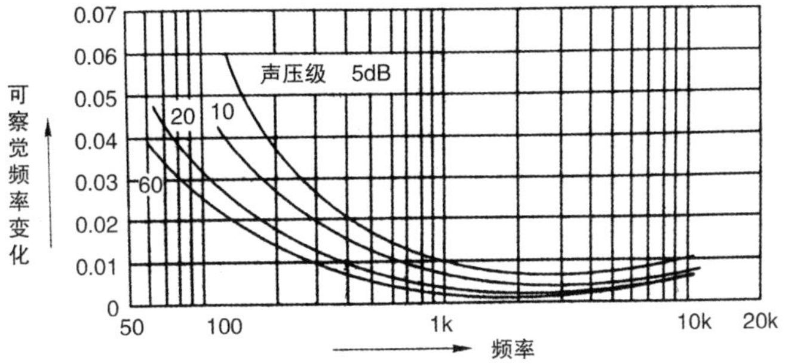

图 4-20　不同声压下不同频段对音高分辨的能力

表 4-2 列出了用标准音作为参考音与有一个待测音作为比较的条件下，不同音色、不同测试对象、不同频率的音的音高差分辨。这里采纳了试样随机排列，加入零因子，以零因子的错判率作为有差别音的准判率的起点，以 2/3 的人可分辨为上限，得出的显著不可分辨限和显著可分辨限的实验结果。

表 4-2　音高差分辨实验结果

测试类型	显著不可分辨限(音分)	显著可分辨限(音分)
男大学生(194)	2	8
女大学生(56)	2	9
大学生(250)	2	8
专业音乐工作者(50)	2	6
纯音(110、220、440、880、1760Hz)	2	7
弦乐器音色(110、220、440、880Hz)	2	6
管乐器音色(220、440、880、1760Hz)	4	16
大学生和听音爱好者,听音条件差	2	7
一般大学生,听音条件较好	1	5
一般大学生,听音条件较差	3	7
110Hz,各种音色	5	9
220Hz,各种音色	3	8
440Hz,各种音色	2	7
880Hz,各种音色	1	6
1760Hz,各种音色	2	6
纯音 110Hz	6	29
纯音 2200Hz	5	10
纯音 440Hz	3	8
纯音 880Hz	1	4
纯音 1760Hz	2	6

4.4.4 音高建立时间

显然,如果一个音的持续时间不到一个振动周期,是不会有音高的听感的,只能听到“当”的一声。比如一个 100Hz 的音,周期是 10ms,则小于 10ms 的时间内还不足以获得一个完整的振动,当然不能有音高感,实验证实了这一情况,至少有 1.4 个周期才能有音高感。

那么,一个乐音的时值长于 1.4 个周期时是不是就能听出音高呢?实验结果表明,纯音的时值小于 3ms 时,也不足以听出音高。

不足一个周期就没有一定的频率。

4.4.5 其他影响音调的因素

声音的声压级以及声音的持续时间也对音调有影响。

低频的纯音,声压级高时要比声压级低时感到音调变低;频率在 1000~5000Hz 的纯音,音调与声压级几乎无关;频率再高的纯音,声压级升高时也会感到音调变高。

复音的音调由复音中频率最低的声音决定,即由基音决定。复音的声压级高低对音调的影响比纯音的要小得多。

声音持续时间在 0.5s 以下要比在 1s 以上感到的音调更低,持续时间再短,为 10ms 左右时会使听音者感觉不出它的音调,只能听到咔嗒声。使人耳能明确感觉出音调所必需的声音持续时间随声音频率不同而不同,频率低的声音要比频率高的声音需要更长的持续时间。

4.5 音色

音色是人们区别具有相同响度和音调的两个声音的主观感觉。每个人讲话都有自己的音色,不同乐器演奏相同曲调时,人们也能区别出它们各自的音色。

人的讲话声和乐器的演奏声都不是纯音,而是复音,是由基频与谐频组成的声音。两个音调相同的声音是它们的基频相同,但谐频的成分及大小可能不同,从而使人感到音色的不同。因此,音色主要由声音的谐波分量(harmonic content)和动态特性如颤动(vibrato)和信号起振—衰减包络(attack-decay envelope)所决定。同时,音色还与声音的强度、持续时间以及时间过程有关。

4.6 频率分辨率

频率分辨率是指人耳对两个纯音叠加时的分辨能力。如图 4-21 所示,使用一个信号发生器产生一个固定频率的声波 f_1,另一个信号发生器产生一个可变频率的声波 f_2,声波 f_2的频率从低于声波 f_1开始到高于声波 f_1,在如图所示的临界频带的间隔内,以及两个声波的频率非常接近时,人耳会感觉听到了一个单音,其频率为 $f=(f_1+f_2)/2$;而位于临界频带之外时,人耳会听到两个单独的声波。一般来说,两个声波的频率差小于 10Hz 时,人耳会感觉听到了一个单音,因此这个范围被定为人耳的频率分辨临界频带。

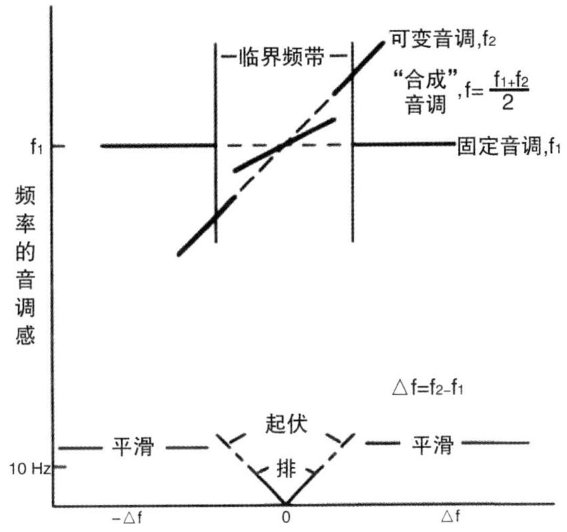

图 4-21 频率分辨临界频带

当两个纯音之间存在一定的协和关系时,临界频带的分辨率也会发生变化。一般来说,在高频范围里,它在一个全音和一个小三度之间;在低频范围里,它增加到大于一个小三度,甚至大于一个大三度音程(这就是在很低的低音音域,一般不采用三度音作音调组合的缘故)。粗略地说,临界频带约为 1/3 个八度音程。

4.7 噪声

从生理学观点上说,噪声是一种不愉快的声音,凡是使人烦躁的、讨厌的、不需要的声音都叫作噪声。从这个角度上看,有时美妙的音乐也会成为噪声。例如,有人在大声地放音乐,这时音乐对正在集中精力思考或正在睡觉的人来说就是一种噪声。在物理学上,一般称有规律振动产生的、具有周期性波形的声音为乐音。反之,由各种不同频率和声强的声音无规律地杂乱组合而形成的声音被称为噪声。这里所讨论的噪声主要是指后者。

噪声根据其来源不同可分为电噪声和环境噪声两大类。

4.7.1 电噪声

电噪声是指来自电路的噪声,它往往以电信号的形式存在,通过扬声器重放后,形成干扰噪声。产生电噪声的元器件很多,其中最主要的来源是放大器的输入电路、电子管和晶体管、供电电源、电磁场感应等。

1.放大器输入电路的噪声

即使是在没有外加电压的情况下,任何导线内都存在无规运动的电子,这种无规热运动产生的噪声电压与绝对温度成正比,其能量均匀地分布在整个频率范围内。设备的频率范围越宽,则这种噪声电压越大。热运动产生的噪声电压约为-126dB,由输入电路产生的低电平的噪声电压将和信号一起被放大器放大,因此对信号质量的影响较大。

2.电子管和晶体管噪声

电子管和晶体管产生噪声的原因很多。像固体导线一样,电子管和晶体管的电子、载流子的无规热运动也会引起噪声,噪声大小与电子管和晶体管的工作状态有关。通常在前置放大器中应使用低噪声电子管和晶体管,以降低这种噪声对声音质量的影响。

3.交流声

交流声是指按交流电频率(50Hz)振动的噪声。直流电源一般通过整流器获得,因此存在波动。直流电压的波动耦合到电子管栅极或晶体管基极会产生强烈的交流声。此外,电子管灯丝采用交流电加热会引起交流声。交流声是一种低频噪声,可以通过高通滤波器把它滤除。

4.电磁感应噪声

音频设备周围存在各种电磁场干扰,会在各元器件间感应噪声电压。噪声电压也可能在变压器、扼流圈或绕线电阻上感应产生。这种感应噪声电压和频率成正比,可以采用屏蔽的方法来降低。

除了上述几种电噪声产生的途径外,设备维护不当,如接触不良、负载阻抗不匹配等,也会引起额外的电噪声。

4.7.2 环境噪声

环境噪声是另一种干扰噪声，它们主要是由工业生产中的动力机械、交通运输工具和许多生活用机电设备产生的。环境噪声无处不在、无时不有，它直接以声波的形式存在，如果不采取隔声、隔振措施，就很容易被传声器拾取，使声音信号的质量降低。由于环境噪声的存在，录音棚、控制室、音乐厅等要采取隔声、隔振等噪声控制措施，使房间内的本底噪声足够小，重放声的声压级足够大，满足一定的信噪比要求，从而获得良好的室内音质。

噪声还可以从信号特点上进行分类，分为稳态连续噪声、瞬态噪声、起伏较大的噪声、含有较突出的单频信号的噪声、宽带噪声和窄带噪声等。一般来说，环境噪声是由各种噪声混合而成的，在多数情况下可以认为是频带宽而均匀的噪声。噪声信号和声音信号类似，是一种随机信号。因此，在声学测量中，通常用经过滤波处理后的噪声信号来模拟声音信号进行测量。

4.7.3 噪声评价方法

A 计权声级简称 A 声级，是被广泛采用的噪声的单值评价指标，可以通过声级计测量得到。由于噪声的测量要反映噪声在人耳中引起的响度感觉大小，因此要充分考虑到人耳的听觉特性。研究表明，听觉的频率特性并不是均匀的，两个频率不同、声压级相同的声音听起来可能响度不同；两个声压级不同、频率不同的声音却可能听起来一样响。

为了能够对噪声进行频谱分析，国际标准化组织（ISO）采用噪声评价数曲线来评价室内噪声的大小。噪声评价数曲线也叫作 NR 曲线，是一组标准曲线，每条曲线上的数值为噪声评价数或 NR 数值，它与曲线上中心频率为 1000Hz 的倍频带声压级相等。

求某个噪声的 NR 数值的一种方法是：先用频谱分析仪测量噪声在八个倍频带的声压级，然后将频谱曲线画到图上，找出其中最接近并且稍高于频谱线 1dB 的 NR 曲线，该 NR 曲线上的数值就是该噪声的评价数。

评价室内噪声级的另一种方法是利用国际标准化组织（ISO）推荐的“噪声标准曲线”。现在最常使用的是 NC（Noise Criteria）和 PNC（Preferred Noise Criterion）曲线。NC 曲线是 1957 年被制定的，1971 年经修改便成为 PNC 曲线，不过目前这两种标准曲线都可使用。这两种曲线很相似，都是允许低频的噪声级比高频高，这反映了人耳对低频噪声不敏感的特性。

首先，PNC 从 NC 的 63Hz 向下扩展到了 31.5Hz。其次，PNC 曲线整体下降了

5dB 左右,这意味着对室内背景噪声的要求更高。或者反过来说,随着经济的日益发展,室外环境噪声日趋严重,不得不提高标准的要求。

NC 曲线的形状和 NR 曲线类似,用法也十分相似。噪声评价曲线确定了各频带噪声容许的标准,在曲线的设计上也充分考虑了人耳的听觉特性。通过对噪声进行频谱分析,并对照 NR 曲线,可以对噪声情况做出科学的评价,并以此为依据,设计经济合理的减噪方案。

4.7.4 白噪声和粉红噪声

所有频率具有相同能量的随机噪声都被称为白噪声。从我们耳朵的频率响应听起来,它是非常明亮的“咝”声(每高一个八度,频率就升高一倍,因此高频率区的能量也显著增强)。

每个倍频程带有相同能量的随机噪声被称为粉红噪声。我们的耳朵将以“平直”的频率响应接受这些声音(因为粉红噪声建立于倍频程的基础之上而不是个别的频率,所以频率变高的时候能量并不增加)。粉红噪声对于测量音频设备的频率响应和决定房间的扩音应用非常有用。

从一般意义上讲,噪声是有害的,它不仅影响通信广播时声音的质量,而且强噪声刺激会引起耳聋,干扰人们的正常生活和工作,并诱发多种疾病。但是,噪声也可以得到有效利用。在声学测量方面,噪声正起着越来越重要的作用,这是噪声有益的一面。

在电学测量中,一般可以用正弦单频信号测量系统的频率特性,但是,在声学测量中用单频信号很难完成测量工作。例如,在测量房间的频率特性时,如果用 1000Hz 的正弦信号作为信号源,那么,由于驻波的影响,房间不同位置的声压级会有很大不同,测量结果不具有代表性;如果用中心频率为 1000Hz 的倍频程或 1/3 倍频程噪声信号作为测试信号,那么,房间不同位置的声压级会变得比较均匀,而且能够代表该频率时房间的响应情况。同样的道理,窄带噪声也常被用于扬声器频率特性的测量。此外,由于噪声信号和声音信号很相似,同是声压随时间无规变化的随机信号,因此,噪声信号常被用于模拟声音信号对设备进行功率评估。

由随机序列产生的伪噪声还可以用来测量房间或电声系统的脉冲响应和频率特性,它具有抗干扰能力强、测量精度高的突出优点。

由于白噪声的频谱特点,它具有等带宽能量相等的性质,而对于等比例带宽滤波器来说,它的输出以每倍频程+3dB 的斜率上升。在声学测量中用得较多的是倍频程或 1/3 倍频程带宽滤波器。由于白噪声的等比例带宽的输出随中心频率的增大而增大,因此用白噪声进行测量并不十分方便,而更常用的是粉红噪声。粉红噪声是在宽广频率范围内等比例带宽能量相等的噪声,其频谱特性是一条以每倍频程-3dB 斜率下降的直线。粉红噪声可以由白噪声通过一个具有每倍频程下降 3dB 的频率特性的滤波器得到。这里“白”是从光学名词中借用的,因为白光可以分解为能量分布均匀的各色光;“粉红”也是从光学名词中借用的,表示相对于白噪声来说,粉红噪声中的低频成分较多。

在声学测量中还常用猝发声和啭声作为测试信号。猝发声是脉冲声的一种,它是由一系列间断的正弦波列组成的,波的间断和持续有一定的要求,每列波包含一定个数的正弦波,通常被用于测量电声器件的瞬态特性。啭声是指频率在一定中心频率上下改变一定范围的声音信号,类似于调频信号。啭声也可以用来代替正弦信号进行声学测量,它可以消除室内驻波引起的声场不均匀性。

4.8 掩蔽效应

人耳能在寂静的环境中分辨出轻微的声音,但在嘈杂的环境中,这些轻微的声音就会被嘈杂声所淹没而听不到了,这种由于第一个声音的存在而使第二个声音听阈提高的现象被称为掩蔽效应。第一个声音被称为掩蔽声,第二个声音被称为被掩蔽声,第二个声音听阈提高的数量被称为掩蔽量。研究听觉的掩蔽效应时,一般以不同性质的声音作为掩蔽声,如纯音、复音、窄带噪声、宽带噪声等,研究其对纯音的掩蔽规律。研究还发现,掩蔽声和被掩蔽声不同时到达也会发生掩蔽,这种掩蔽现象被称为非同时掩蔽。掩蔽声作用在被掩蔽声之前所发生的掩蔽被称为前掩蔽;掩蔽声作用在被掩蔽声之后所发生的掩蔽被称为后掩蔽。

听觉的掩蔽效应一般是用掩蔽声存在时的新的听阈曲线来表示的,因此这里涉及的被掩蔽声一般是指纯音。掩蔽声存在时的听阈被称为掩蔽阈。被掩蔽音单独存在时的听阈分贝值,或者说在安静环境中能被人耳听到的纯音的最小值被称为绝对闻阈。实验表明,3~5kHz 绝对闻阈值最小,即人耳对它的微弱声音最敏感,而在低频和高频区绝对闻阈值要大得多。800~1500Hz 闻阈随频率变化最不显著,即在这个范围内语言可储度最高。在掩蔽情况下,提高被掩蔽弱音的强度,使人耳能够听见时的闻阈被称为掩蔽闻阈(或称掩蔽门限),被掩蔽弱音必须提高的分贝值被称为掩蔽量(或称阈移)。

4.8.1 纯音掩蔽

纯音虽然是最简单的一种声音,但由于拍音的存在,纯音的掩蔽现象并不像想象的那样简单。图 4-22 左所示为以 1kHz、80dB 纯音为掩蔽声时测得的纯音的听阈随频率变化的特性,图中虚线为听阈曲线,实线为掩蔽阈曲线,文字表示出在不同区域所能听到的声音。可见,在大约 700Hz 以下和 9kHz 以上的频率范围,纯音的听阈几乎不受掩蔽声存在的影响;700Hz~9kHz 的频率,纯音的听阈比无掩蔽声时明显提高了,而且越接近掩蔽声的频率,掩蔽量就越大;除了在 1kHz 附近能听到拍音外,在 2kHz 和 3kHz 附近也能听到拍音,图中用斜线画出的阴影区域表示能同时听到掩蔽声、被掩蔽声和拍音的区域。

图 4-22 右所示为排除了拍音干扰后测得的不同掩蔽声声压级时的掩蔽特性曲线,其中掩蔽声为 1kHz 的纯音。从图中可以明显看出,掩蔽曲线并不是左右对称的,在掩蔽声声压级较低时,左侧的坡度要缓于右侧的坡度,而在掩蔽声声压级较高时,右侧的坡度要缓于左侧的坡度,而且最大掩蔽阈出现在非常靠近掩蔽声频率的位置。

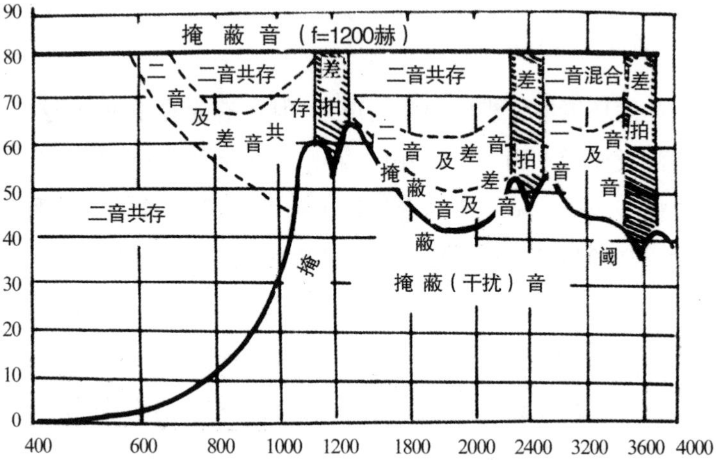

图 4-22　纯音掩蔽特性

由以上可以得出纯音的掩蔽规律:

(1)最大掩蔽出现在掩蔽频率附近;

(2)低音容易掩蔽高音,而高音较难掩蔽低音;

(3)频率相近的纯音容易互相掩蔽;

(4)提高掩蔽声的声压级时,掩蔽阈会提高,而且被掩蔽的频率范围会展宽。

通过实验表明,纯音对纯音、噪音对纯音的掩蔽效应结论如下:

1. 纯音间的掩蔽

(1)对处于中等强度时的纯音最有效的掩蔽是出现在它的频率附近;

(2)低频的纯音可以有效地掩蔽高频的纯音,反过来则作用很小。

2. 噪音对纯音的掩蔽

由多种纯音组成,具有无限宽的频谱,若掩蔽声为宽带噪声,被掩蔽声为纯音,则它产生的掩蔽门限在低频段一般高于噪声功率谱密度17dB,且较平坦;超过500Hz时大约每十倍频程增大10dB。若掩蔽声为窄带噪声,被掩蔽声为纯音,则情况较复杂。其中,位于被掩蔽音附近的由纯音分量组成的窄带噪声即临界频带的掩蔽作用最明显。

4.8.2 复音的掩蔽

由多个不同频率的纯音组成的声音被称为复音。大多数声音是以复音形式存在的,例如语声、各种乐器产生的声音等。乐音一般由一个基频和多个谐波组成,音色主要取决于其频谱结构。例如,长笛的声音中谐波成分很少,主要是以基频为主,因此其音色类似于纯音;小号的声音则含有丰富的谐波成分,因此其掩蔽作用要比长笛强得多。图4-23所示为某个复音的掩蔽特性曲线,其中作为掩蔽声的复音是由200Hz纯音及其九个谐波组成的,频率依次为200Hz、400Hz、600Hz、800Hz、1000Hz、1200Hz、1400Hz、1600Hz、1800Hz和2000Hz,每个频率成分具有相同的强度,但相位关系是无规的,两条曲线对应的是不同掩蔽声声压级时的测量结果。可见,复音的掩蔽范围主要是由复音所包含的频率成分决定的,在每个所包含的频率附近都会产生一个最大掩蔽量,当频率小于复音所包含的最小频率或大于其所包含的最大频率时,掩蔽效应逐渐减弱,并且掩蔽阈趋近于无掩蔽声时的听阈。音乐具有类似的掩蔽特性,只是音乐所包含的谐波成分更多、更密集,掩蔽曲线上的峰谷会更加不明显。

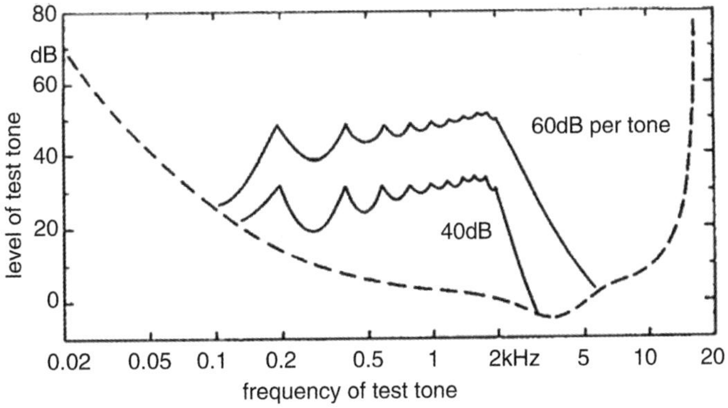

图 4-23 复音掩蔽曲线

4.8.3 噪声的掩蔽

窄带噪声通常是指带宽等于或小于听觉临界频带(约为1/3倍频程)的噪声。用纯音作为掩蔽声时,由于存在拍音和差音,掩蔽阈的测量比较困难。如果用窄带白噪声作为掩蔽声,则测量较为容易,结果也比较可靠。图 4-24 所示为不同中心频率的窄带噪声作为掩蔽声时的听阈曲线,其中窄带噪声的中心频率分别为 0. 25kHz、1kHz 和 4kHz,带宽分别是 100Hz、160Hz 和 700Hz,声压级同为 60dB。图 4-25 所示为掩蔽声中心频率为 1kHz、声压级不同时的掩蔽曲线。可见,窄带噪声的掩蔽特性和纯音的掩蔽特性十分相似,只是曲线的左右不对称性不那么强。

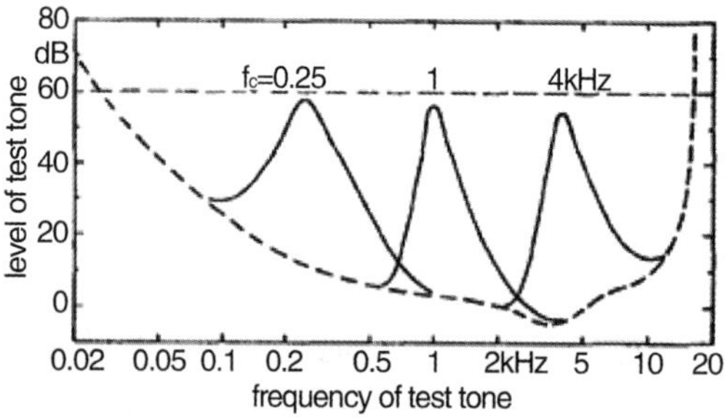

图 4-24

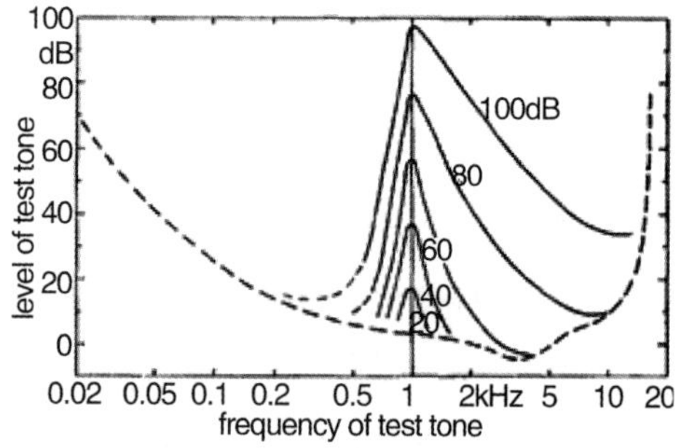

图 4-25 窄带噪声掩蔽

以不同声强级的白噪声作为掩蔽声时测得的听阈曲线如图 4-26 所示,图中 lwn 为噪声的声强谱密度,即每赫兹的声强级。从图 4-26 中可以看出,听阈曲线随着噪声强度的增大而均匀提高;听阈曲线在 500Hz 以下是水平的,在 500Hz 以上逐渐提高,在 1~10kHz 提升约 10dB,接近于以每 10 倍频率 10dB 斜率上升的直线。这是因为在 500Hz 以下听觉滤波器的带宽是恒定的,因此感觉到的噪声强度也是一定的;在 500Hz 以上,听觉滤波器的带宽随频率正比例增长,因此当中心频率由 1kHz 增大到 10kHz 时,听觉滤波器的带宽大约也会增大 10 倍,噪声强度也会增大 10 倍,因此听阈也会提高 10dB。也就是说,当掩蔽声为宽带噪声时,只有以纯音为中心频率的很窄的频带内的噪声才与掩蔽有关。

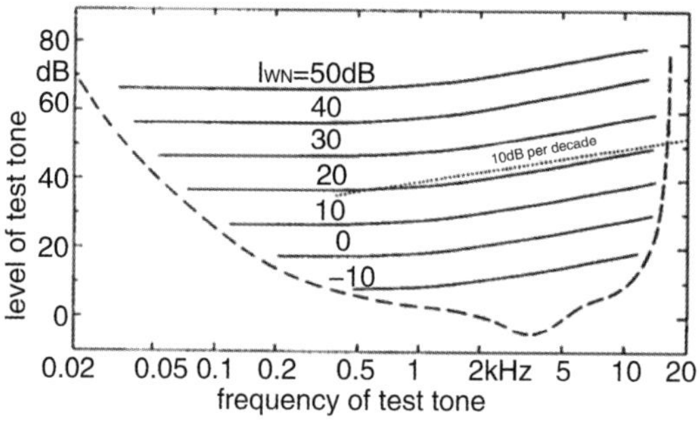

图 4-26 白噪声掩蔽曲线

4.8.4 非同时掩蔽

前面讨论的是持续时间较长的稳态声的掩蔽特性。然而,声音信号包括的语声和乐声绝大多数是非稳态的瞬时信号,声压级随时间变化很快,即强音后面跟随着弱音,弱音后面又跟随着强音。在语声中,元音的声压级较大,而一些清辅音的声压级较小,因此较强的音往往会掩蔽随后到来的较弱的音。因此,掩蔽现象不仅在有混响声的听音环境中存在,而且在无反射的自由声场中也存在。由于听觉的非同时掩蔽效应,声音本身前后也存在相互掩蔽的现象。

如图 4-27 所示,图中横坐标采用了两个时间变量⊿t 和 td,其中⊿t 为测试信号(被掩蔽声)相对于掩蔽声起始时间的落后时间;td 则表示测试信号相对于掩蔽声的结束时间的延时,图中表示了后掩蔽、同时掩蔽和前掩蔽三种情况下的掩蔽特性。由图 4-27 可知,同时掩蔽效应最强,其掩蔽量最大;前掩蔽效应要大于后掩蔽效应,因为前掩蔽发生作用的时间长达 100ms,直到 200ms 才完全结束,而后掩蔽的有效时间只有约 20ms,在 50ms 时完全消失。

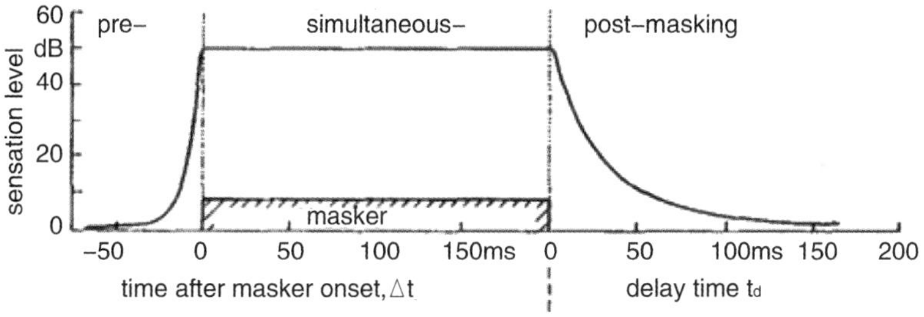

图 4-27 非同时掩蔽的掩蔽量随时间关系变化的特性曲线

掩蔽声发生在测试信号之前的掩蔽现象较容易理解,因为听觉具有记忆功能或称积分效应。而掩蔽声发生在测试信号之后的掩蔽现象似乎不那么好理解。听觉并没有预知未来的功能,但是听觉对声音的感觉需要一个建立过程或者说有一定的延时,而听觉对较强声音感觉的建立要快于对较弱声音感觉的建立,因此听觉存在后掩蔽现象。

前掩蔽与后掩蔽具有如下特点:

(1)掩蔽声在时间上越接近被掩蔽声时,掩蔽效应越大,并且通常发生在掩蔽声声级在 40dB 以上时;

(2)掩蔽声与被掩蔽声相距时间差很小时,后掩蔽作用会大于前掩蔽作用;

(3)掩蔽声声压级增大时,掩蔽量并不成比例地增大;

(4)单耳的掩蔽作用大于双耳的掩蔽作用。

4.8.5 远掩蔽

在纯音掩蔽时,通常高频声对低频声的掩蔽较小,但在噪声掩蔽时,低于噪声频率的声音也会受到掩蔽,这种掩蔽被称为远掩蔽。

4.8.6 中枢掩蔽

将掩蔽声与被掩蔽声分别加到人的左右耳,也会产生掩蔽效应,这种掩蔽被称为中枢掩蔽。中枢掩蔽的效果要小于单耳掩蔽 50~60dB。掩蔽声与被掩蔽声的频率越接近,中枢掩蔽的效果就越明显。

在工作中,我们经常遇到听觉的掩蔽效应并加以利用。例如,人对那些自身不需要的声音的察觉程度与这个声音的相对强度有关,只要这个声音的强度与有用声音的强度相比足够弱,人们就感觉不到它的存在,这时有用声音信号就掩蔽了不需要的声音信号。根据这个道理,声频系统中那些不可避免的本底噪声电平究竟应该多么低,就要取决于声音信号的电平值,即要根据有用声音信号的强度来规定允许的最大噪声强度,这就是电声技术指标"信号噪声比"的来源。出于相同的原因,声频设备产生的非线性畸变的大小也要用畸变产物与有用信号的相对比例来表示,如"谐波失真系数""互调失真系数"等,因为畸变产物和有用信号之间也可以看作存在一种掩蔽关系。

4.9 其他听觉效应

非线性是指输出信号大小和输入信号大小之间的非线性关系。当系统的输出信号大小和输入信号大小之间存在线性关系时,被称为线性系统,否则就被称为非线性系统。当系统具有非线性时,输入某一频率的声音信号,在输出端除了产生该频率的输出外,还会产生其谐波成分;如果输入的是两种不同频率的信号,则输出端除了产生这两种频率的信号外,还会产生谐波、和频和差频信号。因此,输出和输入之间的非线性关系是信号产生失真的原因之一,这种失真被称为非线性失真;另一种失真被称为线性失真,是指由系统频率特性不均匀而产生的失真。

前面提到,人耳听觉具有非线性,这种非线性主要产生于听觉的中耳和内耳。也就是说,声音信号在人的听觉系统中会被非线性加工,这种非线性正是听觉对强声的一种保护性反应。听觉的这种非线性也常被音乐家和作曲家利用,成为音乐中和声学及配器法的生理基础。因为两个音同时演奏或两种乐器同时演奏会产生单独演奏时所不具有的音色,这是由于听觉的非线性使人听到了输入声音信号中不存在的谐频、和频及差频信号。

4.9.1 主观音

当声音变强时,人耳会感觉到原来声音中所没有的频率的声音。这是由于人耳中传输声音的机构具有因非线性而产生的失真,形成高次谐波,声音越强,谐波的次数会越高,这种声音是由人耳主观产生的,被称为主观音。

当两个不同频率的声音同时到达人耳时,出现的差音、和音等都是主观音。

4.9.2 鸡尾酒会效应

人们在日常生活中常常会注意到这样的现象,即在很多人同时谈话的场合如聚会、公共场所等,人能够在不同声音组成的嘈杂声中分辨出自己要听的某个说话人的声音,甚至不用将面部朝向说话人。但是,如果将一只耳朵堵上,听觉就丧失了这种从多种声音中分辨出自己想要听的声音的能力。听觉的这种能够从众多声音中分辨出自己想要听的声音的能力,被称为"鸡尾酒会效应"(cocktail party effect)。

鸡尾酒会效应是除双耳定位外的另一种双耳听觉效应。产生这种听觉效应的根本原因是,双耳听音时声音的掩蔽阈小于单耳听音时的掩蔽阈。当存在来自其他方向的掩蔽噪声时,双耳听音时的声音更不容易被掩蔽。

为了定量分析听觉的鸡尾酒会效应,从信号掩蔽阈概念出发,引入了双耳掩蔽阈差(binaural masking level difference,简称 BMLD)。BMLD 定义为在掩蔽噪声不变的条件下某个声音单耳听音的掩蔽阈与双耳听音的掩蔽阈之差。BMLD 在低频时较大,并在 200~300Hz 达到最大值;随着频率增大,BMLD 逐渐减小,并在频率高于约 3kHz 时,BMLD 稳定在大约 3dB。BMLD 随频率的这种变化趋势通常是这样来解释的,即认为 BMLD 的大小是由双耳信号的时间差决定的。

4.9.3 耳壳效应

对于单耳能对声音定位的现象,可用耳壳效应来解释。耳壳的不规则形状,使它各部分向外耳道的声音延时不同。水平面上延时 2~20 微秒;垂直面上延时 20~45 微秒。另外,延时声与直达声的相位干涉现象也有助于声源的定位。耳壳对不同方向传来的声音的频率响应也不同。

4.9.4 听觉抑制效应

由优先效应可知，在一定的延时范围内，听觉定位并没有受到延迟声的影响，这说明延迟声并没有在听觉中起到作用，其信号的生成被完全或部分地抑制掉了。也就是说，听觉存在抑制效应，先导声抑制了延迟声。当完全感觉不到延迟声存在时，可以认为先导声掩蔽了延迟声。

4.9.5 延时声在听感中的作用和劳氏效应

1. 延时声

延时声的主要特点：

(1)在一般情况下，延时声的相对强度随时间逐渐减弱；

(2)反射声的方向通常与直达声不同，是由反射面的位置和形状决定的；

(3)反射声的频率特性因界面的声学性质而异，一般来说，它的频率特性与声源的频率特性不同。

延时声在听感中的作用：

(1)室内反射声，尤其是早期反射声在听感中具有非常重要的作用。

(2)室内反射声的一个重要作用是给人以空间大小的感觉。

(3)延时声的另一个作用是提高了直达声的响度。这就是音质加工处理时可利用延时器取得"加倍"效果的基本依据。

在上述应用中，延时声的强度和时间间隔必须严格控制在"优先效应"的效应范围之内。如果时间间隔太小，例如小于 10 毫秒，将会出现严重的"梳状滤波式频响"效应。这时可能会产生另一种效果，即所谓的"镶边"(Flanging)听觉效果。如果延时很大，例如大于 50 或 80 毫秒，而且延时声的相对强度足够大，则可产生回声的听觉效果。此外，通过延时信号的运用，还可产生早期反射声的听觉效果、进行声像分配、模拟环境气氛等。

2. 劳氏效应

劳氏效应是一种假的立体声效应，一种立体声范围的心理声学效应。劳氏效应显示：如果将延迟后的信号再反相叠加在直达信号上，会产生一种明显的空间感，声音好像来自四面八方，听音者仿佛置身于乐队之中。

劳氏效应可以被解析如下：第二个信号好像是一种延时反射声，以恒定的 180 度的相位差到达双耳。这就意味着，信号的不同频率得到了不同的相移，从而产生了不同频率由不同方向入射的效果。这样,音乐中(带延时)的每一个频率的声音信号就好像来自四面八方,在主观印象中便形成了“立体声”。当然,这是一种假立体声。

劳氏效应还提出了一个十分重要的问题,即延时反射声的方向对于声音感受的影响。经验表明,具有相同延时时间的延时声,如果到达听音者的方向不同,就会产生不同的音质效果。例如,侧向反射声是改善厅堂音质的重要因素。这就是说,两个具有相同延时的反射声,如果到达听音者的方向不同,则形成的听感将各不相同。由此可知,相位的影响是非常重要的。

作为延时声对听感的一个实例,可以引用瑞士贝塞尔广播电台首先采用的所谓OSS技术与CTD技术。它可以被理解为是将控制延时信号(CTD)的技术应用于以最佳立体声信号拾音方式(OSS)为主传声器的主—辅传声器技术的一种录音方法,并将这种技术应用于音乐会的广播和电视双重转播中。具体做法是,主传声器采用OSS技术,用以拾取音乐演出的总效果,采用这种技术获得的声像自然,并且具有较好的深度感;辅助传声器则被放置在电视转播中与画面有关(特写镜头)的乐器和乐器组附近,然后利用可控延时技术产生4个被分隔的声音:

(1)电视中与画面有关的若干辅助传声器的声音;

(2)由广播电台转播的正常立体声的声音,但将它延时10毫秒;

(3)辅助传声器加强的乐器声音再延时10毫秒用于立体声广播;

(4)“总的声音”再延时10毫秒用于电视。

4.9.6 头中定位效应

头中定位效应是指声像出现在颅内的现象。最常见的头中定位效应出现在用耳机重放声音的时候。很早以前人们就发现了这种现象,并且一直在寻找产生这一现象的原因。有人认为这一现象的产生是由于传声器和耳机的共振频率特性,也有人认为是由于当人头转动时双耳信号不能跟随变化、耳膜的辐射阻抗与自然听音时的辐射阻抗不同、耳机对头部产生的压迫感、身体的其他部位感受不到声波的作用、两个声道传输特性存在差异等,但都没有得到充分的证实。

当离左、右耳足够近的两个扬声器发出相同或者相关性很强的声音信号时,头中定位效应就会产生。从这一观察结果可以得出解释头中定位效应的非常重要的结论,即头中定位效应仅仅与双耳信号有关。研究人员用实验证实了上述结论,实验中用白噪声作为测试信号,用耳机重放,听音环境为消声室。实验中采用了两组试听信号,一组模拟3米处扬声器产生的双耳信号,即将白噪声信号经过一对HRTFs滤波器处理后再由耳机重放;另一组是将没有经过均衡处理的信号直接由耳机重放。当耳机信号未经过均衡处理时,无论响度如何变化,头中定位效应都无法避免;当耳机信号经过均衡处理后,头中定位效应不再发生,声像较自然地定位在头部以外,而且声像距离随响度的变化规律和自然声源定位时完全一致。

实验结果表明,只要双耳输入信号能够很好地模拟自然听音时的双耳信号,则无论采用何种重放方式,都不会产生头中定位效应,除此以外,其他任何因素均与头中定位无关。近年来,仿真头录音和重放系统的质量有了很大提高,实践证明了当使用高质量的仿真头录音和重放系统时,即使使用耳机重放,也不会产生头中定位效应。

思考题

1. 试述耳朵的结构。
2. 耳朵的功能有哪些?
3. 等响现象揭示了什么?
4. 掩蔽效应是什么?
5. 人耳听觉主观三要素包括什么?
6. 人耳的听觉效应有哪些?

5 音乐声学

在这一章,我们将要了解传统乐器的基本物理结构,掌握乐器的发声方法,乐声的激发方式以及乐声的传播方式。对于其中的一些概念,在此我们会以比较简单的方法进行阐述,而关于它们更深入的内容将在后面的章节中详细阐述。

科特·萨斯(Kurt Sass,1940)将传统乐器主要分为四大类:

(1)弦乐器组:这种乐器主要是通过拨动、敲击以及运用弓子激发乐器上绷紧的具有一定张力的弦产生声音的,典型的乐器包括小提琴、吉他、竖琴等。

(2)管乐器组:这种乐器主要是通过一定的方式激发乐器中的空气柱产生振动发声的,典型的乐器包括铜管乐器和木管乐器,如长笛、单簧管等。

(3)膜打击乐器组:这种乐器主要是通过对固定在乐器上的膜进行敲击等方式发声的,一般分为有调打击乐器和无调打击乐器,典型的乐器如鼓等。

(4)非膜打击乐器组:这种乐器主要是通过对乐器自身的敲击等一些机械处理发声的,主要包括非膜打击乐器之外的所有打击乐器,如三角铁等。

在上述每一组分类中还有更多、更细的分类方法,但是有一些乐器确实不太容易进行划分,如簧片,它本身并没有空气柱,是由芦苇片构成的,演奏时发出“呼呼声”。虽然这种乐器没有空气柱,但是由于在演奏时,簧片激起了周围空气的扰动,因此严格来说,它属于管乐器组。另外如小手鼓,既可以属于膜打击乐器组,也可被划分到非膜打击乐器组。

5.1 基本原理

一般来说,乐器是由“激声器”和“共鸣器”两大系统构成的。“激声器”是利用演奏者提供的能量,激起部件或介质振动的系统。而“共鸣器”是将激声器的振动通过共振的机制有效地转化为空气振动,将振动能量有效地转化为声能的系统。激声器可以采用诸如摩擦、弹拨、击打、吹奏等不同方式将演奏者的能量转化为乐器相应部件(介质)的振动,比如小提琴的激声器是由弓和弦组成的;共鸣器则是弦乐器的重要部件,比如小提琴的琴身,起着放大器的作用,将激声器发出的声音放大并传向四周。

一些乐器在发声时不能够发出不同的音来完成音阶,如非膜打击乐器组中的一些乐器,它们往往是通过一系列的组合来完成音阶的发声的,或者很多的介质通过一定的规律进行排列完成音阶的发声,如木琴和钢片琴。

在弦乐器组中,如钢琴和竖琴,也是通过多根弦的排列组合完成音阶发声的。如在竖琴中,每个八度由七根弦构成,组成 C 大调的音阶,通过七个踏板来实现半音的发声。而在小提琴中,只有四根弦,通过手指在指板上对弦的按压产生弦振动长度的增减来完成音阶的发声。

在管乐器组中,通过改变空气柱的长度,如滑动管子、通过开闭管子旁侧的指孔等方式,使乐器发出不同的音完成音阶的演奏;另外在管乐器组中的所有乐器,通过改变演奏者的嘴唇位置和吹气角度的方法,都会产生一些音高上的变化。

不管通过哪种方式发生,最终都要经过共鸣器将声波辐射到空气介质中。弦乐器往往通过面积相对较大的琴板来进行辐射(耦合),由于琴板的面积较大,当接收弦的机械振动后,会比仅仅靠一根弦更有效地将声能辐射出去。一般来说,小提琴的低频声波的辐射主要依照赫姆霍兹共鸣器原理,高频声波则主要通过琴马的振动来实现。相比较而言,钢琴有着比弦乐器更大的琴板用以辐射声波。

大多数非膜打击乐器往往是直接将振动辐射(耦合)到空气中的,这是因为它们有着相对较大的辐射面积。而少数非膜打击乐器如木琴和电颤琴是通过在每个琴片下方的空气柱共鸣来进行更有效的辐射的。从这个意义上讲,许多乐器都是介于这两者之间的。

管乐器组的乐器一般来说都可以较好地进行声辐射(耦合),其中大多数的木管乐器是通过乐器侧边的指孔来进行的,因此相对辐射的能力差一些。而对于铜管乐器来说,辐射的方式较多,但最主要的是:第一,通过乐器中的空气柱与外界空气的直接耦合辐射声波;第二,通过改变演奏者的控制方式改变音高,从而产生更高次的谐波分量。

关于各种类型的乐器辐射声波的方式和细节将在后面的章节中详细介绍。

5.2 弦乐器组——弦和声板

图 5-1 是一根有一定张力的弦通过琴马与琴板进行耦合的示意图。

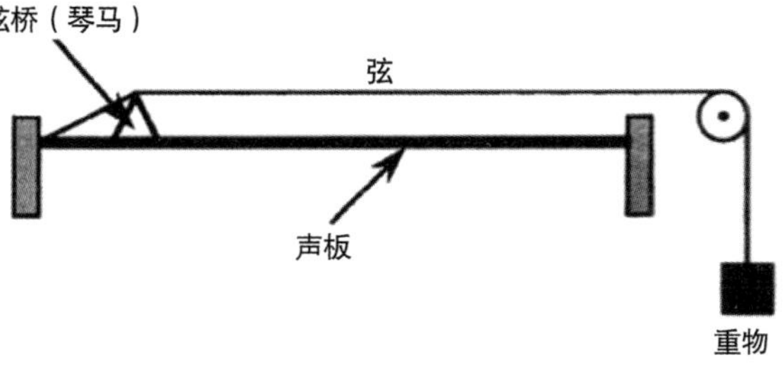

图 5-1 一定张力下的弦的振动

17 世纪，梅逊（Mason）根据前人的经验和自己的研究，总结出四条基本的规律：

（1）弦振动的频率与弦的长度成反比；

（2）弦振动的频率与作用在弦上的张力的平方根成正比；

（3）弦振动的频率与弦的直径成反比；

（4）弦振动的频率与弦的质量密度的平方根成反比。

梅逊定律可以通过一个相对简单的公式进行描述，如图 5-2（a）所示的振动可描述为：

$$f=\left(\frac{1}{2L}\right)\sqrt{\frac{T}{m}}$$

其中，L 是弦的长度（单位为米），T 是弦受到的张力（单位为牛顿），m 是单位长度的弦的质量（单位为千克/米）。可以看出此公式与第 1 章中的振动公式相类似。如图 5-2 所示，如果我们从距离弦两端 1/4 处进行激发，那么将导致图 5-2（b）的结果。同样，我们激发弦的不同位置，将会得到弦不同方式的振动，相对应的弦振动的频率也不同（见图 5-2）。另外，弦在振动时，往往不是只有单一的振动方式，而是可以在同一

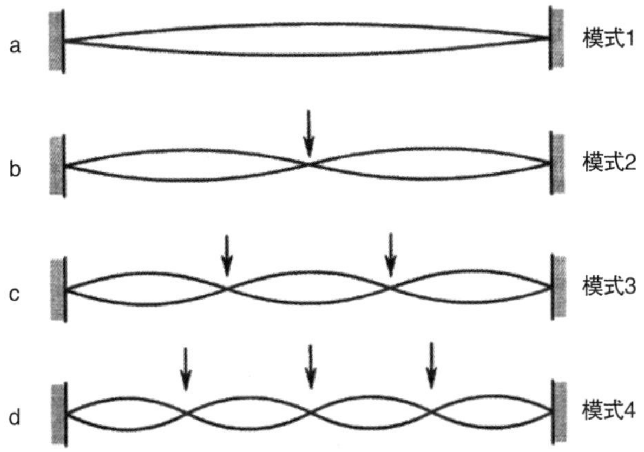

图 5-2 弦振动的几种模式

时刻产生各种振动,辐射出更为复杂的声波来。图 5-2 中的箭头指向的位置代表振动过程中不动的点,被称为节点,振动中最大的位置被称为波腹。

5.2.1 驻波

振动频率、振幅和传播速度相同而传播方向相反的两列波叠加合时,就会产生驻波,图 5-2 所示弦的振动就是驻波。可以看出,因为弦的两端固定,所以弦的两端一定是节点,另外在弦的激发点不会存在节点,如果弦的激发点靠近两个端点,那么将会产生高次的谐波分量。

5.2.2 弦的激发

弦的激发主要有两种方式:弹拨、摩擦。对于弹拨来说,弦会产生一个类似的衰减振动;对于摩擦来说,则会产生相对连续的振动。当弓子向一端摩擦时,琴弦受到摩擦作用张力逐渐增加,当弓子运行到一端后滑动回原处时,张力逐渐减小,然后随着弓子的往返运动,产生张力增大与减小的往复。

在钢琴中,弦的激发是通过弦锤敲击实现的,竖琴则是通过较硬的羽毛或其他如熟料片等片状物拨动琴弦激发的,吉他等乐器则是通过演奏者的手指或指甲来激发琴弦发声的。

5.2.3 弦与声板的耦合

如图 5-3 所示,声板通过琴马的吸收和传递与琴弦进行耦合,将弦的机械运动转化为琴板的机械运动,从而更有效地辐射声波。在许多乐器中,弦一般是与声板平行或与声板以很小的角度进行固定的,这样做的目的是更有效地将弦的振动通过琴马传递到声板上。但在实际演奏中,弦振动时不是严格地平行于声板的,而是往往呈一种椭圆形的振动形式,这时弦的振动与琴马自身的振动都将传递到声板上。

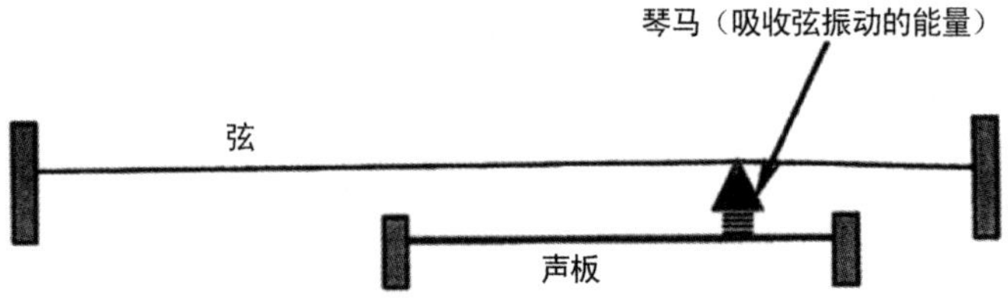

图 5-3　声板通过琴马的吸收和传递与琴弦进行耦合

在竖琴中,由于弦与声板之间的夹角很大,因此弦与声板之间的耦合相比弦与声板平行的状态下较弱,尤其对于低频声波更是明显,因此竖琴的声波辐射总是较低。

5.3 弦乐器

这一小节我们将讨论弦乐器的声学特性，详细地介绍典型乐器的结构、演奏技巧以及一些与其他乐器不同的特点。同时我们还将通过一些测试数据来说明声源的频谱、动态范围以及声辐射指向性等概念，以使读者掌握有关弦乐器的知识，同时了解弦乐器的特点，尤其是对于录音等行业的人员来说，了解声源的频谱、动态范围以及声辐射指向性对以后的工作有着极大的帮助。

5.3.1 小提琴

小提琴起源于18世纪上叶的意大利克里莫纳，是由阿玛蒂（Amati，1649—1740）、斯特拉迪瓦里（Stradivari，1644—1737）和克里莫纳一些学校的人员制作的。现代的小提琴与当时的小提琴相比仅发生了很小的变化。图5-4所示为小提琴的剖面图。从外部来看，小提琴的两侧完全是对称的，其内部则不尽然。

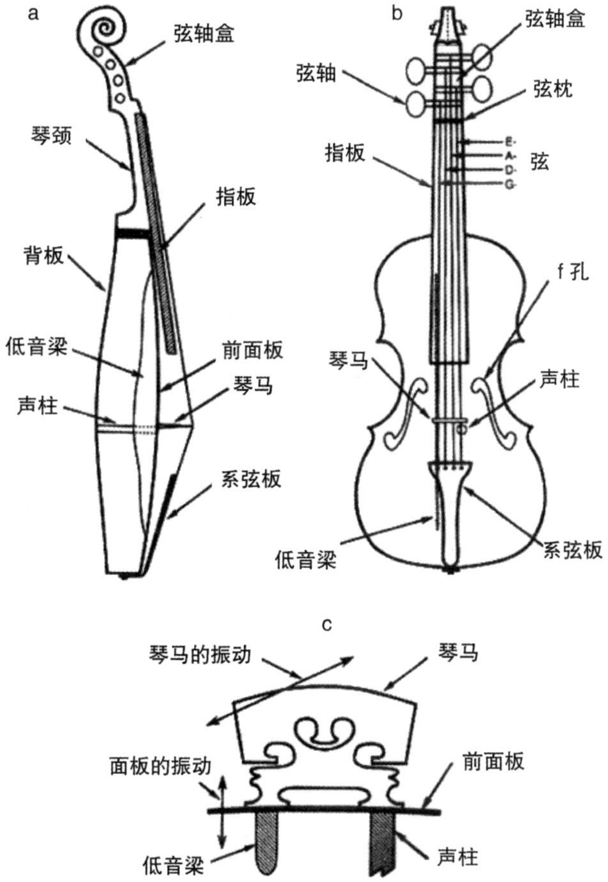

图5-4 小提琴剖面图

弦的振动可以通过摩擦、拨动实现，这些振动通过琴马耦合到琴体上；指板则通过演奏者手指的按压改变弦振动的有效长度，从而达到演奏不同的音高。弦的张力大小可以通过弦轴箱中的弦轴来调整。

小提琴的制作相当精巧，但同时它也要相当坚固。琴弦调整好后，琴弦对琴马向下的压力可以达到 8 公斤，弦本身的张力可达到 22 公斤。这些强大的压力通过弧形的上面板和上面板与背板之间的声柱来平衡。

用于制作小提琴的材料也是非常考究的。虽然木头的种类繁多，但并不是每一种都适合制作小提琴。一般会使用云杉制作小提琴的上面板和下面板，并且下面板往往采用木纹线对称的云杉制作，使得乐器的下面板以中线呈现对称性。下面板的中线位置厚约 3 毫米，边缘处略薄于中线位置。

用来分开上面板和下面板的侧板以及琴颈和琴马往往采用枫木制作，指板和系弦板由乌木（黑檀木）制作。在琴板上通常先涂一层被称为底漆的涂料，然后再涂油漆。这两层油漆对琴板频率响应曲线有着重要的影响。在对意大利古琴的考察中，涂料和油漆被称为最重要的“意大利秘密”，引起了世界各国的关注。

当琴弦振动时，琴弦强制琴马上下左右振动，而琴马通过它的两只“脚”将自己的振动传给琴箱的上面板和下面板（当然也包括侧板）。大体上可以这样说，琴马通过自己低音弦侧的另一只脚，将振动传给上面板，脚下的低音梁除加强面板的机械强度外，还起着调整面板以至整个琴箱频率响应的作用；琴马通过自己高音弦侧的另一只脚，将振动传给上面板，经过脚下的音柱传给下面板。如图 5-4 所示，音柱在这里扮演了杠杆支点的角色，它既保证了琴马的振动，又保证了振动传递到上面板。同时由于音柱是楔入面板中的，因此制作者改变音柱的位置会引起比较明显的性能变化。

小提琴较低频率的输出是通过上面板和下面板的复杂运动（振动）以及上面板上 f 孔与空气的耦合共鸣完成的。在小提琴的箱体中，空气的共鸣频率为 290Hz 左右，接近 D4，即小提琴上第二根弦的空音；箱体与 f 孔耦合后，共鸣频率为 440Hz，恰好增强了小提琴第三根弦的空音输出。在提琴声音的输出过程中，由于某些面板的共振与空气的共振互相干涉，会产生所谓的“狼音”（粗粝音）。这种声音的存在，造成了音调的不协和，影响了整体的声音效果。所以一个好的工匠会通过对音柱位置的选择，减少狼音的出现。

小提琴的中频输出主要是通过上面板复杂的运动（振动）辐射产生的。当频率逐渐增高时，琴马的振动也逐渐不再与上面板耦合，而是自身辐射出较高的频率谐波。在中高频段的声音辐射过程中，由于每件乐器的不同设计以及它们自身材料的不同等，造成了它们的振动模式、变化都不同，因此没有两件乐器的声音辐射可以完全相同。

另外,随着时间的推移,现代的提琴与早期的提琴在琴颈和指板之间略有不同。这种改变的目的在于更有效地激发琴马的振动以及更充分地利用弦的张力。同时,指板的增长意味着可演奏的频率范围的扩展。

5.3.2 弦和弓

早期的弦通常用羊肠线制作,其中 G3 弦用金属丝缠绕羊肠线制作。直到今天,羊肠线仍然被广泛使用,其中二弦(D4)和三弦(A4)也缠绕了铝线,高音弦(E5)通常用金属丝直接制作。缠绕金属弦带来的质量的增加可以使得在调节音调时不用减小弦的张力,从而让演奏者可以更加自由地控制产生更多的音调。金属丝弦则可以产生更加明亮、频率更高的音调。

随着琴体的更新变化,弓子也有了相应的改进。图 5-5 为早期弓子与现在弓子的对比图,可以看出现在弓子的形状可以使马尾对弦产生更大的张力,相对马尾的变形较小。而早期的弓子由于结构的关系,不能对弦产生较大的张力,从而无法通过单个提琴演奏较大响度的音调。因此,现在弓子的改进使得演奏者能够更加自由地控制演奏的技巧,并演奏出较大响度的声音。现代的弓子长约 75 厘米,并且相当轻。弓子是用南非的一种木材制作的,但是一些现代复合型材料可以提供更好的张力和韧度。

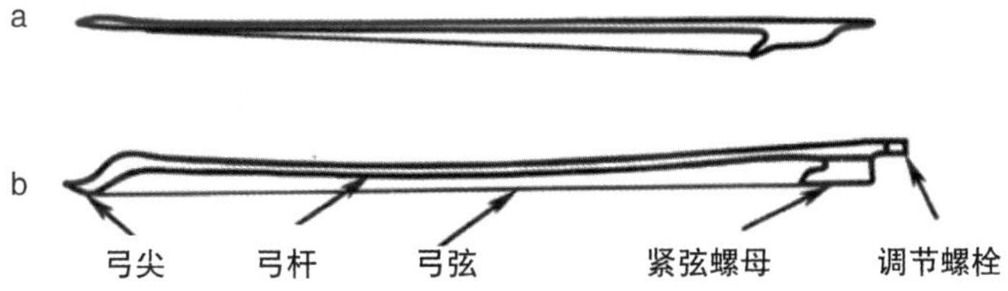

图 5-5 早期的弓子与现在的弓子的对比图

5.3.3 演奏技术

小提琴通过演奏者的下巴和锁骨夹紧固定,演奏者的左手在指板上灵活地运动,其使用除大拇指外的四指按压弦的品位。

1. 弓和弓法

运弓中最重要的是弓位、弓压和弓速。这三者对所发乐音的音量和音色影响极大,运弓中,弓和弦要尽量相互垂直,避免在沿线的方向上滑动,因为这会激起非常高的不谐和的高阶泛音。由于弦运动速度的增加会使弦振动的振幅增大,即乐音的音强增大,因此许多弦乐演奏家都知道的一个技巧是:增加弓速同时增加弓压,使比值大致不变,这样可以在产生较大音强的同时不至于改变音质;或者增加弓速而不改变(或减小)弓压,在产生较大音强的同时改变音质。

有关运弓的问题,除上面几点外,上弓和下弓也很重要。下弓是指自弓根至弓尖将弓向下拉动,这是渐弱的奏法;上弓是指自弓尖至弓根将弓向上拉动,这是渐强的奏法。用弓尖演奏,有利于发出倍弱(pp)的声音;用弓根演奏,有利于发出倍强(ff)的声音。因此在选择弓法时,要尽量遵循这一规律。

弓法,除上述运弓的要领外,具体还指弓在琴弦上的各种不同动作。它们包括:第一,分弓,一弓(弓向上或向下的一次动作)只发一音。如要发多音则弓需上下往返拉动,这时弓不离弦,运弓都是均匀的。使用全弓的分弓被称为大分弓,奏倍强音使用它。第二,连弓,一弓内奏出许多音符的弓法。第三,断弓,强烈的、短促的、发音有停顿的弓法。包括一弓内多次迅速断弓的"飞弓法";用弓尖奏出重音的"重断弓";弓子每次触弦后立即离开琴弦的"撞弓"和"跳弓";一次撞弦后又继续跳动触弦若干次的"飞奏撞弓"等。一般使用弓的中央部分奏跳弓。跳弓速度越快越轻越靠近弓尖;速度越慢越重越靠近弓根。另外还有碎跳弓,是用弓尖奏出的最轻快的跳弓。第四,震弓音,以很快的速度反复演奏同一音符,弓不离开弦的弓法。

2. 揉弦与滑弦

揉弦通过微小地改变振动节点位置的办法产生靠近基音和泛音的谐音。这时发出的乐音在音高和音强上都有一定幅度和一定周期的升降。一般来说,揉弦时音高的变化约为它中心频率的3%,即控制在1/4到1/2个半音,在听觉上才感觉合适。当然,随着曲调及情绪的不同,揉弦的幅度、变化率以及运弓的力度应当有所不同。滑弦是手指按弦并在弦上滑动一段适当的距离,这时音强可能变化不大,但音高有明显且连续的变化。

5.3.4 提琴

提琴家族包括小提琴、中音提琴、大提琴和贝斯低音提琴,后面几种提琴的设计、结构与小提琴相似,只是体积较大,发音音调更低,但并不按音高比例增大尺寸。低音贝斯的尺寸也只能在有限的范围内变化,因为必须保证演奏家能同时弹拨和弓拉。

小提琴的琴弓用马尾制成,张力大小可调。四根弦按五度关系定弦。第一弦是"3"弦,多为钢弦,音色明朗、嘹亮;第二弦是"6"弦,通常是肠线外缠铝,音色柔和、优雅;第三弦是"2"弦,也是肠线外缠铝,音色如歌、紧张;第四弦是"5"弦,优质的肠线外缠银丝,音色深沉、紧张,属中音。四弦五度定音的好处是:第一,便于只用三个手指(食指、中指、无名指)过弦;第二,邻弦相距五度音程,易于调谐准确;第三,在某弦上奏一个音时,相邻的弦或多或少总有些共振,五度定音有助于形成这样的共振,以产生较有色彩的乐音。

一把小提琴“骨架”所承受的总张力,肠弦约为16千克,钢丝弦约为24千克。每个乐器都要求最合适的张力以实现最佳功能。应用于小提琴上的自然泛音有八度的、五度的、四度的,有时还有大三度的,而人工泛音仅有四度的和三度的,因为两端手指在一根弦上的一般距离是四度音程。

中提琴的四根弦也按五度关系定弦。中提琴尺寸稍大,与小提琴相比它发的音中鼻音较重、较粗糙,也不如小提琴演奏灵活,但它的拨弦音很完美。

大提琴四根弦也是按五度关系定弦,比中提琴低八度,尺寸是中提琴的两倍以上,所以用第一、四两根手指在一根弦上所能奏出的最大音程相当于大三度。它的泛音是非常美妙动听的,所有的自然泛音都可使用,甚至在极高的音区中发音也是很好的;人工泛音则主要使用四度和五度泛音。大提琴的拨弦音最好,而且可用于整个音域。低音区的拨弦音特别好,发音响亮,持续时间也较长,和弦的拨奏发音也很好。

低音贝斯提琴用四度关系定弦,其泛音极为丰富。所以自然泛音,直至最高的,都可使用。人工泛音用四度的和三度的。拨弦音的音响柔和、丰润并“隆隆”作响。

小提琴的琴箱是一个亥姆霍兹振子。

1958年,一位名叫卡林·霍金斯(Carleen Hutchins)的女人做了一套提琴,成为一个提琴家族,在原来的四种提琴之间又多插入了几个琴:在低音贝斯提琴与大提琴间插入了Small Bass(A,D,G,c),在大提琴与中提琴间插入了Tenor violin(G,d.a,e^1),再在小提琴以上加上了Soprano Violin(c^1,g^1,d^2,a^2)和Treble Violin(g^1,d^2,a^2,e^3)(见表5-1)。

表5-1 提琴家族

名称		空弦音			
倍高音小提琴	Treble violin	g^1	d^2	a^2	e^3
高音小提琴	Soprano violin	c^1	g^1	d^2	a^2
小提琴	Violin	g	d^1	a^1	e^2
中提琴	Alto violin (viola)	c	g	d^1	a^1
次中音提琴	Tenor violin	G	d	a	e^1
大提琴	Baritone violin (cello)	C	G	D	a
小贝斯	Small Bass violin	A_1	D	G	c
大贝斯	Contrabass violin (bass)	E_1	A_1	D	G

5.3.5 二胡

二胡属于胡琴。胡琴是我国比较普及的民族弓弦乐器,例如京胡、板胡、粤胡、高胡(高音胡)、低胡(低音胡)、四胡(马头琴)等都属胡琴。胡琴一般由琴弓、琴弦、琴筒、琴杆、琴马、弦钮和装饰用的琴头构成。琴筒用木或竹制成,截面呈圆形(圆筒)或多角形(多呈六角形),蒙以动物皮(羊皮、蛇皮、蟒皮等);琴马用马尾制成,置于两弦之间,马尾上粘有松香,以增加弓和弦的摩擦,增加泛音。琴筒的尺寸大小决定了胡琴的演奏音域,筒径小、长度短则发高音、声音高亮,反之则发低音、声音深沉。

二胡盛行于中国江南一带,又名南胡。琴筒木制,由六块同样尺寸的木板粘合拼成,琴杆亦为木制,琴头常用龙头装饰,琴筒蒙以蟒皮,发音温柔、平和。二胡的音色与有效弦长、琴马位置和琴弓擦弦点有关,具体要考虑:第一,琴铜前口尺寸;第二,琴马安装位置;第三,弓毛宽度;第四,皮膜护片厚度;第五,琴弦有效部分长度等。如果把擦弦点改在有效弦长的 1/7 至 1/9 处,则可以削弱或消除不协和的第七或第九阶泛音,这对增加二胡音色的谐和性是有益的。

京胡主要用于伴奏京戏,琴筒与琴杆都是竹制,琴筒蒙以蛇皮,发音铿锵脆亮,与二胡一样,琴弦用丝弦;粤胡用于演奏广东乐曲,外弦用钢丝,内弦用蚕丝弦,高音清脆嘹亮,低音柔和圆润;板胡的琴筒蒙以木板,采用丝弦,但也用钢丝弦,发音干脆嘹亮;四胡的琴弦为四根,一、三两弦同音,二、四两弦同音,弓毛也分为两股,分别纳入一、二弦和三、四弦之间。

5.3.6 吉他

现代西班牙吉他大致如下:一条带格子条的指板附着于音箱,在音箱的面板上只有一个圆孔。琴马直接固定在面板上,支持六根弦的张力。指板上的格子条(品位)可精确地产生特定的音,但限制了连续变更音高的可能性。吉他的低音响应主要由音箱的空气和面板共振膜所决定。音箱越大,共振频率越低。古典吉他多采用羊肠弦和尼龙弦。

在美洲,吉他多被用于伴奏民间歌舞和小规模人群的招待和娱乐,若要为大多数其他乐器伴奏则其音响输出不够。因而乐器制作家制出了新式的 12 弦吉他,通常被用于大音响的输出。12 弦吉他采用 6 对钢弦,其中 4 对按八度音程定弦,它琴体较大,增强了低音响应。由于 12 弦吉他的高次谐音音响也大,所以也常作为小型乐队伴奏而被用于布鲁斯和爵士风格的演出中。

5.3.7 班卓琴

近代的班卓琴通常由四(或五)根弦紧绷在一个小而轻巧的琴马上,琴马立在琴箱头上，琴箱是用兽皮或塑料紧紧蒙在木制的环箍上。轻而柔韧的琴箱对较高频率有很好的响应，能产生明亮而谐波丰富的声音，特别是在接近琴马的地方弹拨琴弦时。

班卓琴由西非兽皮蒙瓢乐器发展而来，后者则有可能是由古琵琶进化而来的。但班卓琴仍然被认为是与布鲁斯文化紧密相关的独特的美国乐器。其改进就是增加了第五根低音弦，更新的改进是在琴箱的背后增加了一个背板，因而能产生更响亮的乐音。

与班卓琴类似的民族乐器是三弦琴和月琴。三弦琴的木制琴箱箍以蛇皮蒙面，指板很长，由于琴箱小，发出的乐音也小。月琴的音响大、薄而圆，形似月亮，木制，四根弦不用琴马直接靠两端绷着，一端固定在琴箱的面板上，一、三两弦同音，二、四两弦同音。

5.3.8 琵琶、古筝和古琴

三者都是中国民族弹拨乐器。

琵琶高约 3 尺，上窄下宽；背部隆起，似瓢状，以坚木制作；面板平，桐木制成，琴首有装饰，4 个弦钮用以绷紧琴弦；颈部设 4 相，其形为半圆，发音温厚；腹部设 13 个音程柱，形如刀刃，使发音清越。相与柱之位置都有一定的标准安排，例如第 5 柱为全弦之一半，第 4 相及第 12 柱为全弦的 1/4，第 1 柱及第 9 柱为全弦的 1/3 等。面板的下部有 1 个千金板，其一端有 4 孔为系紧琴弦用，另一端板内腹面有小圆孔，通共振腔。

琵琶按面板腹部宽窄分大抱、小抱两种，大抱面板腹部宽约 9 寸，琴高约 3 尺，因而声音洪亮；小抱腹部宽约 7 寸，琴高约 2 尺 7 寸左右，发音清脆。凡大套乐曲，必用大抱琵琶演奏。琴弦为丝弦，第 1 弦最细为子弦；第 2 弦较粗为中弦；第 3 弦更粗为老弦；第 4 弦最粗为缠弦。

古筝的共鸣器是木制异形板，用 13 根琴弦的叫大筝，琴弦为丝质，发音淳厚朴实；用 16 根弦的叫小筝，琴弦为钢质，发音清脆铿锵。

古琴的共鸣器前面用桐木，后面用栗木，漆以黑漆。琴长 3 尺 6 寸 6 分，有 7 根琴弦，初弦较粗，至 7 弦依次变细。

5.3.9 竖琴

竖琴是一种大型弹拨乐器。竖琴的演奏音域与钢琴相似，包含 6 个八度音阶再加一个 5 度，最低音为 C1，最高音为 f4，其音色亦与钢琴相似，但是不如钢琴发音那样洪亮悦耳；其低音部分显得软弱无力，高音部分却使人感到坚硬乏味，唯有中音部分比较铿锵动听。因此竖琴虽不宜单独表演，但由于其音色特殊，成了合奏中不可缺少的乐器。

早期的竖琴采用一根弦一个音,所有的升半音和降半音都要另加琴弦。这个困难在18世纪得到了解决,乐器制作家们采用踏板的方法改变琴弦的长度和张力,使演奏家在演奏时能较容易地改变音高。1810年,艾拉德(Allard)成功设计出现代化的双踏板竖琴,使踏板法达到顶峰。竖琴通常调音调到降C调;7个踏板中的每一个踏板都能将所有给定键的琴弦升高一或两个半音。将所有踏板压下一级,竖琴的音调调到C调,将踏板压下两级,可将竖琴升到升C调,适当地选择踏板位置,竖琴演奏家可以用任何琴键进行演奏,变换半音。

竖琴的结构要点为:渐缩形的共振音箱上翘,从下面固定着琴弦;弯曲的音板在上,连接着琴弦的另一端,使弦长为递增的。音箱音板一端相接,另一端用支柱支撑在两者之间,支柱内有操纵变音的杆,音板上的钉旋钮可用来调整琴弦的张力。

竖琴一般有47根弦,用肠线或尼龙线支撑,低音弦还要用钢丝在弦外缠绕,以增加弦的质量密度。对于踏板竖琴,每弦一音,按自然音阶排列,半音靠改变踏板的位置获得;对于半音竖琴,琴弦按半音排列,便于演奏半音及其滑音,但不能演奏自然音阶的滑音。

竖琴演奏通常是在琴弦中央附近拨弦,仅3个谐波中的前2个谐波被强烈激发;若用手指制振高次谐波,可产生纯净、优美的乐音。除了普通的演奏法外,还有几种特殊的演奏技巧:一是泛音奏法,手掌轻抚在弦的中央,另用手拨弦,其音清澈透明,较泛音升高八度;二是滑音奏法,手指在弦上顺次急速滑过,其音华丽而神秘,有行云流水的效果;三是浊音奏法,手指在弦的端部弹拨,其音铿锵有力。总之,竖琴的弹奏技术是多种多样的,在竖琴上可以奏出和弦、琶音、级进滑音、泛音等。

5.3.10 钢琴

现代钢琴分为平台式(grand)和直立式(up-right)两种。钢琴乐音的质量随其尺寸的增大而得以提高,直到一定的限度。对于小而轻的琴弦,琴槌通常难以将足够的能量传递给它,但如果增加弦的尺寸和张力,就能实现良好的能量传递。每根琴弦基本频率由长度、张力和弦的线密度决定。为了覆盖钢琴的频率变化7个八度的宽阔音域,3个参量都要调节,但主要变化的是长度,每个音的弦长都不同。但对于C3音,增加弦长的办法将受到钢琴尺寸的限制,这时只有用增加弦的直径(以及增加弦的线密度)的办法来解决。但是随着钢丝直径的增加,弦的刚性会增强,不协和的泛音也将增强。由于钢琴的琴弦从来都不是完善的柔性弦,所以泛音的不和谐就总是个问题。

各弦之间张力F的变化很小,但对于选择合适的音高来说,它是必须仔细调整的参量。若张力偏小,则松了劲的琴弦颈无法从敲槌那里接受足够的能量,因而无法有效激起并维持高次谐波的振动,发音死气沉沉;若张力偏大,弦有点发硬,产生的泛音会有点发尖,音色“钝”而无回响。为了使高音区的音与低音区的高阶泛音和谐一致,钢琴上的音区通常要调整得宽一些:较高的八度音的音高要稍微调高一点,而较低的八度音的音高要再调低一些。此外,由于人的听觉对声音的响应随频率变化,高频区和低频区响应的灵敏度逐渐下降,由此造成人们心理的八度要比数理的八度音宽一点。这也要求钢琴师在钢琴调弦时,需把高八度的频率调高一点,低八度的频率调低一点,以保证琴音的和谐性。实践表明,用以下方法可以将非和谐性减到最小:一是保持尽可能的张力;二是使用尽可能长的弦;三是用柔性的弦外缠金属丝来代替刚性弦。不过,一定数量的非谐和音能赋予钢琴它自己的音色特征。由于高音弦的音响输出较低,最低的一些音大多数只使用单弦,从 F1 音到 A1 音(大型钢琴)的每个音都使用两根弦,而高于 B1 音的音使用 3 根弦(调成同样的频率)。

琴弦一端固定在挂钉上,通过挂钉、支架和音板相连接;另一端通过钩钮旋紧在调音拴上。弦的振动长度被钩钮和琴马之间的距离限定。弦振动通过琴马传递给大音板,通过音板传递到空气中,声音被钢琴音箱修饰后传向四周。

按动琴键时,由于机械传动和杠杆作用,琴槌被举起并打击琴弦。这里有一套复杂的机械传动控制着琴槌,使它在击弦之后立即离开弦,让弦能自由振动。按键的同时,机械装置还将压在琴弦上的制音器举起,好让琴弦能受激起振发音。当手指离开琴键时,制音器又快速回到弦上,制止弦的振动发声。钢琴制音踏板有两种:强音踏板和弱音踏板。强音踏板的功能是将所有的制音器同时抬起,这时各弦的音调不但延续直至自行消失,而且影响临近各弦,发出共鸣声。弱音踏板的工作方式,因钢琴的形式不同而不同。在平台式钢琴中,琴槌的动作向旁移动,使它只能击中 3 根弦中的两根,或两根弦中的 1 根。在直立式钢琴中,通常将琴槌移近琴弦,以减轻对琴弦的冲力。也有将软皮或绒布之类的东西置于琴槌与琴弦之间,也是为了减轻琴弦的音量。尽管弱音踏板的形式不同,但其目的与效果完全相同。另外有些钢琴有延音踏板,它的作用是将所弹的音长时间延续、保持,即当演奏者弹完一个音或一个和弦后,将延音踏板压下,便可将手放开,继续弹奏其他音或其他和弦。

5.3.11 电吉他和电贝斯

现代的摇滚和流行乐队中必不可少的两种乐器就是电吉他和电贝斯。这两种乐器没有所谓的共鸣箱,完全依靠弦本身的振动,通过电磁介质或压电介质的拾取后,进行放大输出。信号被拾取后,在经过电路的过程中,可以加入许多效果,如混响、均衡、动态增强等。电吉他一般来说有 6 根弦，电贝斯则往往是 4 根弦，而它们的结构尺寸都非常相似。

在录音演播室中，录音工程师对于不同的乐器会采用不同的拾音方法，但如果采用传声器拾取了多个乐器的话，往往会出现一些问题，如乐器之间的串扰、返送监听音量的控制等。而对于电吉他和电贝斯来说，这些问题都不存在。从它们的结构可以看出信号被琴体本身的拾音装置拾取后，就转换为电信号了，这个信号将被直接送到调音台上，这样就避免了乐器之间串扰的问题。当然还有一种拾音的方法，这种方法为了突出和表现现场效果，往往将传声器放置在电吉他或电贝斯的输出音箱附近，虽然这样可以表现现场感，但由于各方面的原因，如音箱本身的技术工艺以及可能出现的电噪声等，将会造成不理想的效果。另外，在电吉他和电贝斯的放大电路中存在的声音处理模块，对于传统的旋律吉他和贝斯来说，在录音时除有特殊需要以外，也尽可能不采用，这样在后期的制作过程中，可以根据具体的需要以及节目本身的要求进行着色处理。

5.4 弦乐器的声学特性

5.4.1 功率输出

表 5-2 展示了提琴家族中四件乐器的最大声功率以及在距离一米处的声压级。

表 5-2 提琴乐器功率输出及声压级

乐器	功率(W)	声压级(1m)dB
小提琴	0.01	89
中提琴	0.01	89
大提琴	0.04	95
贝斯	0.07	97.5

5.4.2 频谱与指向性

在交响乐队中，弦乐器往往以组为单位进行演奏，因此它的频谱较宽。对单个弦乐器来说，其频谱变化与频率相关，由于提琴本身的共鸣箱以及琴体共振，不同乐器的频谱也不尽相同。图 5-6 所示为小提琴空弦的频谱图，图 5-7 所示为低音贝斯空弦的频谱图。从图 5-7 中可以看出，在 100Hz 范围附近总有一个较强的频谱包络，因此在录音时，录音师往往将传声器放置到与贝斯相当接近的位置，利用传声器的近讲效应来提升 40~80Hz 倍频程的频率响应。另外再利用一些挡板或地面等来改善低频频率的输出。

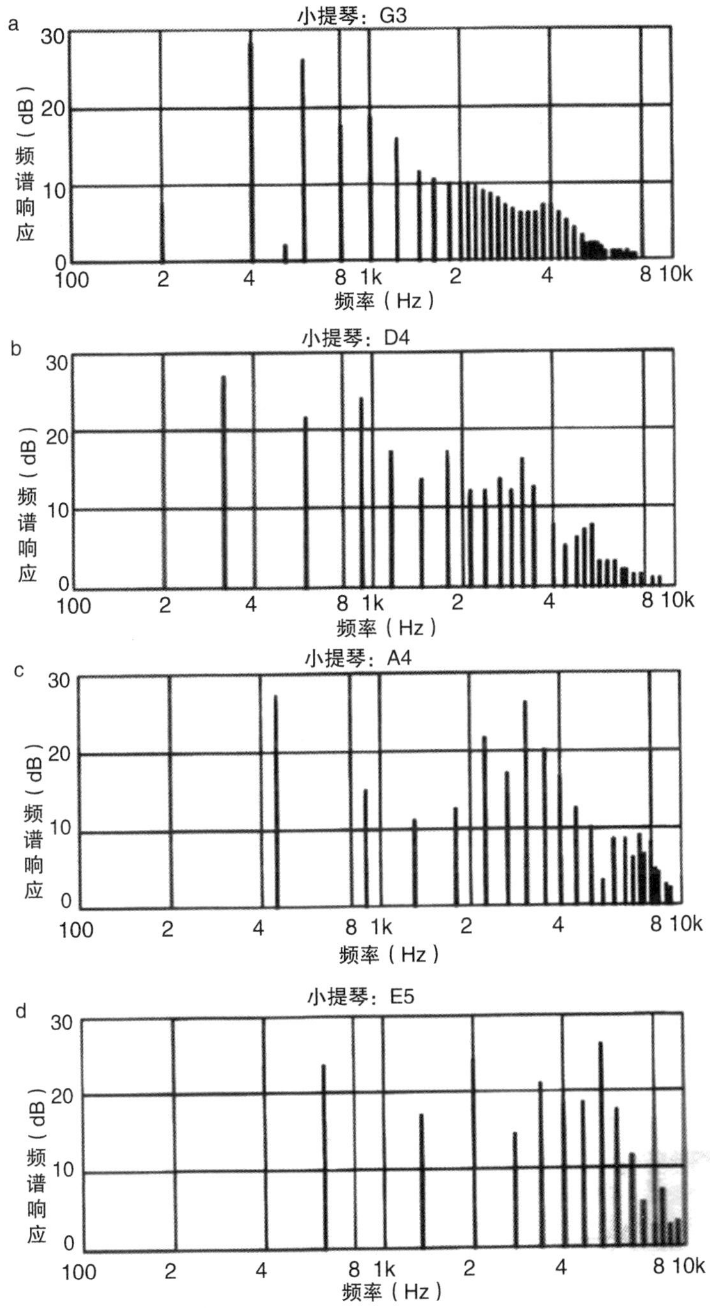

图 5-6　小提琴空弦的频谱响应

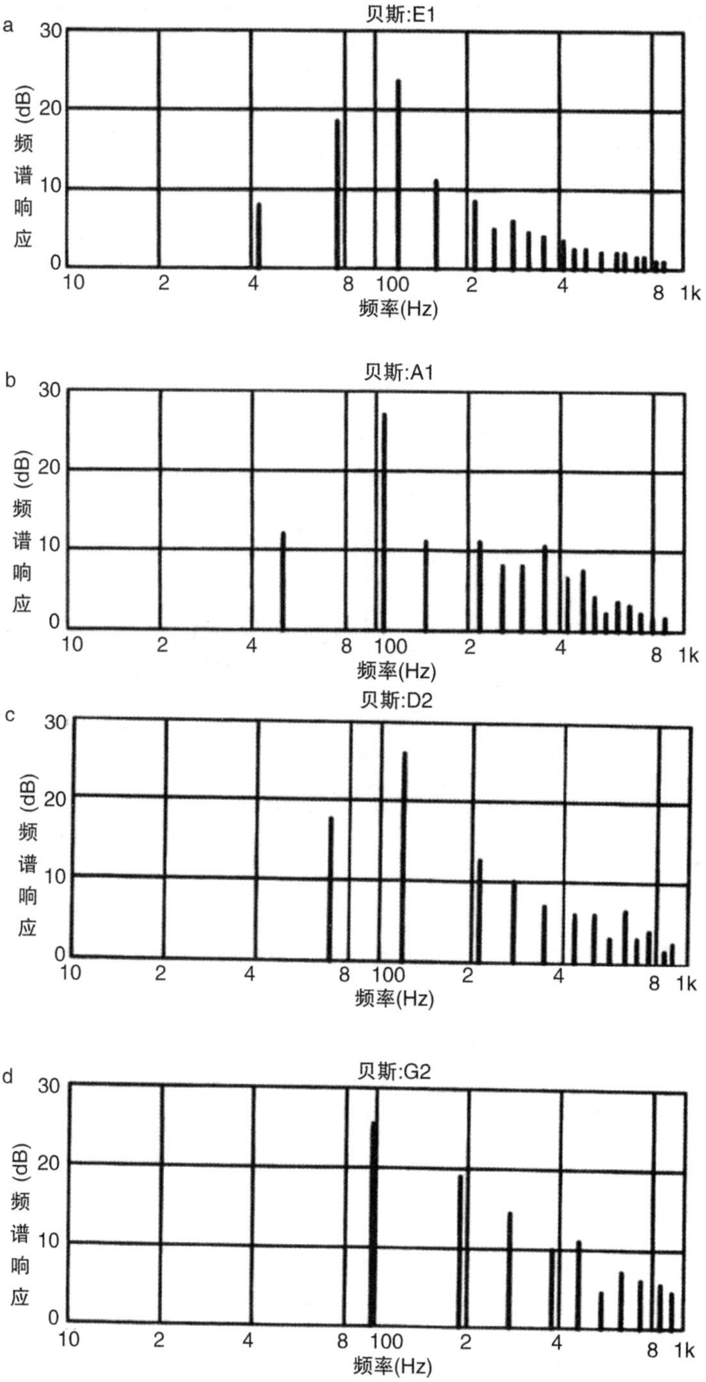

图 5-7　低音贝斯空弦的频谱响应

图 5-8 所示为小提琴的指向性描述,其中频率范围选择了一个倍频程 500Hz~4kHz。可以看出在频率低于 500Hz 时,指向性不明显,随着频率的增高,指向性也逐渐尖锐。当然在高频辐射过程中还有其他一些因素的影响,但结果基本相同。

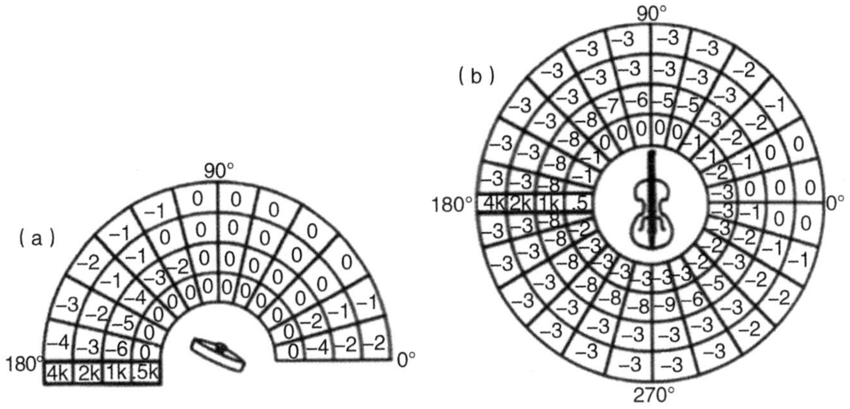

图 5-8 小提琴的指向特性

注:(a)垂直面;(b)水平面。

许多录音室在拾音的时候,往往避免在提琴面板上方放置传声器,因为这个部位的声音过于明亮,以至于当传声器太近时,会造成声音的过强。

中提琴的指向性与小提琴的基本相同,这里就不再赘述。

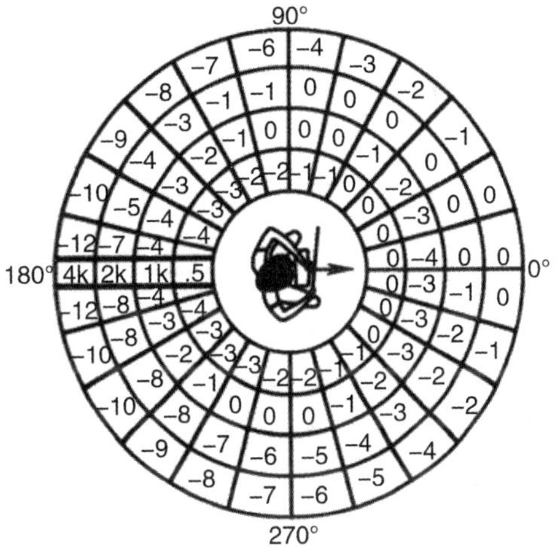

图 5-9 大提琴水平指向特性

大提琴的指向性如图 5-9 所示。从图中可以看出,在 400~600Hz 范围内,声音辐射在上面板方向;在 1~2kHz 范围内,指向性呈八字形。另外在低于 200Hz 的范围内,呈现无指向性。低音贝斯的指向性与大提琴基本相同,但由于低音提琴的体积更大,因此当频率低于 100Hz 时,才能表现出无指向性。

5.5 管乐器组——空气柱振动

空气柱的振动方式与弦振动的方式很类似。一个两端开口的管子,由于共振两端一定为波腹,中间为波节。此时在波节处,空气压力最大而空气分子的运动速度最小,在波腹处,空气分子的运动速度最大而空气压力最小,因此会在管中形成一个半波长的驻波。此时它的基波频率为:

$$f=\frac{c}{2L}$$

其中,c 表示声速(单位为米/秒),L 为管长(单位为米)。

5.5.1 一端封闭的管子

一端封闭的管子产生的波节与波腹的示意图如图 5-10 所示。可以看出管长为基波波长的 1/4,与两端开口的管子相比,在长度相同的情况下,一端封闭的管子可以产生更低频率的声波。同时可以看出在一段封闭的管子中只存在奇次谐波分量,这是由于在开口处必须有波腹的存在。不能在一段封闭的管子的侧边设置指孔,如果设置了指孔的话,就相当于在管子上分割出了一个两端开口的管子。在现代乐器中,滑笛采用了这种开指孔方式来实现一些特殊的效果。另外还有一种"摇笛",它是由一系列各自具有不同调性的封闭的管子组合而成的,演奏是通过吹其上部的开口处来完成的。

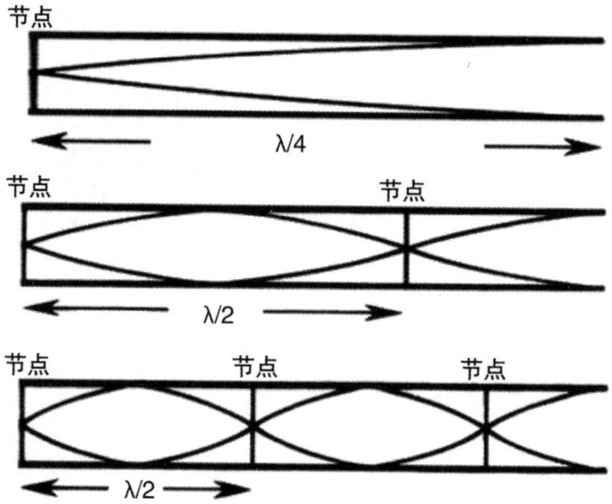

图 5-10 一端开口一端封闭的管子中驻波类型

5.5.2 空气柱的激发——伯努力法则

伯努力法则指出,在流体系统中,压力的变化会引起流体速度的变化。当我们对着一个瓶子的瓶口吹气时,由于瓶口的压力变小,瓶中的空气就会向瓶口处"喷出",当瓶中压力减小到一定程度时,空气又会向瓶中"涌入",如此往复,瓶口空气柱的振动(共振)激发了声音的产生。

这种振动可以通过赫姆霍兹共鸣器来加以说明(见图 5-11),其中共鸣的频率为:

$$f=\left(\frac{c}{2\pi}\right)\sqrt{\frac{S}{LV}}$$

其中，S 为瓶口的截面积（单位为平方米），L 为瓶口的长度（单位为米），V 为瓶内部的体积（单位为立方米）。

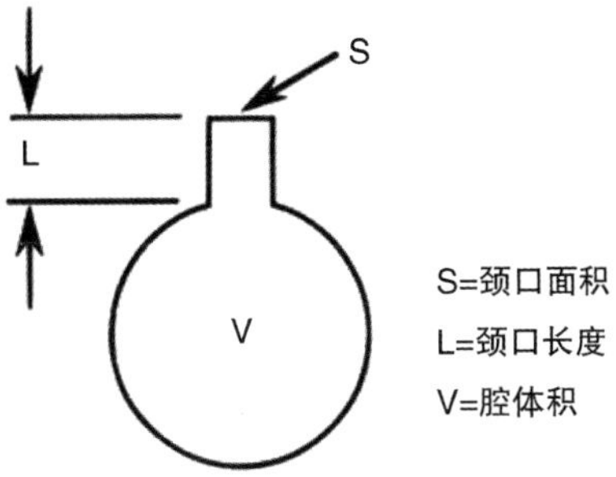

图 5-11　赫姆霍兹共鸣器

在长笛的演奏中，我们可以通过这个法则来说明。演奏者的嘴唇产生一个小范围的空气喷射，这个喷射直接进入乐器内部并以此点为一个开口形成了两端开口的管子，也就是说长笛上的吹奏口就是开口管子的一端。随着演奏者嘴唇位置和形状的变化，管子一端压力产生变化，从而表现出不同的音调。

对于雷高德笛和哨笛来说，它们有固定的吹奏口，空气的喷射是通过对乐器中的簧片或边棱作用而产生声音的。

5.5.3　超吹、泛吹

在木管乐器上的指孔系统通过缩短乐器空气柱的有效长度，可以使演奏者演奏出一到两个八度音程，实际上演奏者还可以通过超吹或者改变嘴唇的位置和形状来达到吹奏出更多音阶、音程的目的。

同样，对于铜管乐器来说，可以通过改变管的有效长度实现泛吹的目的。一般在乐器的中部位置设置一个泛音孔，当需要演奏更高音程的音阶时，将泛音孔打开，改变空气柱的振动频率从而实现泛吹。其原理如图 5-12 所示。

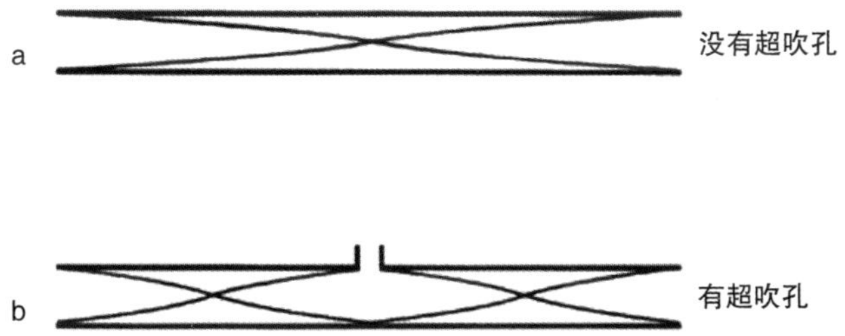

图 5-12　超吹模式

5.6　管乐器组——簧片激声器

这一节我们将讨论单簧管、萨克斯以及双簧管声音的产生和辐射。当将簧片置于管乐器的一端时，簧片一端一定为速度的波节，开口处一定为速度的波腹。同时，管体可以是圆柱形的，如单簧管，也可以是圆锥形的，如萨克斯和双簧管。

5.6.1 圆柱形管体的簧管

作为木管乐器中的一种,单簧管的结构与我们前面讨论的一端开口的管子很类似,图 5-13 为单簧管的示意图。在演奏时,单簧管会经历以下几个过程:

(1)根据伯努力法则,由于空气压力的改变,簧片会闭合;

(2)当压缩的空气到达开口端时,由于在管子中的声阻抗不连续,因此管口的空气会发生折射并反射回来,当折射的空气到达吹奏口时仍然保持了簧片的闭合;

(3)当折射的空气再一次到达管口时,由于簧片的自身振动使簧片打开;

(4)同样在开口处声阻抗的不连续又导致了新一轮的反射而造成空气压缩,如此往复,开始下一个循环。

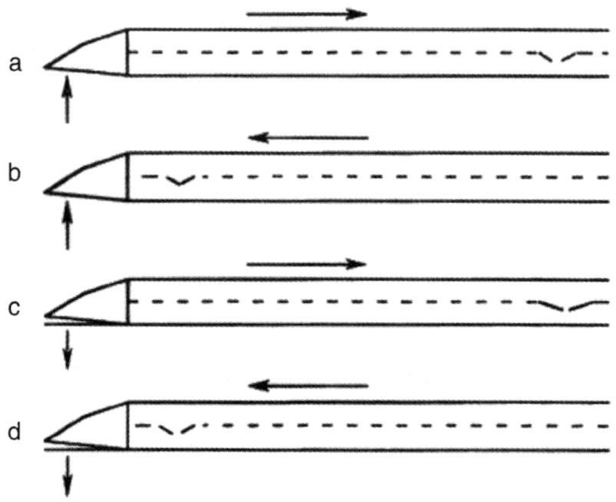

图 5-13　单簧管示意图

整个过程包括四个步骤,或者是两个空气柱在管子中的"往返"。从中可以看出,由此产生的声波的波长是管子物理长度的 1/4,这与上面我们讨论的一端开口的管子的情况是吻合的。

由于一端开口的管子只能产生奇次谐波,因此我们必须在距离簧片端 1/3 处开一个孔,以使得这一点成为速度的波腹,达到改变共振音色的目的。另外,当此孔打开时,单簧管会发出一个八度加一个纯五度的音高的音,也就是原来基频的 3 次谐波。

5.6.2 圆锥形管体的簧管

圆锥形管体的簧管与圆柱形管体的簧管的差别是比较大的。图 5-14 所示为一系列的发声模式。由图 5-14a 可以看出,圆锥形管体的簧管与圆柱形管体的簧管相比有更大的音程区域,同时可以产生奇次和偶次谐波,图 5-14b 和 5-14c 所示是二次和三次模式。两者之间的差别之所以会这么大,是由于圆锥形管体的簧管管口不像圆柱形管体的簧管管口存在不连续的声阻抗,因此在圆锥形管体的簧管中只有很少的能量反射到簧片端,不会在管体中重新分布波节和波腹。

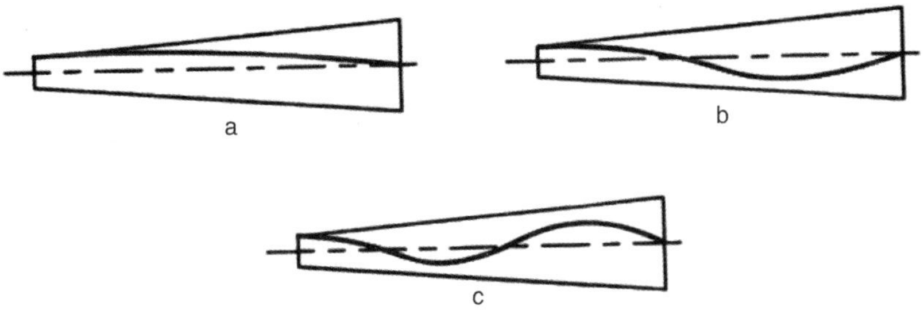

图 5-14 圆锥形管体的簧管发声模式

圆锥形管体的簧管包括萨克斯系列以及双簧乐器(双簧管和巴松管),这些乐器上都设置了泛音孔(有的不止一个)用来演奏更高的音程音阶。

5.6.3 簧片的机械结构

图 5-15 所示为三种簧片的机械结构。图 5-15a 为单簧片,可以看出簧片是夹在吹嘴上的,这样的设置可以使簧片受到空气压力而振动,也就是说,簧片与吹嘴的组合就可以振动产生较宽广的音域范围,再通过与空气柱的耦合,加上空气柱自身的一些振动来共同完成那些簧片无法达到的更高的音程演奏。

图 5-15b 为双簧片,被用于双簧管和巴松管上,由两个可以互相碰击的薄片构成。由于两个薄片之间的距离和宽度较小,因此需要比单簧管更大的气流来进行演奏。演奏通过簧片与上下嘴唇相组合进行。

图 5-15c 为管风琴的簧片。管风琴乐器的簧片只能发出固定音高的音,可以通过改变簧片的长度来改变音高,耦合到共鸣器中发出相同波长的音高的音。

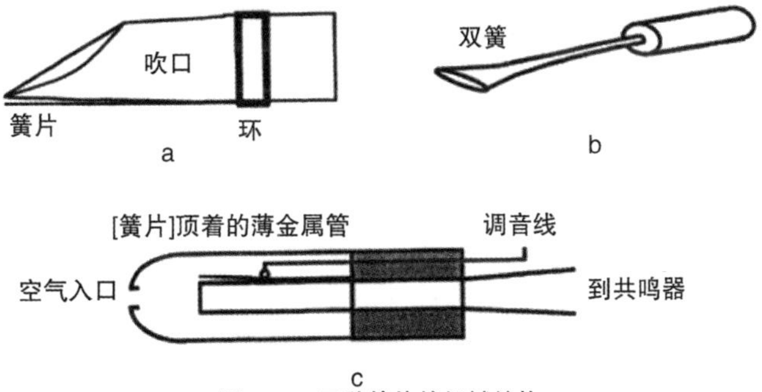

图 5-15 三种簧片的机械结构

5.7 管乐器组——唇簧激声器

嘴唇加上吹嘴、短管构成了铜管乐器的激声器。这种方式可以追溯到古代人使用动物的角来吹奏信号。

5.7.1 有吹嘴和没有吹嘴的圆柱形共鸣器

一个圆柱形共鸣器可以响应由嘴唇的振动产生的声波，如同响应簧片一样。图5-16a为没有吹嘴时产生的奇次谐波示意图。附加一个钟形吹嘴后，所产生的奇次谐波示意图如图5-16b所示，可以看出其共鸣系统响应发生偏移了。而采用吹口后，共鸣部分的响应有了进一步的改变，如图5-16c所示。吹口本身的共鸣影响了整个共鸣系统的响应，尤其是在250～1200Hz频率区域，而这恰好使得演奏者可以更容易地激发这些频率的高次谐波。

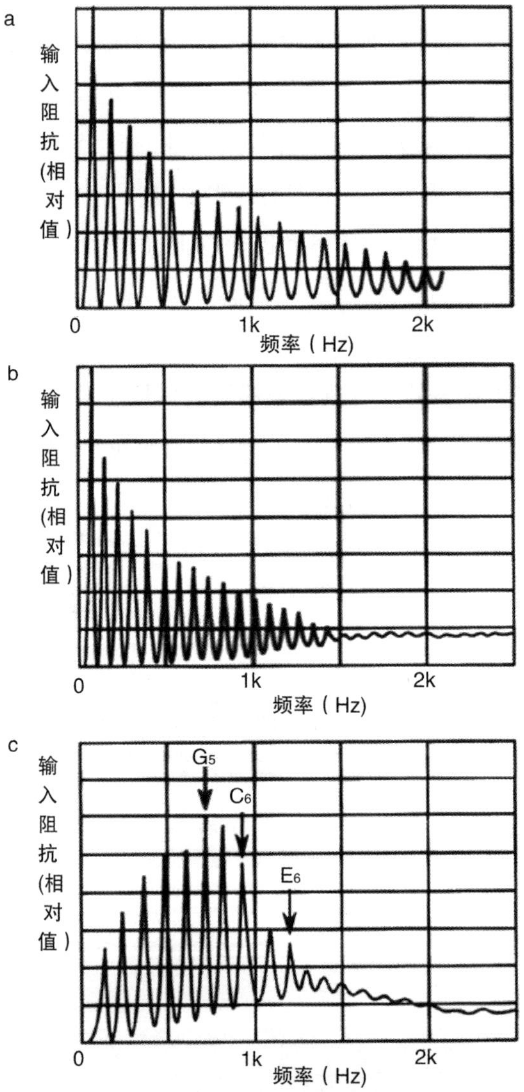

图5-16 奇次谐波示意图

一个声音的谐波存在时,它们之间的频率比往往成整数,当然如果我们把其中某个谐波作为基波时,譬如 2 次谐波为基波,提取原来谐波分量为 2,4,6,8……次谐波组成一个新系列,由于新的谐波之间的频率比仍为 1,2,3,4……这样就形成了一个新的谐波系列,同样我们也可以提取 3,6,9,12……次谐波,组成新的谐波系列。

这就意味着演奏者可以根据任何一个音的音高振动模式来建立相应的一系列音阶,如在军号的演奏中,由于军号上没有任何可改变有效空气柱的方法和器件,因此演奏者通过改变嘴唇的大小位置,演奏出相对应的 3、4、5、6 次谐波来。这四个音高就是军号的主要音阶调性,用以演奏军队信号。一般来说,所有的铜管乐器都可以演奏较高次的谐波,木管乐器则不能像铜管乐器一样准确、容易地演奏高次的谐波。

5.7.2 有吹嘴的锥形共鸣器

用于铜管乐器中的锥形共鸣器与圆柱形共鸣器没有太大的区别,唯一的不同就是截面形状。它们的物理参数基本相同,都能产生相同类型的谐波系列,但圆柱形共鸣器能够产生比圆锥形共鸣器相对较多的扩展谐波,同时两者都可以与空气很好地进行耦合。另外我们还要注意,铜管乐器的长度与其管径相比较大,而木管乐器的长度与其管径相比则较小,如小号的长度为 160 厘米,而其管径仅为 1 厘米;相对单簧管来说,其长度为 60 厘米,管径则为 2 厘米。这种相对较细长的空气柱加上吹嘴的变化,使演奏高次的谐波系列更加容易。

5.7.3 吹口

图 5-17 所示为三种典型的铜管乐器的吹口类型,图 5-17a 为小号的吹口,可以看出其比较狭窄,更容易演奏高次谐波系列。图 5-17b 为法国号的吹口,更适于表现甜美圆润的声音。图 5-17c 为长号的吹口,明显比小号的吹口大很多,相对应演奏较低频率的声波。

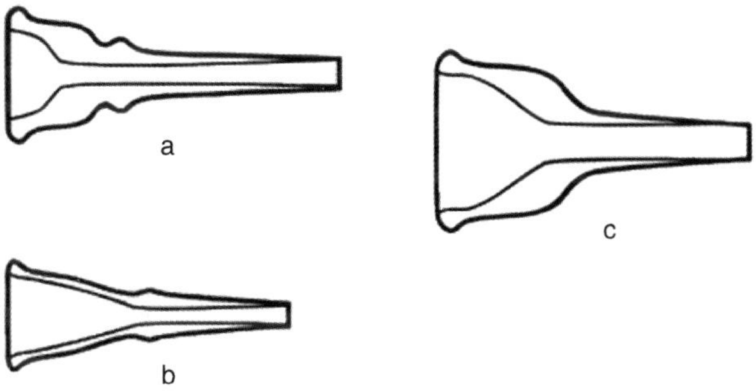

图 5-17 三种典型的铜管乐器的吹口类型

对于演奏者来说，每一个吹口的变化（哪怕是一点点改变）都会引起乐声的改变，因此一般来讲，一件铜管乐器对应一个吹口。

5.8 木管乐器

木管乐器包括簧片管乐器和非簧片管乐器，但它们都是通过指孔来改变音高的。早期乐器往往由木材制作，现在则已经采用了包括金属、塑料在内的各种材质。但是不管发生了怎样的变化，木管乐器组仍是现代交响乐队中不可或缺的部分。

5.8.1 木管乐器的分类

由于木管乐器都是通过空气振动发声的，因此可以通过其结构形状以及声音发声方式来进行分类（见表 5-3）。

表 5-3 木管乐器结构及发声方式分类

	圆柱形	圆锥形
非簧片	长笛	——
单簧	单簧管	萨克斯
双簧	——	双簧管、英国管、巴松管

在木管乐器的早期发展中，只提供了一种基本的指法系统，一般建立在 C 大调上。因此在演奏 C 大调的乐曲时，只要通过一个手指的快速移动就可以完成。对于近关系调的乐曲演奏就会稍微复杂些了，而对于那些远关系调的乐曲来说，则要至少同时移动两个手指才能演奏。因此就出现了所谓的移调乐器，移调乐器在演奏之前要将要演奏的乐曲进行移调。这样做的目的是不改变指法系统就可以达到相同音高的演奏，从而降低演奏的复杂程度。虽然从调性上看发生了移调，但实际的音高是不变的。

5.8.2 长笛

笛类的典型乐器就是长笛。长笛由德国乐器制造家特奥巴尔德·伯姆（Theobald Boehm）于 1847 年确定规格。长笛长 66 厘米，吹孔直径约 19 毫米。当一股气流由吹孔吹进长笛管时，吹孔处产生边棱音，疏密波向着长笛的开端传播，突然截止的尾端造成阻抗的不匹配，从而使大部分波反射回来，在笛管内建立起驻波。

长笛的两端都是开端，都是压力波节（空气位移的波腹），此时基波波长是笛管长的两倍,借助软木调音拴位置的调整,可以仔细调音,因为这个装置将影响共振腔的有效长度。但是可以近似地认为谐振腔的长度等于由吹孔到第一个开音孔之间的距离。第一个开音孔后面的空气柱一般不是共振空气柱的一部分,但是如果有几个闭音孔紧挨着开音孔,而此段管的长度与共振段长度之比是整数,管子的这一部分空气柱也能产生共振。

长笛的最低八度音(第一音区)是通过轻吹吹孔并打开所需音孔发出的。当振动空气柱建立起驻波时,吹孔处的气流失去了独立的特性,原来表征边棱音的一系列涡流成为管外压力波动的气流,这些气流具有基音和高阶泛音,增加吹压,高阶泛音部分的幅度将增加。

将下嘴唇更靠近笛子的吹孔并更快地吹气,长笛将发出第二音区的音。此时,吹孔至第一开音孔的距离为驻波的整个波长。笛管上的每一个开音孔的位置都能产生一个比第一音区高八度的对应的音。长笛管内朝吹孔方向内径有轻微的收缩,这是许多设计修正中的一个,以保持乐器位置不变。在较高的音域,增加嘴唇对吹孔的覆盖将使有效振动长度增加,能使音协和、平滑。小的调音误差也可用嘴唇覆盖吹孔的办法加以修正。

长笛家族包括许多乐器,箫是一种简单无键、表现有限的乐器,因而也比较容易演奏;短笛的长度只有长笛的一半,所以在音高上它要高八度。另外还有一种不常见的低音长笛,它的长度是长笛的一倍,因此它比长笛要低八度。

5.8.3 双簧管

双簧乐器是具有双黄哨片和圆锥形内膛管子的乐器。早在300年前,双簧管就已经成为交响乐队中不可或缺的部分。任何人都可以吹响双簧管,但是只有掌握准确的吹气方法才能吹奏出美妙的乐音来。哨片与圆锥形内膛共鸣耦合,同时由于音孔较小,双簧管的声音输出也较小。指孔系统一直没有得到较成功的改进,直到150年前由巴黎音乐学院进行改进,才产生了我们现在常说的“学院派”指孔系统。

双簧管的音域范围从A#3到G6,在双簧管上有两个扩音键,根据乐器的制作工艺,可进行自动或半自动的控制。一般来说,双簧管用果木或较硬的木头制作。

由于只有很小部分的空气进入簧管中,因此演奏者在演奏时要经常进行换气。

在双簧管乐器家族中,还包括抒情双簧管和英国管。这两种乐器都具有梨形的哨片,具有不同的共振峰,因此可以表现出不同风格的声音。英国管的名称并不非常确切,其实在法语中,英国管的名称应该是有角度的管子,指的是哨片与簧管连接处的角度。

抒情双簧管长约63.5厘米，它的音域范围从G#3到E6；英国管长约81厘米，音域范围从E3到A5。

抒情双簧管现在主要被应用在巴洛克音乐的表现中。另外还有低音双簧管如黑克尔管，它们都比双簧管低八度。这些乐器的使用也非常少，但作曲家施特劳斯(Strauss)和霍尔斯特(Holst)的作品中大量使用了它们。

5.8.4 单簧管

单簧管是典型的单簧乐器。单簧管哨片一般用芦苇片制成，在末端处被削薄到0.1毫米左右，夹在笛头上，几乎遮住了整个风孔。演奏者将嘴唇包在笛头上，在接近簧片的中部压向簧片，以控制簧片的震动。若以较低的压力吹气，簧片不用将笛头吹口完全封闭也能振动，但所产生的高次谐波较少。如果乐器的一些共振频率与簧片振动产生的高次谐波匹配，吹气越轻松，控制就越好。乐器主要部分(包括内膛的形状)、音孔的尺寸和位置等都要为达到上述目的而做出合理的选择与安排。

一般来说，单簧管主要分为A大调和降B大调两种型号，这主要是为了满足演奏的需要。单簧管的长度一般为60厘米左右，其管径沿管长几乎不变，只稍稍有一点扩展，特别是喇叭口附近，有明显的张口。芦苇簧片的自然振动频率为2000~3000Hz，而管内振动空气柱可使它同步固定在更低的共振频率上。演奏家通过控制吹气速度、嘴唇对簧片压力的大小和包含笛头的位置、簧片的细致加工制作和簧片的放置位置等，能够很好地实现对簧片振动发声的控制。

单簧管是典型的圆柱形簧片乐器，以一端开孔另一端封闭的空气柱为共振介质。因此其在基本共振模式时管长为1/4λ左右。与同样长度的长笛相比，单簧管的基本频率要低八度左右。闭端—开端管的偶次谐波消失，使单簧管有特殊的空洞音和“木质声”的音色。单簧管的基本共振模式在卡鲁米音区(也称基音区)和克拉音区(charion，也称超吹音区)。克拉音区的音比卡鲁米音区相应的音高一个八度加一个纯五度。

用力吹气可使长笛被动地进入较高音区，而像单簧管这样的簧片乐器，为了使它进入较高的超吹音区，需要一些特殊的辅助措施。在单簧管体的下部，距笛头稍近的一些地方开有小孔，通常被称为泛音孔或超吹孔，它们可以灵活地打开或关闭。打开泛音孔就会将基本共振模式进行改变，即在小孔位置上形成气压波节，使单簧管进入所要的超吹音区。泛音孔的大小要选择适当，孔太小，基本共振模式并没有被压缩；孔太大，将引起超吹音区乐音的频率移动，使吹气压力波节并不正好落在音孔的位置上。双簧管上使用了两个泛音孔，对于单簧管来说，使用一个泛音孔就可以演奏出所有单簧管音域内的乐音。当然,为了进入最高音区,单簧管管体上还开有其他的辅助孔,同时还要借助交叉指法,来演奏最高音区内的几个高音。

5.8.5 巴松管

巴松管(又称大管)是双簧管乐器之一。巴松管的管长明显长于其他管。它的管内径开凿得有点不大规则,构成了一个近似的圆锥体。巴松管是比较古老的乐器,它的按键系统与双簧管非常相似,最常见的形式是由德国乐器制造家维哈姆·海克尔(Wichelm Heckel)制作的,至今仍在使用。

巴松管长约 245 厘米,双簧片通过一个金属的细吹管与乐器进行耦合,近似的圆锥体沿着管体的四个接点逐渐扩展,到达开口处,大小 6 厘米左右。同时巴松管还有一个钩悬带,便于演奏者将其挂在脖子上演奏。

在巴松管的接点处有它自身的特点,这种结构使得其内部结构更大,从而可以演奏出更低的音如 A#1,同时也造成了巴松管独特的音色。巴松管往往用枫木制作。巴松管演奏的音域比英国管要低一个八度,因此其主音域为 F2 到 D5,通过左手拇指的控制,可以达到 A#1,但这种演奏方式并不常见。

另外还有一种低音巴松管,它的音域比巴松管低一个八度,但长度也增加了近一倍,同时构造也更加复杂。

5.8.6 萨克斯管

萨克斯管也是一种单簧乐器,它是由一种被称为开孔号的乐器发展来的。管体多用金属制成,但也有少量木制和塑料制的产品,管体上开有指孔,吹嘴用的是单簧管笛头。它的圆锥形管和喇叭形管口使它具有双簧管的特性。所以它的音色介于铜管和木管之间,同时带有大提琴、英国管、单簧管的音色,声音浓厚而有穿透力。

高音萨克斯管通常是直的,而次高音和中音萨克斯管是弯曲的,以方便演奏。上部的弯曲不那么大,而下部的弯曲相对来说太大了,其效果是弯曲部位的内径变宽,长度变短,这会造成一些调音上的小问题。萨克斯管是从其有效顶点的 10%~12%的地方截掉顶部的圆锥体,便于安装笛头。一般来说,高音萨克斯管截去的部分达 16%,所引起的调音问题必须采用附加的改进设计(首先是笛头中的簧片的改进设计)和演奏技巧来加以调整和修正。

5.8.7 管风琴

使用簧片激发乐音的另一类管乐器就是管风琴,它们有的被用于教堂,有的被用于管弦乐队。一个大型管风琴由许多大大小小、不同类型的管子组成,八根管子一组,一台管风琴一般有三到四组管子,较低的音需要由较长的管子发出。例如,发出一个C调音,需要一个5米长的管子。管子的另一端通常是封闭的,这使它们与相同的开端—开端管的频率相比可以低一个八度发音。

与此同时,偶次谐音将消失。风琴管有圆形、方形、圆锥形和喇叭形等,一些管子还有附加的辅助部件,或者管子的开孔具有某种形状。因此每种管子都有它自己特定的音色。通常情况下,一台复合管风琴,往往具有好几套完整的不同类型的管子,这给了管风琴演奏家一个宽阔的表现自己情绪的音域。通过调节管顶端的活动部件,可以改变管子的有效共振长度,加上调节劈尖与吹口之间的距离,就能将管子调到适当的音高。

教堂里合唱伴奏用的管风琴管子,具有与簧片基频相适应的管子长度。管内振动空气柱能与簧片振动的任何谐波共振,其结果会产生一个和谐、丰富的音色。合唱伴奏用的风琴管可产生很强的立体音。适当的设计结构,使它们能模仿低音喇叭、喇叭和其他乐器。

管弦乐管风琴的管子长度较短,短于和簧片基频或低阶泛音产生共振所需要的长度,这使得管子的共振频率只能属于一定的高音区,并可能产生某些无一定音高的杂乱音。这类管风琴的管子经常被制成发出类似于单簧管、双簧管,甚至人类的声音。

戏院管风琴与教堂管风琴相似,使用许多排簧管,这些管子具有各种形状、各种音阶,以产生各种音色并达到各种期望的效果。虽然乐器外形远非完善,但充分集中各种类型的管子将提供一个能达到多方面要求的乐器。

5.9 木管乐器的声学特性

5.9.1 功率输出

表5-4所示为木管乐器在交响乐队中最大输出功率和1米处的相对应的输出声压级。

表 5-4 木管乐器输出功率及声压级

名称	功率(W)	SPL(1m)dB
短笛	0.3	104
长笛	0.3	104
双簧管	0.1	99
单簧管	1.0	109
巴松管	0.2	102

图 5-18 所示为这几种乐器的动态范围,参考声压级为 1 米处。由图可知长笛高频部分的动态范围比低频部分要窄得多,原因就是在演奏高频时采用超吹所产生的高次谐波分量的出现。同样,短笛也具有相似的特点。双簧管在低频部分和高频部分的动态范围相对较窄,而在中间音域相对宽阔起来。另外可以看出单簧管的动态范围最大,可以达到 50 分贝。萨克斯的动态范围与单簧管很相似,这是因为它们具有相同的吹奏控制方式。巴松管的动态范围不同于木管乐器组中其他的乐器,在高频部分动态范围逐渐增大。

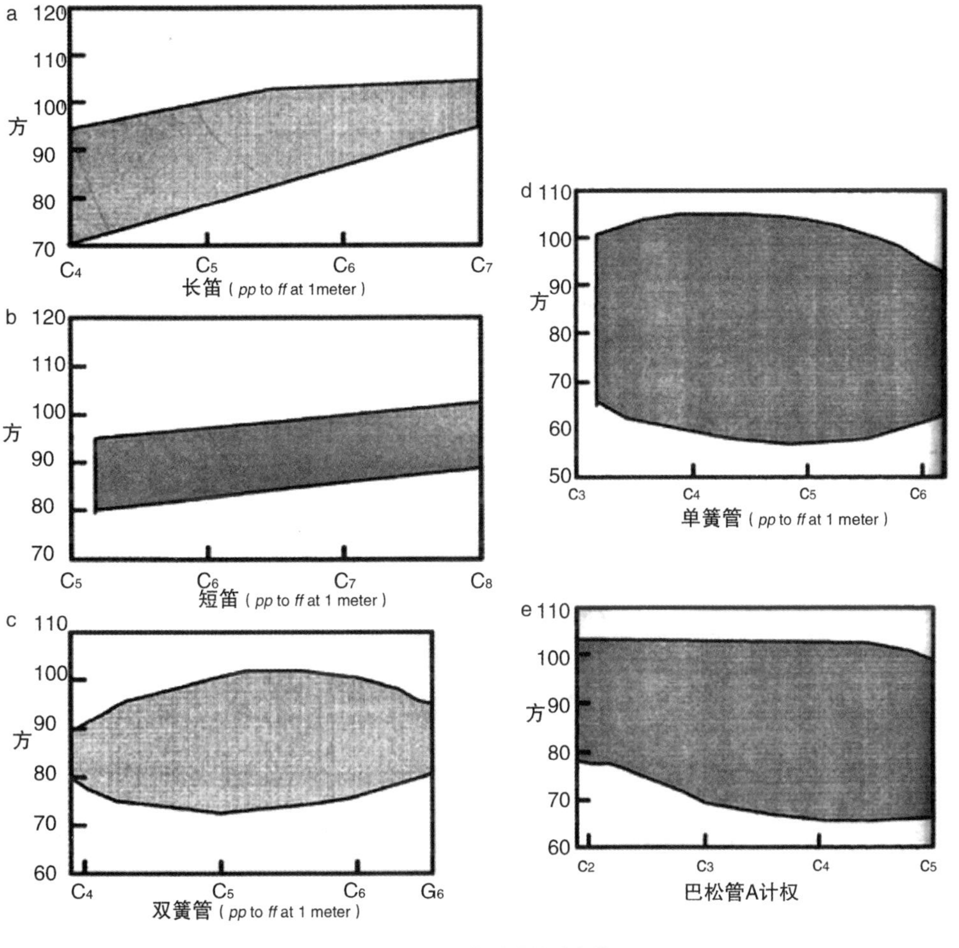

图 5-18 几种木管乐器的动态范围

5.9.2 木管乐器的频谱特性

对于长笛来说,主要是以基波为主;对于单簧管来说,以偶次谐波为主要的谐波分量;对于双簧管来说,在 1kHz 附近的谐波分量发挥主要作用,因此乐器的音色听起来较明亮;对于巴松管来说,基波相对较弱,400~800Hz 的谐波分量占了主导地位;对于萨克斯来说,其谐波分量最为丰富,只是在低频区与基波相比相对较弱。

演奏过程中音孔的打开和闭合的影响,决定了木管乐器组中的乐器声音辐射比较复杂。图 5-19 为单簧管的声音辐射示意图,在图中可以看出单簧管的声音辐射分为三个频率段,小于 1500Hz 的声音频率是以全指向性进行辐射的;1500~3500Hz 的声音频率呈现出 8 字型指向性辐射;当频率超过 3500Hz 时,单簧管的声音辐射呈现为强指向性,因此录音师传声器的摆放建议处为图示的位置。但是在一些活动演出时,由于不能固定演奏者的位置,也往往将传声器放置在喇叭口内,用以保证接收的质量。双簧管与单簧管在 1500Hz 都具有这样的所谓拐点频率,次中音单簧管与英国管的拐点频率为 1kHz 左右,低音单簧管为 750Hz 左右,巴松管为 500Hz。

长笛的声音辐射与其他木管乐器不同,它的辐射范围主要集中在吹口与第一个打开的指孔之间。

在木管乐器的辐射过程中,所有谐波分量的相位大体相同,因此加强了辐射的指向性。当大于 6kHz 时,辐射指向性最强。另外由于演奏的需要,如单簧管和双簧管在演奏时都是喇叭口向下的,因此地面的反射对于声音的辐射,尤其是高频信号的辐射是非常重要的。因此在演奏时演奏者往往不希望地面上铺有地毯之类的吸声材料。

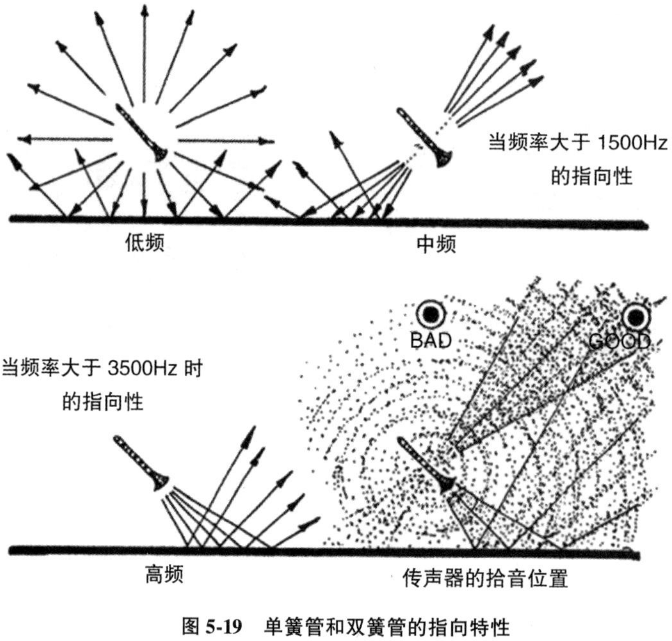

图 5-19 单簧管和双簧管的指向特性

5.10 铜管乐器

铜管乐器有时被称为吹嘴乐器,因为它们本身没有簧片,而是由吹嘴杯、吹嘴管、圆柱管和逐渐扩展为喇叭口的圆锥管主体所构成的。图 5-20 给出了乐器主体的结构示意图。图 5-20 中给出了 4 个管的形状,(a)是典型的闭端—开端圆柱管,与簧片乐器相似,与圆柱形管相比,截锥形管的谐音更为丰富,因此音色更明亮。也是所有铜管乐器音色的一个共同特点。

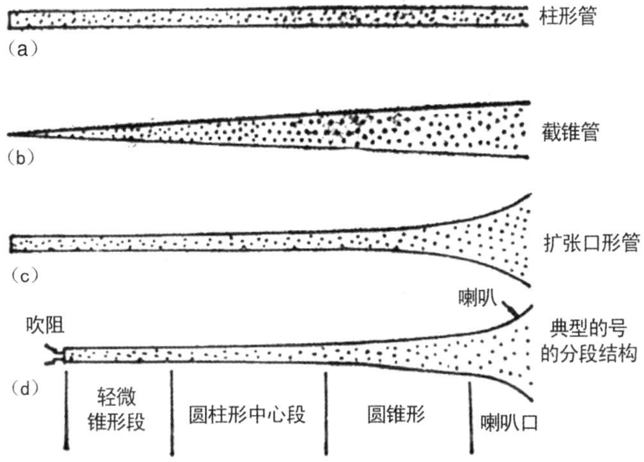

图 5-20 铜管乐器示意图

锥形管和扩张口形管的共振模计算虽然稍微复杂些,但关于共振模的结果可以简单地概括如下:一个理想的未截去锥顶的细长锥管,它的共振模和同长度的开口筒形管的共振模相同。但一个截去锥顶的细长锥管,有一组彼此频率不成整数比的、不谐和的共振模。在靠近基频的低频区域,这些共振模趋向同长度的开管的共振模;在较高的频率区域,它们接近同长度的一端闭管的共振模。

鉴于将管的中心段制成圆锥形有一定的困难,同时,扩展音域又要求灵活改变管长,因而出现了活塞操作管和拉伸管。从吹嘴的吹口到喇叭口出口处,管截面面积的变化大体上是按一定的曲线形式设计制造的。喇叭形扩展部分的曲线有指数式、圆锥式或悬链式。从乐器吹嘴处发出的声波沿号管传播时,号管截面面积(随着离吹口的距离 x 变化)的变化曲线决定了此声波波阵面面积的变化。因此,在出口处的声波辐射效率和由喇叭出口附近反射回来的声波能量以及相应的一组共振峰的形状,都与所选取的号管形状曲线有关。拉伸管、短号、圆号的喇叭形扩展部分比较接近悬链线、指数线,而中音号、低音号、军号的喇叭形扩展部分接近于锥形。

5.10.1 唇簧与号嘴

铜管乐器声音激发系统是由吹奏者的双唇和吹嘴杯组成的。双唇就起着簧片的作用。演奏家要在号中激发出乐音,先要将嘴唇抵住吹嘴杯,然后将空气从声道、口腔经双唇驱进号管中,急速流过的气流会使双唇发生振动,在吹嘴杯中产生带有边棱音的声波,经吹嘴管与号管耦合,号管又把吹嘴管处小截面面积变成喇叭出口处大截面面积,再和号管外部空气耦合,最后将声音传播出去。乐器所产生的乐音质量依赖于双唇间的空隙大小、嘴唇所受张力、嘴唇在号嘴(即吹杯)上的位置以及号嘴的特征等,为控制音调在一个相当的范围内变化,演奏家可以稍微改变管乐器激励端压力腹的位置,也可以改变吹杯内气流压力的大小。所有这些因素的控制代表了一位演奏家对乐器的控制能力,不同人的控制能力是不同的。

图 5-21 所示的曲线表示两个号手对 Bb 调标准小号的各个音阶演奏出的音调与频率的关系,测量办法是数据平均。由图中可见,从 f1 到 C2 的低频端音域里,两人吹奏的音调相差较多,而在 c2 以上的音域里两者较为一致。在低频端,一个号手所吹奏的音调总比另一个号手所吹奏的音调要高,这说明听觉和嘴唇的运动习惯因人而异,而从喇叭口返回的声波在吹奏者嘴唇处所引起的感觉也因人的不同而不同,一个号手吹惯了某种吹奏法后,再要改变吹法,就会感觉非常困难,原因就在于此。

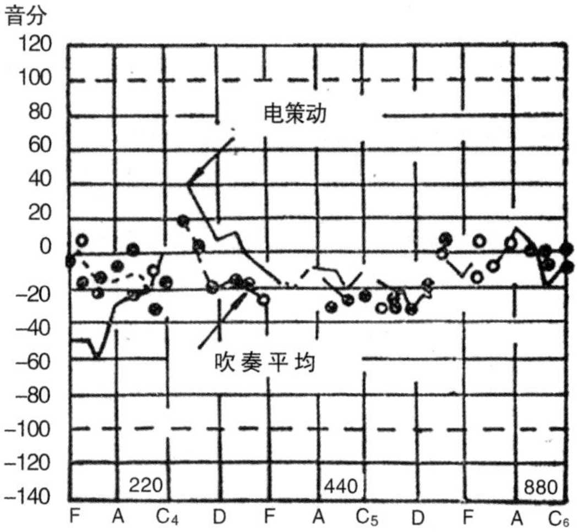

图 5-21 两个号手对 Bb 调标准小号的各个音阶演奏出的音调与频率的关系

整个号嘴是由吹嘴杯及相连着的吹嘴管构成的,它与号管体匹配不好时将产生声学上的非耦合效应。号嘴有自己的共振频率,它能影响整个号的频率响应特性。此外,号嘴的有效长度以比较复杂的方式依赖于频率以及吹嘴杯空窝体积大小、形状及其固有频率。

双唇振动也有类似的效应，当其振动频率恰与乐器的某一共振模式相匹配时，号管内该模式的驻波会得到增强，从而增加乐器在此共振频率上的声能。如果乐器的高阶共振频率与基本频率成谐波关系，那么嘴唇振动的高阶泛音能在乐器中形成它们自身的驻波，这将锁定嘴唇的振动，稳定吹奏，产生清晰的乐音。假若高阶共振频率有一些失谐，嘴唇振动能量可能会被部分抵消，因此会产生一些总体说来不好听的乐音。

5.10.2 钟形喇叭口

铜管乐器都是以一个光滑的、逐渐扩展的张口作为出口端的。它与整个号管、号嘴共同起着将嘴唇簧与空气阻抗耦合的作用，整个号管就相当于一个阻抗匹配变换器。在吹杯中产生的声波振动能，经号管传输后，在出口处转换为向空间传播的声能。一般说来，由铜管乐器喇叭口辐射出去的声波能量仅是唇部振动能量的很少一部分。考虑到乐器在吹奏各种音高的乐音时应有较和谐的音色，要求在出口处有足够的反射波以形成一组共振频率的峰值，决不能将声能的显著部分转换并辐射出去。

实际上，绝大部分能量都包含在管内驻波振动里，并主要耗散在和管壁的摩擦上。号的钟形喇叭口实际上有两个方面的作用，对于演奏范围内的乐音，钟形喇叭口的尺寸，与乐音波长比较起来，可以被认为是突然变大的，于是乐音易于被反射回来形成驻波。而对于足够高的频率，喇叭口的尺寸与波长比较是逐渐变大的，这种声波可以被有效地从钟形喇叭口辐射出去。总之，对铜管乐器来说，喇叭管开口处的尺寸既不能太大，以致辐射太多，又不能太小，使低音辐射出不来。但喇叭管出口处的尺寸随各种铜管乐器的不同要求而不同：低音号总是管长而口径大，军号、高音号则管短而口径小。

与圆柱形管不同，钟形喇叭开口管压力驻波节点的位置有些不确定。分析可知，有效节点的位置依赖于频率，对较低的频率，节点较深地移进了钟形开口。实际上，压力波是在那些喇叭管张开率变化大的位置上反射的。适当地选择喇叭管张开曲线，可以调整各种共振模式的有效波长，以使它们尽量接近谐振关系。高频模式驻波的压力波节终止在钟形喇叭口内较靠近边缘的位置上，易于向外辐射更多的能量，从而给出明亮的音色。高于某一截止频率的声波，其辐射几乎是全部的，声波反射少了，号管内驻波的建立也就减弱了，这将妨碍演奏者将共振锁定在适当的频率上。

由于压力波节位移不是很大，说明它对于管内共振的影响也不大，这允许演奏者用控制声音激发器的方法（唇簧与吹杯的相对位置、双唇之间的关系等）来调节共振音，以期得到所要求的音高和音色。另外，也可以用改变钟形喇叭口的形状来变动钟形喇叭口处的波节位置，例如将手适当地插入钟形口内即可达到此目的。

5.10.3 活塞、拉伸管、等效长度

活塞和拉伸管的作用就是改变号管的圆柱形管部分的有效长度，扩展演奏音域。当然，具有活塞和拉伸管的圆柱形管部分的实际长度比较难以精确制定，因为频率改变时（即使仅变化百分之几），波腹和波节的位置也随之改变，乐器的等效长度也就随之变化。下面谈谈等效长度的概念及其和频率的关系。

在基础声学里，莫尔斯（Morse）证明，指数形喇叭管中的声波传播速度为：

$$v'=\frac{v}{\left(1-\frac{\lambda}{2\pi h}\right)^{\frac{1}{2}}}$$

由此得出一个令人吃惊的结论，即在这种喇叭管中的声速比在自由空气中传播的声速要快。实验证明，除了圆柱形和锥形的管子外，指数形及悬链线形喇叭管中的声速的确比自由空气中的声速大。这不仅与频率有关，还和在号管中的位置有关。号管四个部分（吹杯、吹管、圆柱管和喇叭形扩展管）的声速与频率的变化关系是各不相同的。如果要用一个简单的办法来表示由上述四部分组成的整个管乐器特性，可采用等效声速 v_e 和等效长度 L_e 办法。通常取 $l_e=v\times\frac{m}{4f_m}$，m＝1，3，5，……奇数系列，如果我们选择一定的发声频率，那么，用活塞调整长度的小号的等效长度如表 5-5 所示。

表 5-5 小号等效长度与频率关系表

频率（Hz）	220	233	880	932
要求的 L_e（cm）	116.5	109.75	145.5	137.25
小号的 L_e（cm）	107.75	109.75	136.75	137.25
活塞环应有长度 L_e（cm）	8.75	0	8.75	0

由表中可见，小号总的等效长度变化约 6%，用以产生规定频率所需要的活塞环长度都是 8.75 厘米。而由活塞环所外加的长度中超过所需 6%的部分，看来是被用于抵消乐器中有效长度的固有变化。当活塞过紧或有泄漏时，会影响其等效长度，从而造成共振峰偏离所要求的位置，使发声音高不准。通常双唇吹出的气流的压力波腹位于吹杯窄截面部位约 1/8 波长处，这时所产生的共振才能发出乐音。当这压力波腹在 0.1 波长左右的范围内变化时所引起的频率变化，对于乐器整个发声音域的频率范围

来说是很小的,它对整个乐器发声的影响可以忽略。

5.10.4 铜管乐器的频谱

铜管乐器的一次发声,可同时产生许多共振频率峰,称频率系列。对于不同形状的号管,频率系列有所不同。

对这些以空气柱振动为声源的乐器,在它们发声频谱的低频段里,有一个近乎八度宽的频带,在此频带内,乐器具有最大的辐射效率。吹奏时,音符频谱所对应的共振峰系列里,能量最大的共振峰最易吹,而且发声最稳定。这个对应最大能量的共振峰的中心频率,常被称为特征频率。例如,实验测得小号的特征频率为1000Hz,法国号的特征频率为500Hz。由于各种铜管乐器的特征频率不同,它们在作曲配器上的使用也不同:自然圆号最适合的音调是C、G、F大调和c、a、e小调;半音圆号最适宜的音调是C、G、F、D、A、E^b大调和c、e、f、d、b小调;自然小号在管弦乐队中常用的是A调、B^b调;半音小号的音一般从e到c3,但只有e^1到g^2的音较好。在同一乐器上吹奏不同音域的音时,一般也都以它们所能吹奏的音区的中部音色为最好,过低或过高的音符不是吹起来困难、不稳定,就是显得有气无力。吹奏的音越高,从号管喇叭口发射出去的声能就越多,因而号管中形成的驻波共振峰就越低,发声就显得软弱低沉。而吹奏的音越低,越接近截止频率fc(低于fc频率的声波在喇叭管中通常不能再传播),驻波的共振峰也越低,同时高次谐波上的能量也更少,使乐音失去光彩。

5.10.5 军号

无活塞自然军号是一种1.4米长,直径逐渐变化的圆锥形号管的简单铜管乐器,被卷成便于操作的尺寸。其有效的持续音是c3,与以下谐音系列一致,军号的音阶较窄,它能促进高阶谐音的激发而阻止低阶谐音的产生。在高音端,第七音是刺耳的,而第八到第十音以及许多更高的谐音都是真正的自然音。由于这些很高的高阶谐音在频率上是如此地接近,需要吹奏者认真考虑对吹口的控制。

5.10.6 长号(拉伸号)

为了能在演奏的音域内吹奏所有的半音,可以适当地扩展号管中间圆形部分的长度。对此,长号是用伸展紧密滑配的U型管来做到的。当滑动杆停在它的最短位置时,乐器发第三谐音。第二谐音比第三谐音要低一个五度,有7个半音。若以半音阶跨过第三谐音区到第二谐音区这个间隔,需要拉伸管有6个附加长度。当长号在第三谐音区演奏时,所有这些拉伸长度都要被用上。一般说来,下降一个“半音”,频率要下降6%左右,为此乐器号管的总管长要增加6%左右才行。长号吹奏者通过实践要准确地搞清这些具体位置。假若一个音稍微有点走调,稍微滑动拉杆就可以很快地将音拨正。至于音区的改变则要靠改变嘴唇用力和吹气压力来完成。

5.10.7 小号

小号是借助活塞调节号管中间部分长度的铜管乐器之一。压下中间的第二个活塞,可使号的基本长度增加1/6左右,降低音高约一个“半音”;压下第一个活塞,可增加号管长度12%左右,降低音高约一个“全音”;若同时压下两个活塞,使音调降低三个“半音”,会产生稍微发尖的声音,吹奏者必须调整自己嘴唇相对于吹杯的位置以改善奏出的乐音的特性。如果单用第三个活塞产生这个音,就要用更长的号管才行。总之,为吹奏更低的音,通常是组合使用活塞,再加上调整嘴唇吹奏技巧。小号及使用活塞扩展音域的其他管乐器,并不能精准地调音,为吹奏出准确的音调,还需要另加补偿弯管或其他补偿方法才行。同时,没有什么音是调得很完善的,但也差得并不太远。

5.10.8 圆号与补偿弯管

为了使附加弯管的长度可变,许多管乐器的号管管体中加进了带有若干活塞的附加弯管。例如,变调法国号使用了8个带有活塞的弯管。又如,作为基础乐器的低音号,号管中能加进额外的附加弯管,可同时按下两个或更多的活塞,附加系统既复杂又巧妙。压下活塞1和3时,附加弯管A自动地补进到号管中;压下活塞2和3时,另外的弯管B补进到号管中。而当压下所有的活塞时,全部5个附加弯管都被补进到号管中。此外,许多乐器都有可移动的滑杆以补偿活塞组合不能完全补偿的音调差异。

综上所述,像小号、长号这一类铜管乐器,其中间部分是一段相当长的圆柱形管,出口端是一段近似突变的喇叭管。而高音号、中音号、低音号,还有苏沙风号等这一类铜管乐器,几乎全长都接近于圆锥形状。它们各自有自己的特征音色,而演奏的范围被各自的总长度所确定。例如,Bb小号吹奏音域是从F3到B_5^b,低音号的演奏范围是从E1到B_3^b等。

5.11 铜管乐器的声学特性

5.11.1 功率输出

表5-6列出了铜管乐器在距离一米处测量的声功率和声压级。

表5-6 铜管乐器功率输出及声压级

	功率(W)	声压级(1m)dB
小号	2.5	116
圆号	0.2	105
长号	5	119
大号	1	112

5.11.2 铜管乐器的动态范围、频谱特性及指向性

图5-22所示为铜管乐器的动态范围,图5-23为铜管乐器的频谱示意图,图5-24为铜管乐器的指向性示意图。

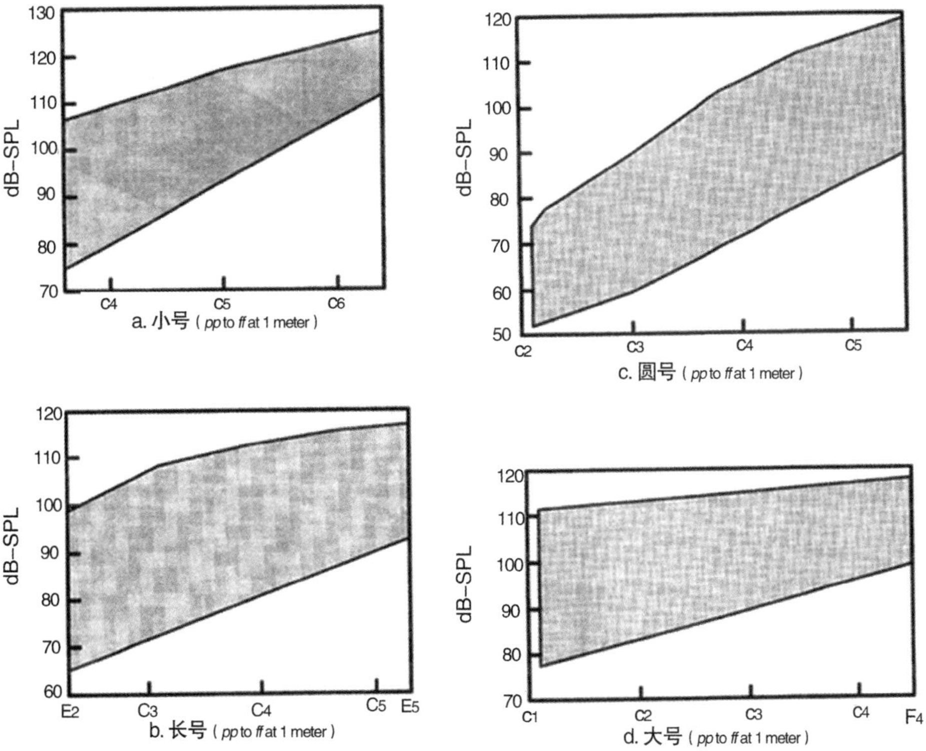

图5-22 动态范围示意图

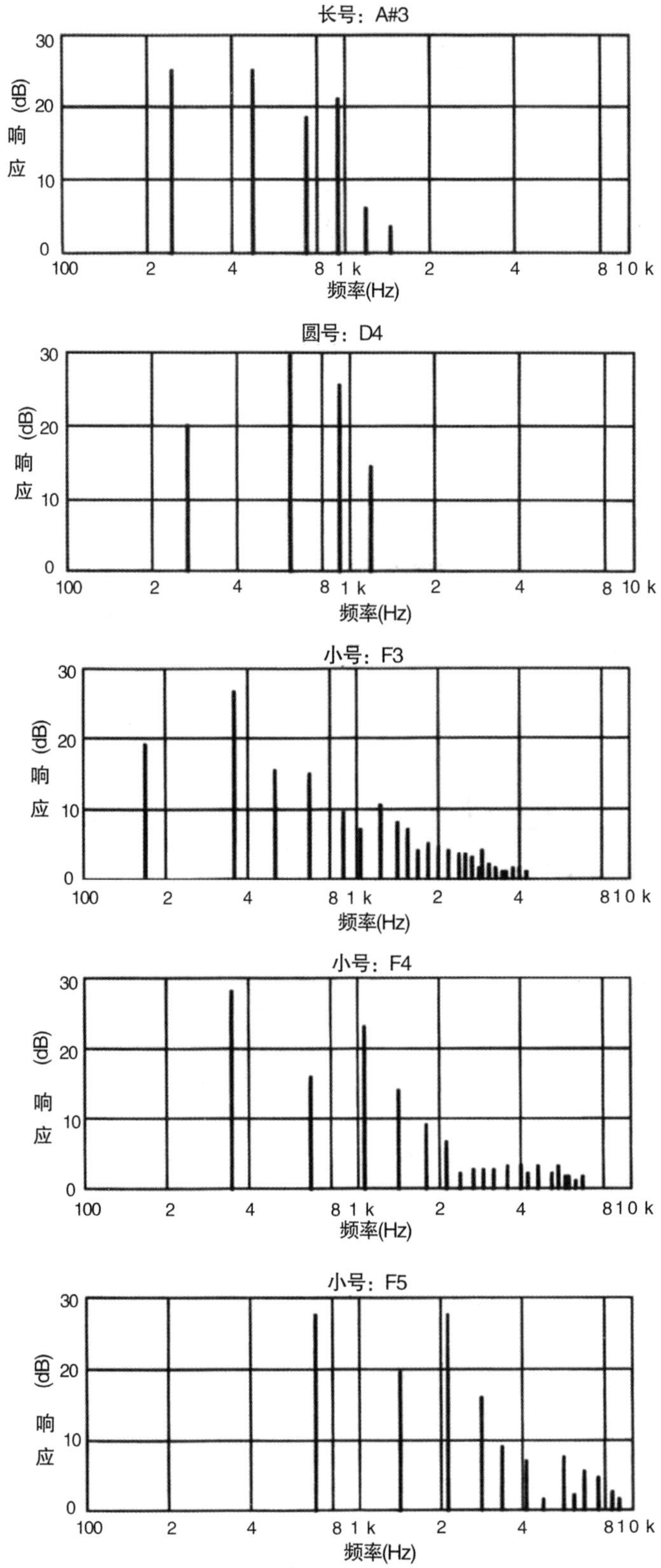

图 5-23　铜管乐器的频谱特性(一)

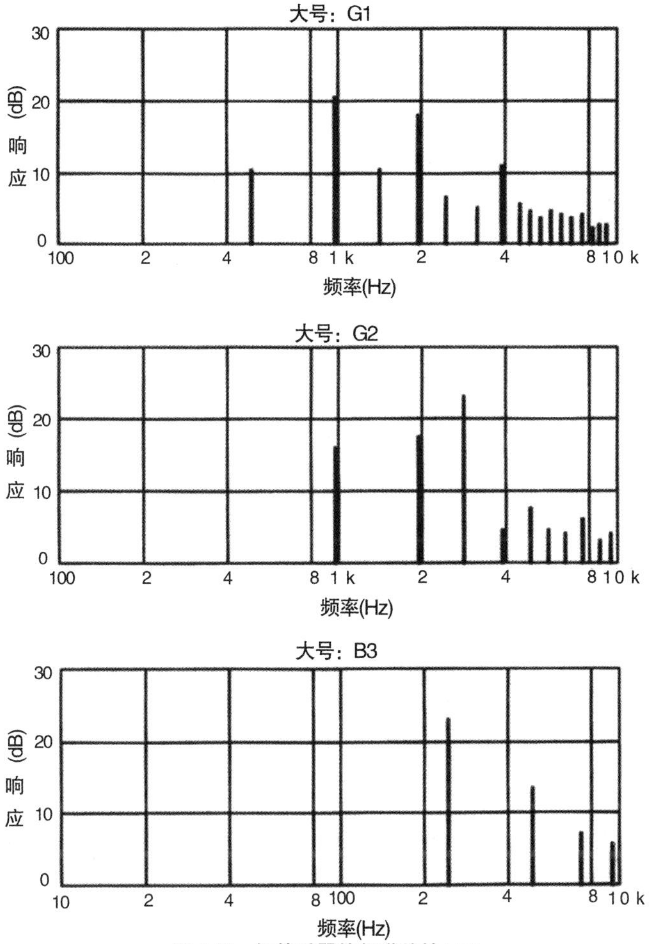

图 5-23　铜管乐器的频谱特性(二)

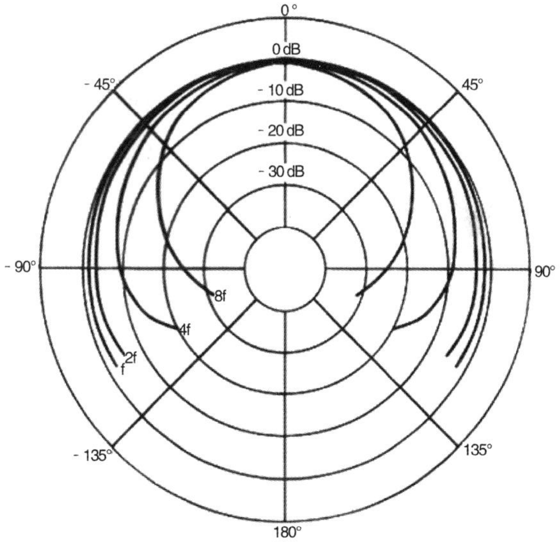

图 5-24　铜管乐器的指向特性

5.12 打击乐器

借助槌打、敲击、抓奏、刮奏、摇奏、弹拨等方法几乎可以使任何刚性物体发声。打击乐器就是用这些方式发出乐声的乐器。它们大致可以分为两类:一类是有调打击乐器,此类乐器的发音有音阶变化,可独立地表演乐曲,例如木琴、大木琴、钟琴、管式钟琴、钢板琴、定音鼓以及中国编钟等;另一类是无调打击乐器,这类乐器的发音缺少音阶变化,主要用于表现节奏和气氛,经过编排也能表现内容和情绪,或者用于产生特殊的效果,例如小鼓、大鼓、中国鼓、铃鼓、铜钹、铜锣、响木、堂鼓、板鼓、木鱼、铃铛等。

近代打击乐器发展很快,已能用全部有调、无调的打击乐器演出一场协奏曲和独奏音乐会。

打击乐器的发声依据以下几种物理原理:棒振动,例如木琴的乐声激发器——矩形扁棒;板振动,例如锣、钹的发音体;膜振动,例如各种鼓乐器,其乐音激发器就是振动膜。

5.12.1 棒振动

棒振动的特性不仅取决于振动体的形状、大小及制作材料,还取决于支撑方式和振动方式,以及是否以刚性作为使它恢复平衡位置的主要力量等。与弦振动比较,对于振动棒,刚性比强力更重要,否则就成了柔性的弦振动。在振动棒体中,不同频率波的传播速度和形状是不相同的,这也是与弦振动的不同之处。此外,弦中唯一的内应力是张力,而棒中常有两个内应力:挠力及剪力,由棒的形变方式所决定。

一根均匀棒(或棍)中产生的驻波,可以被描述为三种形式之一:横波、纵波、扭转波。振动棒中的运动虽然复杂,但在乐器中常用到的是横向振动。

在两端支撑的棒中,支撑点距端点的距离约是棒条的1/4长度,若在中心处或附近敲击一下,将产生横向驻波(见图5-25)。棒中心和两端会上下运动,形成波腹A1、A2、A3,而在支撑点处形成波节N1、N2。最初几个高次谐波具有的频率是$2.76f_0$、$5.40f_0$、$8.93f_0$、$13.34f_0$(见图5-26)。由图中数字可见,这些波的频率并不是基频的整数倍,可以说,它们是非和谐的。但由于支撑点不在这些高次谐波的波节处,这些波或多或少都会受到一些抑制,因此发出的声音主要是基频。如果在棒条的中心附近触摸棒,则能够抑制基频振动而相对突出较高次谐波的振动。

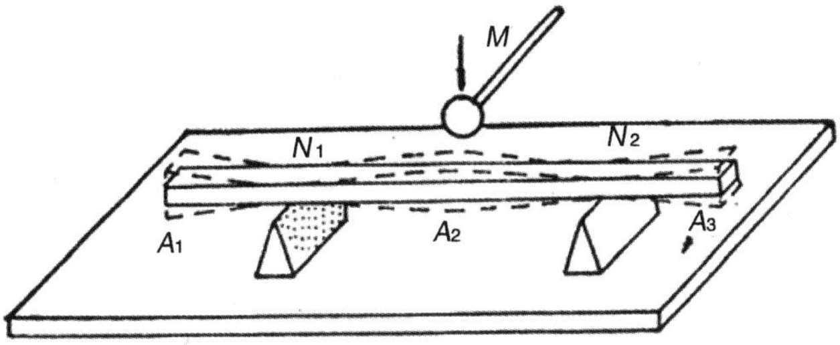

图 5-25　具有两个支撑点的棒振动示意图

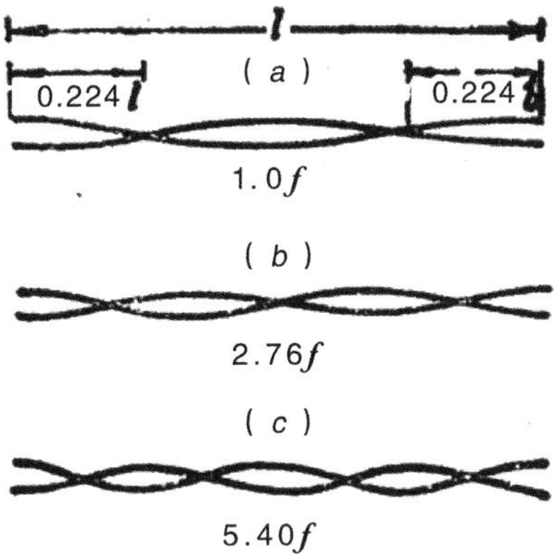

图 5-26　两端自由的均匀棒中的驻波振动,波腹、波节对称

注:(a)基波(或一次谐波);(b)二次谐波;(c)三次谐波。

5.12.2　板振动

板振动也以刚性的作用为主,因此其高次泛音的频率增加较快。板和棒一样也是频散媒质,不同频率的波在板中的波速不同。板可以被看作二维的棒,它的振动频率由板的刚性、密度、尺寸和敲击方式所决定。

板振动与膜振动相比较,在它们形状相同的时候,板的固有频率比膜的固有频率分布得更散些,泛音也不和谐。但板和膜前几个泛音的振动方式都非常类似。在圆形膜的振动中,频率约为基频两倍处有个零点(零点频率即不起振的频率),在频率比基频高两倍以上的不远处就会出现第二个共振峰的频率。但在板的振动中,频率要高到基频的 4 倍左右时才会出现零点。所以,板与膜比较起来,其优点是零点以下的频率范围较宽,而缺点是板受激后的平均响应小于膜的平均响应。

属于板振动的铜响打击乐器有锣、钹、钟等,多被用于产生节奏和效果。它们都可以看成一种按一定形状隆起来的板,各有不同的截面形状和截面厚度的变化,从而决定了它们各自的固有频率序列和音色。

像钹、钟这类“板”乐器已经不是两维的平面形状了,它们的波节线图案显示出像地球经纬线那样的图案,或者更复杂些,这可以通过实验的办法观察到,但难以精确计算。它们的各个泛音有不同的衰减率,这与制作的合金材料、加工工艺和热处理等有关。由于厚度均匀的板的泛音是不谐和的,要使这些乐器的泛音是谐和或接近谐和的,或者能与乐器的音色、音调相配备,其截面厚度就必须是变化的。

5. 12. 3 膜振动

一张膜的振动像二维的弦振动,振动频率主要是由张力而不是由刚性决定的,但振动膜的泛音之间并没有谐和的关系,振动弦却有。

用一个毡制球形木锤敲击鼓面,就能使它产生振动,在除鼓面中心的任何位置上敲击鼓都能发声。图 5-27 给出了几种简单的振动波形。对于被称作基频的最低频率 f,鼓面上的各个部分都以同一相位振动;在鼓面的四周边缘上形成了一个圆形的波节线;它的二次谐波的频率为 1. 59f,沿圆形鼓面的直径有一波节线,这条波节线将鼓面分作相同的两部分,围绕鼓边是波节圆;它的三次谐波的频率是 2. 13f,振动波有相互垂直的两条波节线和鼓周边的波节圆,以此类推。

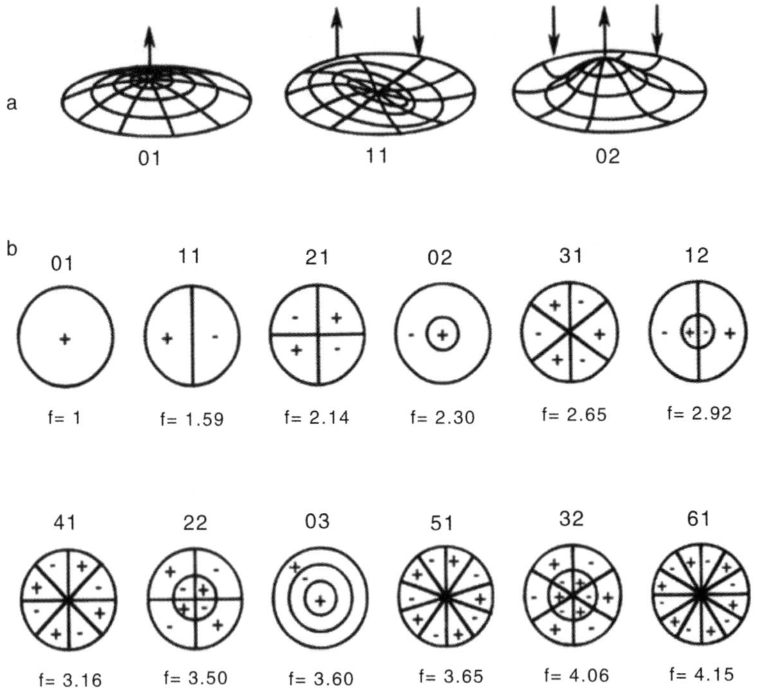

图 5-27 张力下圆形膜振动的径向、圆圈及组合的波节线形状

5.12.4 打击乐的乐音

通常一个乐音的特性以它的音高、音色和响度来表征，也以它的传播响应、起音、持续和衰减来描述。一把提琴的琴音，其音的持续是主要的，而音的起始和音的衰减是次要的。一个打击乐的乐音都有突发的、尖锐的音的起始，紧接着是一个长时间的音的衰减过程。如果用一个软木槌打击木琴的琴棒，响应中其基本频率的乐音占主要地位，因而可以听见具有清晰音高的音；如果摇动一个小手鼓，各种振动模式的音都会被激发，便分辨不出清晰的乐音。因此，前者可以成为有调打击乐器，后者却不能。

5.13 有调打击乐器

5.13.1 音棒乐器——木琴

木琴是由两排长短不同的扁木棒和棒下悬着的空心管共鸣器组成的。扁木棒水平地安在支架上，支点正好是振动波的节点，中间垫着软毛毡垫；这样的安装结构使基频振动不会被很快地吸收掉。同时，各种复杂的运动也能被激发，产生高阶的分音。木琴乐音的音色与敲槌的性质和敲击部位也有关。

木琴的音调通常包含三组半音音阶的音区，用变化音棒两端的支点位置来调整其音高。音棒常用青龙木或合成材料制成，其棒体能很快地吸收振动能量，特别是吸收高阶频率，因此，木琴给出的乐音是清脆而透明的，且衰减快，持续时间不长。扁木棒的高阶分音与其基础音调并不和谐。但是，适当地挖掉每个音棒下部的中间部分，可使音棒的二次谐波的频率由 2.76f（f 是基波频率）升至 3f。这样第二分音也是和谐音。

吊挂在木琴音棒下面的共振管，上端开门，下端封闭。封闭端至上端开口的距离有装置可以调节，使管内空气柱与音棒发声的频率产生共振，以增强基音及任何奇次谐音的响度。

木琴的演奏技巧以两个木槌的交替敲击为基础。木槌小而轻，每次敲完之后能轻快地反跳起来，因而可以用很快的速度演奏乐曲。木琴不仅能奏出明亮的乐音，而且在任何一个音程上都可以奏出极其动人的震音。此外，木琴还可演奏两种级进滑音：一种是纯力度的级进滑音，用一个木槌在任何两排小木板的连接处奏出，以另一木槌的强烈敲击结束；另一种是和声式的级进滑音，用木槌沿着某一单行音板的中间滑奏出，所发之音是轻快的、和声式的。通常木琴的发音，强奏时强烈、清脆，弱奏时柔和，发出嘟嘟声。

5.13.2 大木琴和钟琴

大木琴使用较大的扁平音棒、较软的击槌、更大尺寸的共振管，并将音盘扩展到更低的音，它与普通木琴的结构是相似的。共振管的有效共振部分更深一些，从而使第二谐波的频率由 2.76f 提高到 4f，比基频音要高两个八度。这些特性使大木琴能发出柔美、悦耳的声音，整个乐器看起来是对称的。为产生较低频率的乐音，共振管要被封闭在管的底部；为产生较高频率的音，共振管要被封闭在管的较高部位。

钟琴的扁平音棒用铝制作，像木琴音棒一样，其下部的中间部分要被挖去。共振管的上部可以用封闭装置封住口。通常借助电动机驱动系统以规则的变化频率打开或关上封闭装置。典型的变化频率是 2Hz（慢速）、4Hz（中速）和 6Hz（快速）。当管子的顶部开口被封闭，声音共振停止，基频音的响度会下降。由于非共振泛音很少受管封闭的影响，此时钟琴音挥发音的音色要发生变化。虽然基频不会变，但这种抑制会引起音高的微小上升，结果要产生音色的颤动，还伴随着响度的变化，就好像是轻微的颤音。

由于音棒皆用金属铝制，所以钟琴发音明亮而透彻。

5.13.3 管弦乐钟琴和里拉钟琴

属于音棒乐器的还有管弦乐钟琴和里拉钟琴，它们都使用扁平音棒，长短不一，全用金属制成。当用硬槌来敲打时，会产生高阶非谐振泛音，使这些乐器发出像钟声一样明亮悦耳的乐音。

里拉钟琴是一种手提式的抱琴，常被用于行进的乐队中。

5.13.4 管钟琴和钢片琴

钟琴又叫管钟琴（tubular bell），由一系列不同长度的黄铜管或钢管悬挂排列在架子上制成。标准的管钟琴有 18 根管，音区 $2\frac{1}{2}$组。演奏时用槌敲击管的近顶端部位，这些琴管像木琴音棒一样，以横向振动的模式振动发声，音色庄严而幽远，富有宗教情调。每一个钟琴管的上端都有一个塞子，它可调整管的频率。管钟琴还有一副脚踏控音机构，用于阻止混响。

钢片琴是一种外形像风琴的键盘式钟琴，内部装有许多有固定音高的钢片，每根片条都有它自身的共鸣器，用于扩音。敲击用的槌子是毡头槌，击板结构与钢琴相近。钢片琴音色清脆、华丽、透明，音域通常自 c1 到 c5。

5.13.5 钢鼓

钢鼓是一个振动板发音的例子。用槌子将锯开的汽油桶的底部敲成锅形,然后分区将锅形钢板敲成一个一个的中间微凸起的环形截面物,在分区区界上刻上1毫米左右的浅槽,这样可将各分区的振动分隔开,在敲击下发出各自不同的乐音。每一部分的调音是用改变厚度的方法实现的,改变厚度要靠细心地一锤一锤地敲击来达到。

5.13.6 中国编钟

钟是我国古代打击乐器,历史悠久。商代以后,钟用青铜制造。大小若干个钟,依一定乐音系列排起来所组成的旋律乐器被称为编钟。根据出土文物的考古研究,有九枚钟一套的编钟,也有十三枚一套的编钟,一套件数最多的编钟是1978年湖北省随县擂鼓墩一号墓出土的曾侯乙编钟,共65枚,分三层悬接于编钟架上。上层19件全是钮钟,中层及下层有甬钟45件,下层中央位置处尚有镈钟1枚。每个钟都能发出两个音:演奏者敲击其不同部位——隧部和鼓部可发出相差大三度、小三度或大二度的两个音。编钟的振动衰减显著快于圆钟,可奏快速旋律。这些性能根源于钟的合瓦形状而不是圆形。

整套编钟的总重量达2500公斤;最大的钟是下层一组第一钟,通高153.4厘米,重达203.6公斤;最小的钟是上层三组第一钟,通高20.4厘米,仅重2.4公斤。这套编钟发音最低是C2音,最高是D7音(音乐表示法是c音及d4音),频率范围约为65~2330Hz,共有五个八度音程。

钟架为铜木结构,木质横梁上黑漆,遍饰彩绘花纹。中、下两横梁的悬钟部位和悬钟的铜制部件上,刻有各钟发音的铭文,说明编钟的悬挂有严谨的次序。上层支柱为木质,中、下两层支柱为青铜铸造的佩剑武士。敲钟的工具是木制丁字形钟槌和较粗长的撞钟木。

根据测音结果,第50钟(即中层三组第八钟),是此套编钟中、下层音阶的基本音高,相当于现代的音分(即钢琴上的中央C音),在室温为30℃~32℃时,频率为256.4Hz,与目前世界上通用的三大乐音标准中的物理学标准音高C4=256Hz(在常温为16℃时)相比,相当接近。

这套编钟可构成完整的五声音阶、六声音阶和七声音阶,甚至具有十二个半音。经过试奏,该套编钟可演奏中外相当复杂的乐曲。研究表明,中层三组甬钟音色嘹亮,音域跨三个八度,并且在两个八度范围内十二个半音齐备,基本上是C大调音阶,能演奏五声、六声和七声音阶的乐曲,可用它们主奏旋律;下层甬钟形大体重,音色深沉浑厚,其低音是C调十二律半音阶,可用它们来烘托气氛;上层钮钟,合编各组演奏,它们发音属高音区,七音俱全,音域亦较宽,音色清脆悦耳,也能发挥它们的特殊功用及奏出优雅动听的乐曲。

这套编钟是目前我国出土的同类乐器中,数量最多、规模最大、音域最宽、音律较准、保存较好的乐器,是我国十二乐音体系中最早具有半音音阶关系的一套完整的特大型有调打击乐器。曾侯乙编钟表明,早在公元前5世纪,我国的音乐水平和乐器制造工艺水平就达到了惊人的高度。

5.13.7 定音鼓

定音鼓是现代管弦乐中最重要的打击乐器。一套定音鼓,曾是大小两个尺寸,调成五度音关系。以后多用三个或更多的定音不同的定音鼓来配合管弦乐的演奏,有时甚至使用十几个定音鼓以构成和声效果。

定音鼓形如锅状,鼓身用铜制成,只有一个鼓面,通常蒙以羊皮或塑料膜。它的周围装有六颗螺丝,用以调节鼓音的高低,螺丝旋紧时鼓面皮张紧,音调变高;螺丝放松时鼓面皮松弛,鼓音变低。这样,鼓面上不同张力的变化就造成了定音鼓变调。另外,在定音鼓的文座上还有一个踏板,可借杠杆作用来拉紧或放松鼓面,也能调节鼓音的音高。定音鼓有木制鼓槌一副,演奏者两手各执一个,鼓槌的头常用毡布包裹,在追求特别效果时则可用海绵包裹,或不包任何东西。

击鼓时,鼓面的振动模式有如前所述的几种简单形式。当演奏者用鼓槌敲击鼓面中心时,产生基频振动,人们仅可听见沉闷的轰轰声;当击鼓点离开中心接近鼓边缘时,会激发更多的高次谐波振动,产生清晰可辨的鼓音。选择不同的击鼓点,也就是选择被激发的高阶振动模式。显然,鼓面右侧由于被槌击受力,向下振动并对鼓内封闭空气施以压力,空气受力向左侧流动,正好左侧向上移动以适应流动的空气,反之亦然。这样,鼓面的振动就伴随着鼓内空气的来回流动,其效应是使鼓面膜微微变硬一点,从而使高次谐波频率微微提高一点,近似具有和谐性。定音鼓的音调正是由这些具有近似和谐性的高阶谐波振动产生的。

定音鼓的演奏基本上由"单奏"和"滚奏"构成。无论是一个或是几个定音鼓上的任何一种节奏型的演奏都是"单奏"。"滚奏"时需连续地敲击,动作小而迅捷,令人想起隆隆的雷声。

定音鼓的音量,从隐约可辨的pppp音(最弱)到震耳欲聋的ffff音(最强),音域广阔,力度变化巨大。定音鼓奏出的弱音微妙而柔软,它的强音则像雷鸣一般强烈,由弱转强或由强转弱等变化,都能产生戏剧性的效果。

5.14 无调打击乐器

这类乐器无一定音高，小型的发音较高，大型的发音较低。

5.14.1 三角铁

三角铁是无固定音高打击乐器中发音最高、最明朗的乐器。它是用金属棒条弯成三角形，自由悬挂起来，用金属棍敲击发音的。三角铁所发出的声音断续而颤抖，音色清澈、优美。它能很好地演奏简单的节奏花样与极繁密的震音，但演奏复杂的节奏花样，尤其是快速演奏时，效果较差。

5.14.2 钹

钹由一对金属圆盘组成，圆盘是用含有银和铜的合金制成的，围盘的中央有一个深凹，有孔拴着皮套，以便将手指插在套内拿住钹。

两个金属圆盘互相撞击发声，音色尖锐嘹亮，此时有许多模式的振动被激发，无法说哪一个频率占主导地位。钹分中国式与土耳其式两种，前者深凹部分尺寸较大，后者则较小，乐队多采用后者。钹有四种演奏法：

(1)两钹互击，多用在强奏时，所发出的乐声特别动人；

(2)用柔软鼓槌在一面钹上单敲发音，用大鼓槌单敲可演奏突强(sf)，此时金属盘发出金属爆裂的啸声，也可演奏从 pppp 到 ffff 的强弱乐音，用小鼓槌在钹上演奏，倍弱奏法时效果特别好，小鼓槌在金属上轻快地连打，能产生一种下雨般的印象；

(3)两拔互擦；

(4)两拔轻合，再用鼓槌敲打。

但钹不能演奏比较复杂、迅速的节奏。

5.14.3 锣

锣是一种大圆盘似的打击乐器，为合金(青铜)制成，向一面凸出，用一包布的大木槌敲击其中心发声。锣的种类不少，大小也不一样，小锣直径仅数寸，提而击之，其音清朗悦耳；大锣直径达数尺，悬挂在架子上，击后发音庄严、沉重。

大型中国锣在交响乐队里被用来烘托气氛，比如险恶、不祥等。它的发音很低，在敲击之后具有长时间振动的能力，也可多次渐强或渐弱地击奏。

5. 14. 4 鼓

鼓是一类打击乐器的总称。有军乐队用的大鼓(低音鼓,bass drum)、小鼓(snare drum);管弦乐用的定音鼓(上节已做介绍);舞蹈者用的铃鼓(tambourine);中国民乐用的大鼓、堂鼓、板鼓、手鼓、长鼓、排鼓等;以及爵士乐用的各种各样的鼓等。

通常,鼓是用动物皮或塑料膜紧紧地蒙在圆柱形桶壳的两端制成的。用鼓槌敲击鼓面发声,鼓音是用许多泛音来表征的,它们之间没有什么简单的谐振关系。鼓面振动各种模式的激发程度取决于鼓槌的硬度、敲击点的位置和支撑结构。如果在中心敲击鼓面,将优先激发基频模式;对于小面鼓和厚膜鼓,例如通通大鼓和中国大鼓,尤其如此。具有大鼓面和薄鼓膜的鼓,对激发基频模式振动响应较差,但对高阶泛音的激发有较好的响应。因此,演奏这类鼓时不在其鼓面中心敲击,而常常是在鼓边缘敲击,其高阶谐波具有波腹特征。由于鼓面是用动物皮制成的,特别是厚兽皮,能迅速吸收振动能,尤其是能吸收高次谐波振动的能量,因此这类鼓发出的声音是圆润的。而塑料鼓面的鼓发出的鼓音是明亮的,这是缺少对高次谐波频率的吸收所致。

鼓身的主要作用是支撑鼓面,同时也能产生一定的共振。如果鼓身是中空的大圆木,则会对低频振动产生响应。与早期的大圆木桶鼓不一样,大多数现代鼓的直径大于深度,因此将不产生明显的共振。此外,占优势的鼓面振动模式所激励的空气波长远大于鼓的尺寸,因而鼓身振动对鼓音音色的影响相对来说是小的。

军乐用小鼓,即军鼓,是一种小型打击乐器。鼓身为扁平圆筒,用木材或金属制成,两端蒙以兽皮。下面的鼓面上绷有两根弦线,叫作响弦(snare),击鼓时可发出沙沙声。鼓槌是两根很轻的小木棒,槌头很小,不用东西包裹;演奏者两手分执两极,敲击鼓面中心,声音非常轻快活泼。演奏方法有"击奏""双奏"和"滚奏",三者结合起来可得到非常明晰的节奏效果和急剧变化的音响,从隐约可辨的 pppp 沙沙声一直达到极强的 ffff 音。鼓槌也可用布片包裹以减弱其音响。

小鼓乐器中,鼓型特别小且鼓身特别薄的叫作扁型小鼓;较通常小鼓稍大而鼓身稍高者叫作中音小鼓(tenor drum),它的鼓槌头以海绵作芯,因此其音色较小型定音鼓柔软。还有一种较中音小鼓更大、更长者叫作长型小鼓(tabor),常与笛管同时演奏。

大鼓,又叫低音鼓或土耳其鼓,它是军乐队使用的最重要的打击乐器,是一种大型打击乐器。鼓身有木制或铜制两种大桶型,上下两面蒙着兽皮,只能从一个方面拧紧鼓面,通常是固定在专用的鼓架上。鼓槌木制,槌头常包以毛皮或绒布,演奏快速节奏时,另用双头鼓槌。大鼓发音低而沉重,力度变化可从沉重的倍弱音一直达到类似大炮声的 ffff 音,难以演奏复杂的节奏。

中国鼓,种类很多,多被用于歌舞伴奏和节庆活动。大鼓、堂鼓形状相似。鼓身木制,略呈弧形,两端蒙以兽皮,支在架上或悬在架上,用两个木制鼓槌击奏。大鼓个体很大,常多人同击一鼓。音色深沉雄壮。

板鼓,鼓体小,用厚实的木料制成,周边及顶端蒙以皮革,腔体小而"薄",振动发声的膜面直径仅几公分。鼓身吊挂在支架上,以双竹签敲打发声,音色坚实清脆,在戏曲音乐及器乐合奏中,常起指挥作用。

排鼓是近代在我国发展起来的,是在总结国内外鼓类乐器技术经验的基础上的一项创造。排鼓一般由五六个大小不同、发音高低不同的鼓组成,鼓上装有可调音设备,可以在五度范围内进行调音。每个鼓两端的外径相同而内径不同,因此鼓两面所发出的音调高低相异,演奏时借鼓架上的"U"形叉架可翻转鼓身进行音高选择。排鼓在乐队中能产生丰富多彩的音响效果。

铃鼓(tambourine)又叫手鼓。鼓身是一个木制圆箍,一端蒙以羊皮。圆箍上有若干孔,每一孔内系着一对薄金属片,形状与小碟相似,圆箍内有时也悬挂若干小铃。

铃鼓有三种演奏方法:

(1)用手悬空急速摇动;

(2)用手掌、手指或膝在鼓皮上弹奏或撞击;

(3)用拇指在皮面摩擦等。

铃鼓发音明朗,令人愉快,金属片的哗哗声丰富了鼓音的色彩。其音量很大,震音可以奏出 ffff 音。

5.14.5 响板

响板是一副贝壳形木制小型打击乐器。柄端拴有细绳,用时套在手指上,使两片互相撞击发声,发出咔嗒咔嗒声,可奏出最奇妙的节奏。乐队用响板已改用木柄装置,摇奏即可。

5.14.6 给出特殊演奏效果的其他打击乐器

近代,这类乐器发展很快,多用于表现各种特殊的演奏效果,增强节奏感,并不影响音乐旋律。这类乐器所运用的摇奏、刮奏、撞击等演奏方法,与一般敲击方法所达到的效果有所不同。例如,摇铃和刮鱼发出无定音高的金属声,象响板多被用于西班牙音乐中,摇铃在拉丁美洲音乐里被广泛采用。敲击木鱼(寺庙用的)、钢板、铁砧、铃等打击乐器,可产生宽范围的咔嗒声、沙沙声、叮当声和咯咯响声,能很好地配合乐队的协奏。

5.15 打击乐器的声学特性

打击乐器作为打击乐器组在现代交响乐中有着非常广泛的作用,任何乐器都可以被轻击或重敲,动态范围变化很大,如敲击锣可以产生80分贝以上的动态。乐器的制作工艺及其他一些因素,使得乐器发出的音质有很大的差别。另外,许多打击乐器可以发出非常细微的声音,没有限制。

同样,打击乐器的动态都很大,轻易就可以发出很强的声响。因此在交响乐队中,除特殊的需要外,都要注意诸如大鼓、定义鼓的音量的平衡。打击乐器之所以能够产生如此大的声响,主要就是因为声耦合效果非常好。表5-7列出了一些打击乐器的声压级、功率。

表5-7 打击乐器功率输出及声压级

	声压级(1m) dB			功率(W)
	最高	最低	范围	
钹	116	50	66	5
小鼓	117	60	57	6.3
大鼓	122	43	79	20
定音鼓	122	36	86	20

另外,打击乐器的指向特性比较复杂,一般来说,往往根据演奏者的位置角度以及演奏方式来确定最佳的拾音位置。

5.16 人声

图5-28为人发声的剖面示意图,图5-28b为简化功能示意图。可见在人的喉咙中都有一件生来就具备的簧管“乐器”,即由喉骨、喉肌和声带构成的语声激发器,以及由固定共鸣腔(胸腔、鼻腔)和活动共鸣腔(喉腔、咽腔、口腔)所构成的声音共鸣器。

根据伯努力法则可知,肺部的空气穿过喉部时,会产生一个尖细的锯齿信号,这个信号的音高则由控制声带的肌肉张力决定,一般来说,根据性别和嗓音的类型不同,频率范围为90~1kHz。

人类的嗓音基本上属于乐音,所以它的发音机制可以用乐器来比拟。嗓音乐器既有些类似管乐器,又有些类似弦乐器。同管乐器的相似之处在于:依靠肺部发出的空

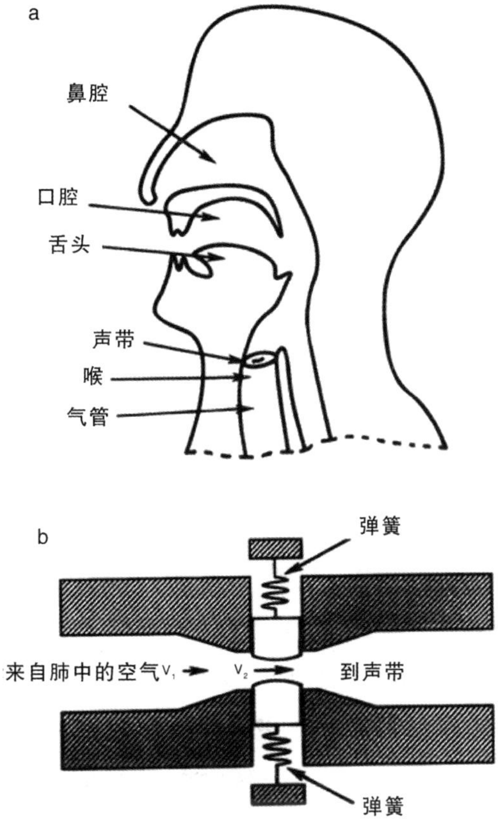

图 5-28　人发声的剖面示意图及简化功能示意图

气激励声带发生振动,并在声带的上方形成共振的空气柱,由此发声;同弦乐器的相似之处在于:声带具有弹性,像弦一样能够振动,其振动频率主要依赖于喉肌作用于声带上的张力,即依靠喉肌来调节音高,正如弦乐器用改变拉弦张力来调音一样。声带可以拉紧或放松,也可以变薄或变厚;可以全部振动,也可以部分振动。这些变化,使得声带发出的声音有高有低。一个好的歌唱家一般能用变化声带张力的方法唱出跨越两个八度的乐音。但是,由于生理条件的不同,每个人的嗓音音域不同,发出声音的音色、音高和响度等都有自己的特征。因此,通常将嗓音分成不同的声部,有男低音、男中音、男高音、女低音、女中音和女高音。要鉴定一个歌唱家的嗓音属于哪个声部,不仅要看他发声的音域,还要看音色,此外还要参考他声带的长度。长而厚的声带发音比较宽厚,短而薄的声带发音清细灵巧。虽然人为的控制、调节可以起相当重要的作用,但个人本身的生理条件是决定性因素。

5.16.1 气的运用

与簧管乐器相似,由肺呼出的气体是发音能量的来源。肺位于胸廓之中,胸廓各肋骨之间有肋间内肌和肋间外肌附着,胸廓的底部是拱膈,这些都是运气的主要器官。肋间外肌的收缩使肋骨上提,加上横隔的收缩使横膈中心部变平下降,于是胸腔逐渐增大,形成负压,将空气吸入肺部;肋间外肌的松弛使得肋骨下降,加上横膈的松弛使得横膈的中心部上升突起,于是胸腔逐渐缩小,形成正压,将空气经过气道(即呼吸道)排出。嗓音正是这呼出的气流使声带振动而产生的。

歌唱家在演唱中进行呼吸时,对气的吐出必须有控制,为了保持嗓音响度的稳定,声门下的空气压力要维持相对的稳定。为此,在一次深呼吸提高肋骨的动作之后,肋间外肌不能立即完全松弛,防止胸廓过快地收缩,以继续调节呼出空气的压力。据实验测定,平静呼吸时,声门开放,肺泡压力波动在正、负 2 厘米水柱之间;说话时,声门下的气压为 2~12 厘米水柱;歌唱时,声门下的气压为 2~50 厘米水柱,经过声门的气流率为 100~200 毫升/秒。这意味着一位经训练的歌唱家的肺活量可达 5000 毫升,一个稳定的嗓音音响可维持大约 40 秒钟,个别人甚至可达一分钟。

发音最有效的呼吸方式是肋间肌和横膈肌协同运动的胸腔式呼吸,呼气量和吸气量均易控制,呼吸活动比较自如。

5.16.2 喉头的发声机制

一件乐器的特性和质量决定于它的发声机制、激声器结构、共鸣器形状与制作材料等。人的发声器官是一件特殊的乐器,它的激声器是喉头,主要的共鸣器是咽腔。

喉头由喉骨、喉肌和声带等构成。喉骨包括九块软骨,较重要的是甲状软骨、环状软骨和一对杓状软骨,其主要作用是固定声带。喉肌,按其部位和功能分为喉外肌群和喉内肌群,喉外肌的作用是将喉与周围结构相连接,稳固喉并使之上升或下降;喉内肌附着于喉部诸软骨,影响声带的位置和运动。

喉头部分可被看作脖子里的一根管子的一部分,下联气管和肺,上联咽腔和鼻腔,构成一个呼气通道。其长度为 4~5 厘米。喉头通过一个膜和各种肌肉与舌根里面的骨头(舌骨)相连接,舌骨的运动会影响喉头的功能。要发出好的声音,主要依靠舌骨肌肉和喉头肌肉的密切配合。

声带是激声器的主要部分,位于颈前、胲下,它是两条弹性纤维组成的韧带,像个小闸门,卧于水平位置。声带的前端是固定的,后端随着杓状软骨的活动而活动。声带之间的裂隙被称作“声门”。当杓状软骨外展时,声门裂呈三角形。而当发音时,杓状软骨内收,声门关闭成一条缝隙。人们靠从肺部呼出来的空气冲开关闭的声门而发声。

声带的各种典型状态如图 5-29 所示。人在休息和平静呼吸时,其声带保持外展状态,随着呼吸运动它只不过有些轻微地来回运动。用力吸气时,声带处于充分外展位置(见图 5-29a);发气声时,声带处于中等外展状态(见图 5-29b);发稍响一点的气声时,声带处于居中位置(见图 5-29c);发较响气声时,声带前 2/3 部分有力内收而呈线状,其后 1/3 部分外展,形成一个三角形的裂隙(见图 5-29d);正常发音时,声带靠紧中线位置(见图 5-29e)。

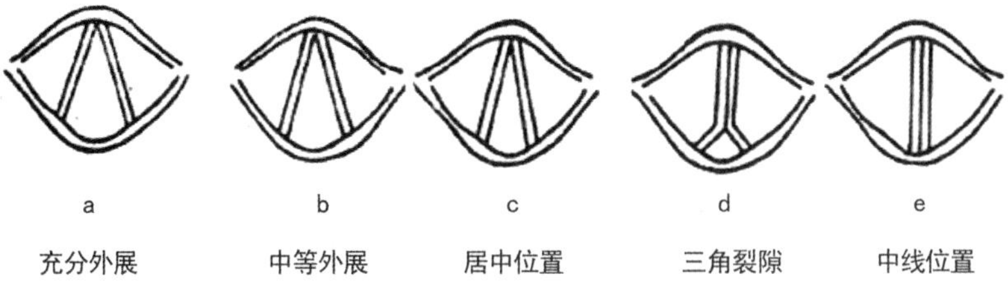

图 5-29 声门张开、闭合示意图

通常发音时,声带内收闭合,阻止空气的逸出,直到形成足够强的空气压力将声门冲开,气压突然下降,声带恢复到原来的状态。同时,一股急速的气流通过喉管进入鼻咽腔和口腔。呼出的空气按照汽笛的道理冲击声门,气流呈周期性变化,其特点是衰减中有一系列慢慢减弱振幅的谐波。如果声门并不完全关闭,来自肺部的气流相当柔和地经过喉部,这时所形成的发声气流的波形非常类似于正弦波波形。

嗓音的高低取决于声带振动段的长度和张力、声带边缘接触区的形态以及空气压力。声带的长度和张力是由甲杓肌控制的,并且间接受环甲肌的控制。后者主要对 650Hz 以上的高音起作用。

嗓音的强弱主要取决于声门下的空气压力。然而,经过良好训练的歌唱者能够用像维持弱音一样长的声间来演唱强音。因此,响度并不单纯取决于空气压力的大小,还取决于其他因素,例如,甲杓肌和环甲肌的收缩强度对嗓音的强弱也有影响。单纯的喉音听起来单薄无力。实际上,人声的音色受许多因素的影响,例如,声带本身的质地、共鸣器的共鸣作用等。

5.16.3 共鸣器

嗓音共鸣器由充满空气的各种腔体组成,有的位于声带的下方(如胸腔、气管等),有的位于声带的上方(如喉腔、咽腔、鼻腔和口腔等)。无论是中国民族唱法还是西洋唱法,都非常重视对共鸣的运用,只不过二者在提法和用法上不完全一样。

民族传统唱法中没有专门谈共鸣器的结构和运用,但在文字记载中的"珠圆玉润""响彻云霄""黄钟大吕""声若洪钟"等都是形容声音的甜美响亮的,实际是对共鸣及声带如何配合演唱的要求。民族唱法不是孤立地讲声音美,而是认为能透过清晰的语言表达出生活感情的歌声,才真正具有艺术价值的美。

西洋唱法在这方面比较具体。它将人体的共鸣器分为:

(1)固定共鸣腔——胸腔、鼻腔、额窦和蝶窦等,它们都有固定的空气容积;

(2)活动共鸣腔——喉腔、咽腔和口腔,它们都无固定的容积,其形状可以随意改变。

特别是咽腔,可以取两种特定的形态(如改变长度和宽度)来达到歌唱时各种力度和色彩的变化。同时,又根据各共鸣腔体的位置及其作用,以硬腭和软腭为界,把它们分为上部共鸣与下部共鸣两种。口盖以上的鼻腔、额窦、蝶窦被称为上部共鸣;口盖以下的口腔、喉腔、咽腔、胸腔被称为下部共鸣。在歌唱时,要根据音的高、中、低,混合运用这两者。唱高音时,以鼻腔、额窦、蝶窦上部共鸣为主,口腔、咽腔次之,胸腔更次之。如此混合运用共鸣,唱起来声音圆润、甜脆,饱满好听;唱中音时,以喉咽腔、口咽腔为主,鼻腔、额窦、蝶窦上部共鸣次之,胸腔更次之,这样混合运用共鸣,唱起来深厚、结实好听;唱低音时,以胸腔共鸣为主,口咽腔、喉咽腔次之,鼻腔、额窦、蝶窦上部共鸣腔更次之。

西洋唱法与民族唱法的不同之处在于共鸣点:西洋唱法的共鸣点在面罩喉咙面,咽喉腔开度较大而略圆,声音听起来上下通畅;民族唱法的共鸣点在中部,口腔开度较小,唇形也没那么圆。

总之,在演唱时,对活动共鸣腔和固定共鸣腔的运用要根据需要灵活调节。

5.16.4 语言的运用

语言在声乐艺术中占有相当重要的地位,它的重要性与呼吸不相上下。我国历来就很重视歌唱与语言的关系,有所谓"丝不如竹,竹不如肉"之说,也就是说丝竹只有声音而无字意,但歌唱可以唱出字意来。

就占人口最多的汉族来说,中国的歌唱艺术有着十分丰富的声乐文化传统。这种传统的形成,是在漫长的岁月中,经过长期的歌唱实践,基于语言特点、歌唱习惯、生活格调、乐曲性质等因素的影响所积累起来的,与西方歌唱艺术之间存在着一些显著的差别。汉族的语言与西欧各种语言比较,属于不同的语系,这必然形成发音上的种种差异。汉字发音是单音节的,一个字一个音一个义,而每一个汉字都包含了声、韵、调三种因素:

(1)声,是每个字发音的起始部分。由呼气冲击声带所发出的某个基音从声门出来之后,在口腔里受到部分阻碍所形成的音就是声。比如受了双唇的阻碍,就发出"波""婆""磨"等音,如受了舌尖的阻碍,就发出"得""特""勒"等音,也就是声母,声母决定了字音的位置。

(2)韵,是每个字发音的中间和结尾部分。声音的声母发出之后,由口腔的开合、舌头的升降而继续发出的音叫作韵。比如妈字,m 是声母,a 便是韵母。韵母决定了字音的动作和口形。

(3)调,用规范的汉语来说,调分四声,即阴平、阳平、上声、去声。

汉字共有 21 个声母,其发音位置为:双唇(b,p,m)、唇齿(f)、舌尖(d,t,n,l)、舌根(g,k,h)、舌前(j,q,x)、翘舌(zh,ch,sh,r)、舌齿(z,c,s)。在 21 个声母中,除 g、k、h 三个声母是在口腔后部的舌根之外,其他 18 个声母均在口腔的前半部。民族语言发音位置靠前的特点,决定了民族唱法的发音位置也是靠前的。

进一步讲,由于汉语的每个字音都是由一个到四个音素组成的(如"啊"是一个音素,"我"是两个音素,"高"是三个音素,"天"是四个音素等),依字音的构成,又分为起、舒、纵、收四个部分。如"香"(x-i-a-ng)、"消"(x-i-a-o)、"庄"(zh-u-a-ng),歌唱中,在吐发这类字音时,口型是由闭合到开放,又由开放到闭合的。这是西方各种语言中没有的。如意大利语,几乎每个字都是元音收尾的,所以口型总是处于开放状态,他们歌唱时习惯把口腔充分打开。在用汉语歌唱时,情况则不同,发声器官必须适应汉字语音开合的特点,这就自然地形成了与西方不同的发声方式。

5.17 发声的频谱分析

发声的声道很像一个共鸣器,其作用类似于簧管乐器的管腔体,喉部是闭端,嘴部是开端,像一个长度为 L 的圆管。它以波长为 1/4λ、3/4λ、5/4λ 等的频率产生共振。声腔的软内壁对声波的吸收远远大于簧乐器的硬质壁。声波的这种阻尼增宽了共振频率,使共振出现在几个宽频率范围内,而没有被限制在窄的频率范围内。这些展宽的共振被称为共振峰段。同时,声道也很难说是完善的圆柱体,结果使整个响应曲线和共振峰频段频率按照实际声道的状态发生变动。与大多数乐器不同,声道共振只有很少的反馈控制是通过声带进行的。

空气通过处于静止状态的声带所发出的声音是嘶嘶声(或沙沙声),它基本上属于嗓音,是所有频率的随机组合,而不是某一个固定的乐音。由声带振动引起的声音中的任何一个分音,只要它落在声道的共振峰段内,都将在声道内产生很强的共振响应,成为最后被听到的声音中的一个泛音。除声带外,乐音的质量还由喉腔、咽腔、口腔和鼻腔的大小和形状所决定。歌唱家仅能部分地控制这些变量,虽然发音的训练能扩展这种控制的范围。研究表明,腭的角度和嘴唇主要控制第一共振峰段,而舌头和口腔顶部压紧的位置和用力的大小主要确定第二共振峰段。控制软腭可打开鼻腔,以增加另外在1000Hz左右的共振。

成年男子的第一共振峰段通常在200~700Hz改变;第二共振峰段在700~2500Hz;第三共振峰段位于更高的频率范围。男子歌剧演唱家经常在3000~3500Hz的频段内发展特别的共振峰段。这是用改变喉腔—咽腔过渡,使喉腔共振不依赖于声道的其他部分的方法达到的。

女子的声音一般比男子的声音高(15%~20%),小孩的声音更高。在高音区,落入共振峰段内的发声分音可以有好几个,如果有些分音落入低响应范围内,歌唱家声音中的这些分音将被降低,从而影响音色。但是通过训练,女高音歌唱家常常可以改变她的声道,以调整一个或多个共振峰段与所唱音的分音相匹配。

当然,在实际发声和唱歌中,不可能只是以上所提到的那几部分器官,还牵连到一些复杂的高级神经活动,因此不能机械、简单地运用这些复杂的生理机能。

5.18 乐队

这一部分我们将讨论乐器的组合也就是乐队,从历史的发展到现在的规模,细致地分析乐队中乐器的平衡性、传统的排位关系以及乐队整体的声音辐射。

5.18.1 室内乐队的发展

所谓室内乐队指的是包括钢琴在内的35~40件乐器的组合,传统的室内乐队开始于18世纪中后叶,到19世纪得到了广泛传播。

低声部是巴洛克音乐(1600—1750)中不可或缺的部分。低声部往往由键盘乐器的低音部分以及大提琴、巴松管等低音乐器所组成。这种风格一直由巴洛克音乐流传至今,现在的许多室内乐队在演奏巴洛克音乐时仍然是用这样的低声部加其他两件独奏乐器,如三重奏奏鸣曲等。

随着时间的推移,所谓的低声部在室内乐队的发展中逐渐减少,1750—1830 年的古典时期甚至已经去掉了所谓的低声部。在古典时期,室内乐最大的变化就是加入了弦乐器组,形成了弦乐四重奏。这种形式包括两个高声部——小提琴;一个低声部——大提琴;后又加入了中声部——中提琴,使得整体的谐和感加强。由于演出观赏性的需要,从左到右依次为第一小提琴、第二小提琴、大提琴和中提琴。其中大提琴和第二小提琴稍稍靠后一些。当然排列的次序也可以根据实际情况进行调整。演奏者往往以弧形排列,这样可以更好地与其他演奏者进行交流。弦乐四重奏充分利用了各个声部之间的平衡关系,大提琴和中提琴在低频和中频音域的频率范围,使得整体的乐音明亮、透明。贝多芬的许多作品将这种形式带入了音乐的一个顶峰,直到现在仍然保持着这种风格。

在古典时期,钢琴逐渐取代了大键琴也成为室内乐队的一员,并发展出钢琴三重奏,包括小提琴、大提琴和钢琴。钢琴所起的作用就是平衡两个弦乐器。出于观赏性的需要,钢琴往往摆在中间,左边是小提琴,右边是大提琴(稍稍靠前)。

钢琴四重奏包括小提琴、中提琴、大提琴和钢琴;钢琴五重奏则是钢琴加上弦乐四重奏构成。一般来说,不管哪一种形式都是高音乐器在左,低音乐器在右,钢琴在中靠后的位置。

随着时间的推移,作曲家写出了更多的声部用来丰富作品,因此在 19 世纪的室内乐队中就加入了管乐器组,出现了管乐五重奏的形式,包括长笛、单簧管、双簧管、巴松管和号。甚至还出现了铜管五重奏,包括两个小号、号、高音长号、低音长号或大号。

现在的室内乐队不像传统的那样一成不变,而是会根据作品的需要进行调整,其中弦乐四重奏仍然保持了它的原汁原味。

5.18.2 交响乐队的发展

交响乐队的弦乐组往往包括小提琴组(分为第一小提琴组和第二小提琴组)、中提琴组、大提琴组和低音贝斯组。每一组的数目是可变的,但是一般来说总体人数不少于 15 人,最多尽量不超过 60 人。将小提琴组分为两组主要是根据作品的需要,每一组是没有区别的。

交响乐队中的木管乐器组是由木管乐器构成的，铜管乐器组由铜管乐器如小号、长号、大号等组成。法国号虽然属于铜管乐器组，但是它往往被单独划分为“号”一组，原因就是它在交响乐队中的音乐演奏效果不同于其他铜管乐器。法国号的声音会辐射到演奏者的右后方，经过多次反射才能够到听众席上，而一般的铜管乐器如小号、长号等，它们的声音是直接辐射到听众席上的。在许多音乐作品中，法国号往往起到对其他铜管乐器的烘托作用，作为木管乐器向铜管乐器过渡的角色。交响乐队中还有打击乐器组，但是定音鼓并不作为打击乐器组的一员，而是单独成为一组。

我们所讨论的现代意义上的交响乐队在巴洛克时代还没有形成，直到古典时代由于乐队中加入了弦乐器组、木管乐器组、铜管乐器组及打击乐器组，才可以说形成了交响乐队。在海顿（Haydn，1732—1809）和莫扎特（Mozart，1756—1791）的作品中我们可以看出这种演变过程。乐队数目的多少完全取决于作品的需要，但是至少要保证有弦乐器组、木管乐器组、一对法国号、一对小号和可有可无的定音鼓。

在排位上，小体琴被分为两组，第一小提琴在左，第二小提琴在右，大提琴和贝斯往往在第一小提琴的后面，中提琴则在第二小提琴的后面。木管乐器在弦乐器组的中后部位置，法国号和铜管乐器则位于木管乐器的两侧。定音鼓摆放在最后。当然在具体的演出中还可以有所变动，但之所以将弦乐器放置在最前面，是因为弦乐器组乐器声音辐射功率较小（见图 5-30）。

随着 19 世纪浪漫时期的到来，交响乐队的编制进一步扩大。在伯辽兹（Berlioz，1803—1869）的音乐作品和他关于交响乐的论文中，都提到了交响乐队的扩大问题。他提出交响乐队中弦乐器组的人数为 55～60 人，木管乐器组分为 4 组，其中短笛增加一倍，英国管增加一倍，低音单簧管和高音单簧管各增加一倍，倍低音巴松管增加一倍，而铜管乐器不用增加。在瓦格纳（Wagner，1813—1883）的作品中，由于作品的需要，增加了铜管乐器的数目，需要至少有 4 把小号、4 把长号、1 把大号和 8 把法国号。到了马勒（Mahler，1860—1911）、施特劳斯（Strauss，1864—1949）和斯特拉文斯基（Stravinsky，1882—1971）的作品中，对交响乐队的编制则更加扩大了。许多乐器由于作品的需要而大量被采用，交响乐队中也不断增加了打击乐器的数量。

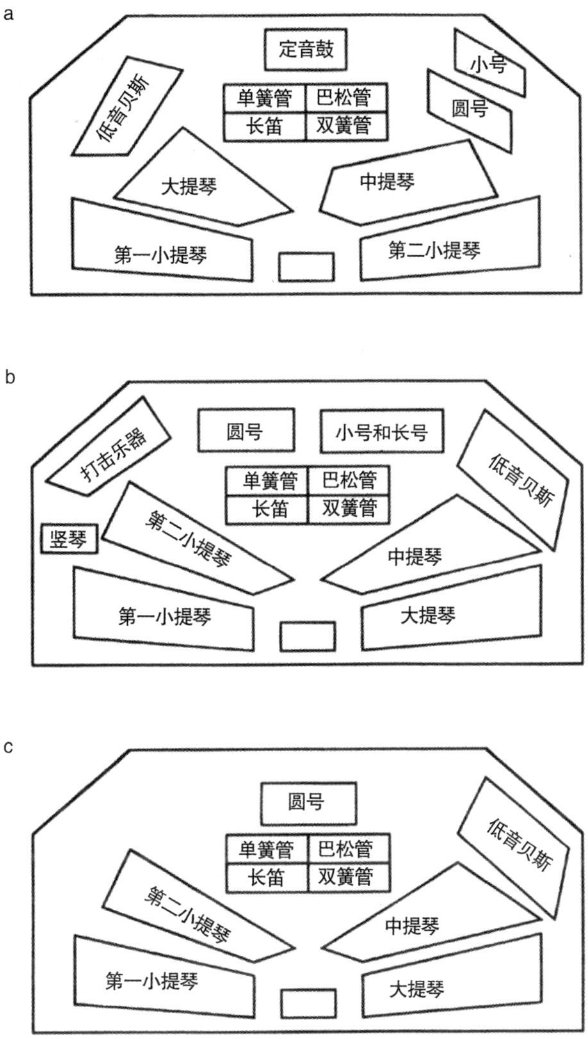

图 5-30　典型室内乐队排位

注：a.最早排位；b.现代排位；c.小乐队排位。

表 5-8 为古典时期贝多芬作品需要的交响乐对编制、浪漫时期伯辽兹作品需要的交响乐队编制和施特劳斯现代交响乐队编制的比较。

表 5-8　交唤乐队编制比较

古典时期(把)	浪漫时期(把)	现代(把)
第一小提琴——6	第一小提琴——10	第一小提琴——14
第二小提琴——6	第二小提琴——10	第二小提琴——14
中提琴——4	中提琴——8	中提琴——10
大提琴——4	大提琴——8	大提琴——10
贝斯——2	贝斯——6	贝斯——9
长笛——2	长笛——2	长笛——3

续表

古典时期(把)	浪漫时期(把)	现代(把)
双簧管——2	短笛——1	短笛——1
单簧管——2	双簧管——2	双簧管——3
巴松管——2	英国管——1	英国管——1
法国号——2	单簧管——2	单簧管——3
小号——2	低音单簧管——1	低音单簧管——1
定音箍——1	巴松管——2	巴松管——3
	倍低音巴松管——1	倍低音巴松管——1
	法国号——4	法国号——4
	小号——3	小号——3
	长号——3	长号——3
	大号——1	低音长号——1
	定音鼓——1	大号——1
	打击乐器——2	定音鼓——1
		打击乐器——3
		竖琴——2
		键盘乐器——1

5.18.3 交响乐队的排位

图5-31所示为交响乐队的排位图,其中小提琴被分为两组。在每一组中都有一个首席,当需要时由他来演奏独奏部分,弦乐器组所有的首席坐在他们相应的最前排。同样在弦乐四重奏等排位中最前面的位置就是首席,铜管乐器的首席往往坐在铜管乐器组的最前面。

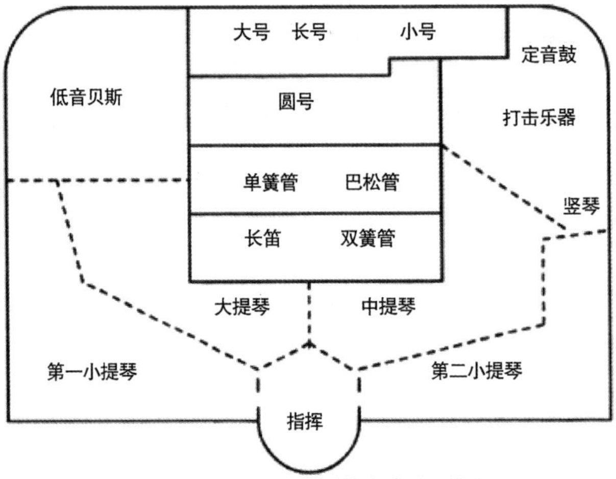

图5-31 小提琴组分开的交响乐队排位

从指挥的位置看去,木管乐器组由两排组成,第一排长笛在左,双簧管在右;第二排单簧管在左,巴松管在右,首席坐在每一排的中间位置,因此四个木管乐器首席都集中在中间位置,前排两个,后排两个。这样排位可以使他们更容易把握乐曲的平衡性,同时对他们的独奏也有帮助。铜管乐器组和法国号的排位与此类似。

打击乐器组也有首席,他的作用一般是进行乐曲的平衡性调整。严格来说,定音鼓作为打击乐器中的一部分,定音鼓师也可以是首席。另外,交响乐队中的第一竖琴演奏者和键盘乐器演奏者也都是相应的首席。

在21世纪初,英国指挥家亨利·伍德(Henry Wood)根据弦乐器组中的左右高低位置进行了重新的排位(见图5-32)。但是只有很少的指挥家采用这种排位方式。直到第二次世界大战之后,这种排位方式才被接受并成为交响乐队主要的排位方式。伍德解释说这种排位可以使得乐曲的平衡性得到更好的调节,包括小提琴组和大提琴中提琴组。事实上这种排位之所以在二战后得到广泛应用,其实是和当时的录音技术相关的,因为这种排位更容易获得立体声录音的效果。

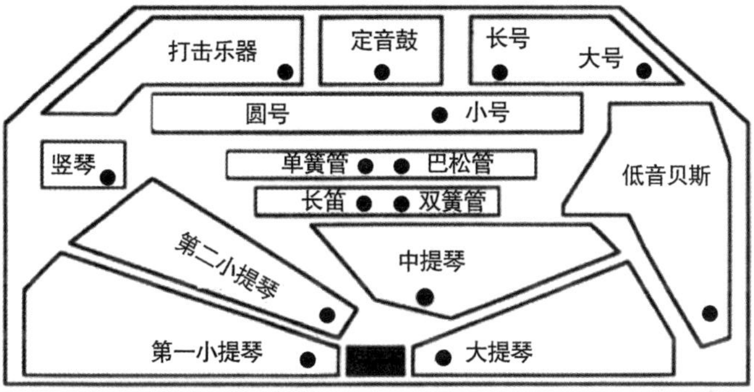

图5-32 交响乐队排位

另外还有一些特殊的排位,如剧场演出时的乐队排位(见图5-33)。

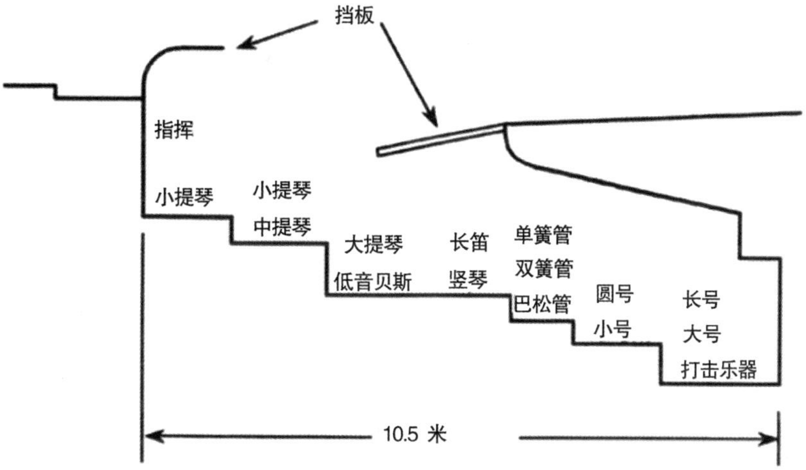

图5-33 剧场演出时的乐队排位

5. 18. 4 交响乐队的声学特性

表 5-9 中术语来自意大利语，用来描述交响乐队演奏时的声压及动态范围。

表 5-9 乐谱中演奏强度标记

pp	pianissimo（非常弱）
p	piano（较弱）
mp	mezzopiano（弱）
mf	mezzoforte（强）
f	forte（较强）
ff	fortissimo（很强）

有时我们也会看到 ppp 和 fff 标记，这代表着更弱或更强的动态需要。当然这些标记也是相对的，并没有绝对意义上的强和弱。一般来说，现代交响乐队在演奏时的功率输出范围约为 1~10 瓦，在峰值时为 10~20 瓦。

如图 5-34 所示为交响乐队中各个乐器组的声压级。可以看出弦乐器组的声压级最小，木管乐器组次之，铜管乐器组最大。在音乐厅中，听众可以感受的声压级一般在 70~90dB，在某些片断甚至可以达到 130dB。

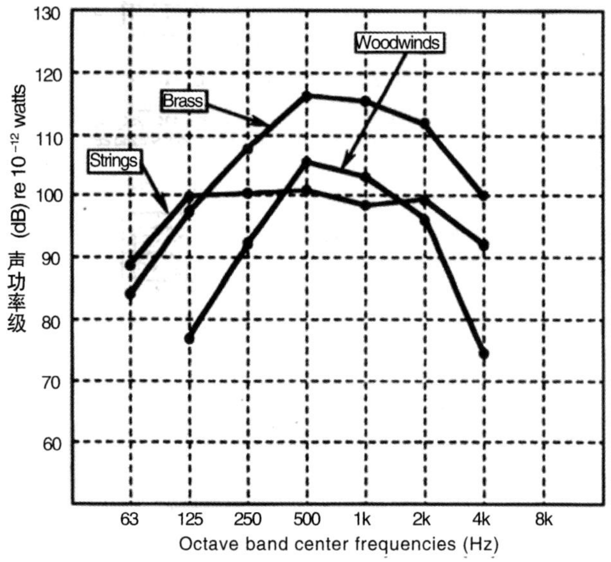

图 5-34 现代交响乐对中各乐器组的声功率级

思考题

1. 乐器的分类方式有哪些？
2. 弦乐器的发声机理是什么？
3. 试述乐队编制的发展及排位关系的变化。

6 电声学基础

6.1 电声换能器

电声换能器是指通过某种物理效应，实现电能与声能之间互相转换的器件或装置，简称换能器。扬声器和传声器是换能器应用的一种形式，统称为电声器件，电声器件是电学、力学和声学的混合系统。这一章我们对电声器件中的传声器和扬声器进行介绍。

6.1.1 换能原理

换能器所依据的换能原理各不相同，换能原理可分为电动式、电磁式、电容式、压电式、碳粒式和电子式等，其中在声频工程中较常用的是电动式和电容式。

一、电动式

电动式换能器是利用安培定律和电磁感应定律来实现电能与声能互换的。所谓安培定律是指通电导体在磁场中会受到力的作用；电磁感应定律是指导体在磁场中切割磁力线运动会产生感生电动势。

电动式换能器的导体呈线圈状，置于环形磁缝隙中，通常导体与振膜相连或本身制成薄膜状，当导体通过声频电流时，根据安培定律，导体将受到力的作用，并产生与声频电流相应的振动，带动振膜振动而辐射声波，从而实现从电能到机械能再到声能的转换。反过来，当振膜受到声波作用带动导体发生振动时，由于导体在磁场中切割磁力线运动，产生了相应的感生电动势，从而实现从声能到电能的转换。可见，电动式换能器是通过磁场力的作用来实现电能与声能互换的,而且系统是无源可逆的。

电动式换能器常被用于传声器、扬声器和耳机中。

二、电容式

电容式换能器是利用电容器极板之间的静电力来实现电能与声能互换的,也被称为静电式。其中,固定极板和振膜构成了一个可变电容器,固定极板常被称为背极板,振膜被称为可动极板,可变电容器是电容式换能器的主要部件。当可变电容器两端加有变化的声频电压时,由于极板间电压发生变化,产生了相应变化的电场和电场力,振膜受电场力作用后做相应的振动,从而将电能转化为声能。反之,当振膜受声波作用发生振动时,极板间距离发生了变化,电容器的电容就发生相应变化,使回路中产生相应的变化电流,在电阻两端获得相应的音频电压,从而实现由声能到电能的转换。但是,实现这种声电之间的线性变换必须有一个前提条件,即极板间存在一个直流极化电压。可见,电容式换能器是依靠电场力的作用来实现力电变换的,它是一个有源可逆的系统。

电容式换能器常被用于传声器、扬声器和耳机中。

三、压电式

压电式换能器是利用压电晶体、压电陶瓷或压电高分子聚合物薄膜的压电效应来实现电能与声能互换的。

压电高分子聚合物薄膜上下两面蒸镀金属电极,当交流电压作用于电极垂直方向上时,在薄膜的水平方向会产生应变,如果把薄膜做成两侧固定的曲面,则当电极上作用交变电压时,在曲面的法线方向会产生相应的振动,从而辐射声波。反之,当声波作用于压电材料制成的振膜上时,振膜受力发生变形,那么在它的界面会产生相应的电荷,形成电位差,从而实现声能到电能的变换。压电式换能器是无源可逆的系统,常被用于传声器、耳机中。

此外,换能器还有电磁式、碳粒式和电子式等。电磁式换能器是利用电磁力对振动板或连有振膜的衔铁的作用来实现声电能量互换的。电磁式换能器多被用于语言通信,常被用于受话器和送话器中,也可做成扬声器。碳粒式也叫电阻式,是一种利用碳粒间接触电阻受声压作用产生变化,从而获得相应变化的电信号的单向换能器,它只能实现从声能到电能的转换,是有源不可逆的。电子式也叫半导体式,其工作原理与碳粒式相似,只能实现从声能到电能的转换,是一种有源单向换能器,通常被用于通信中做送话器。电子式换能器可分为压阻式和晶体管式两种,压阻式换能器是在锗、硅等单晶或二极管上施加压力,使电阻变化,这就是压阻效应,利用这种压阻效应,以与碳粒式换能器相同的原理获得输出电压。晶体管式换能器是在晶体管上施加压力,使电流放大率改变,从而获得相应变化的电流和电压。

6.1.2 换能器频率特性控制

当换能器作为电声器件时,我们不仅希望它的输出与输入呈线性关系,而且希望它的频率特性是平坦均匀的。大多数换能器在听觉频率范围的中低频段可以近似认为是集中参数系统,振膜可用一个基本振动系统来等效,其共振频率为 $f_0=\frac{1}{2\pi}\sqrt{\frac{1}{M_{m0}C_{m0}}}$,是振动系统的最低共振频率。在电声器件设计时,为了使其频率响应平坦均匀,对于不同类型的换能器,应采用不同的频率特性控制方法。当器件输出与振动系统的位移成正比时,被称为位移型换能器。这时,为了获得平坦的频率响应,应使系统的工作频率在 f_0 以下,为此必须采用较小的振膜质量和较大的力劲($K_m=1/C_m$),以提高 ω_0,并使系统的力阻抗以弹性抗为主,这种频率特性的控制方法被称为弹性控制或力劲控制,例如,压强式电容传声器就工作在弹性控制区。当器件输出与振动系统的振速成正比时,被称为速度型换能器,这时应使系统的工作频率在 ω_0 附近。为了展宽工作频带,需要降低谐振峰,因此需增大振动系统的阻尼,使系统的力阻抗以力阻为主,因此被称为力阻控制。当采用力阻控制时增大力阻的另一个原因是:由于共振频率处于工作频率范围之内,如果共振系统的品质因数 Q 值太大(阻尼小),就会使在强迫振动过程中渗入的自由振动衰减太慢而引起瞬态畸变。但是增大力阻的同时会使灵敏度降低,因此应折中考虑,例如,号筒扬声器工作在力阻控制区。当输出与振动系统的加速度成正比时,被称为加速度型换能器,这时应使系统的有效工作频率在 f_0 之上,为此必须采用较小的力劲和较大的振膜质量,使系统的力阻抗以质量抗为主,因此被称为质量控制。例如,电动式锥形扬声器就工作在质量控制区。

6.2 传声器

传声器是一种将声压信号转换为相应的电信号的电声换能器,用符号 |○— 表示。传声器将声信号变为电信号后,经过放大,可以用来进行语言通信、录音、广播和扩声。传声器俗称话筒或麦克风。

传声器的种类很多,可以根据换能原理、声接收方式、指向性以及应用特点进行分类。按换能原理不同,传声器分为电动式、电容式等;按声接收方式不同分为压强式、压差式和复合式;按指向性不同分为全指向性、双指向性、单指向性和可变指向性;按使用场合和用途不同,又分为无线传声器、立体声传声器、强指向性传声器、界面传声器和测量传声器等。各种类型的传声器尽管在结构上有所不同,但是它们都有一个振动系统,该系统在声波的作用下产生振动,并通过不同的物理效应将振动转换为相应的电压变化、电容变化或电阻变化,最终都以电压变化的形式输出。

6.2.1 传声器声接收原理和指向性

当传声器置于声场中时,传声器的膜片会受到声波的作用,产生随之变化的作用力或激振力,使振动系统发生振动。传声器膜片受声波作用而获得激振力的方式各不相同,不同的声接收方式决定了传声器不同的指向性。常用传声器的声接收方式有压强式、压差式和复合式。

6.2.1.1 压强式声接收及其指向性

压强式声接收是利用对声场中的声压发生响应的原理制成的。它通常由一个受声振膜固定在封闭空腔上构成。一般在腔壁上有一个小泄漏孔,使腔内压强与周围大气压强 P_0 保持平衡。当不存在声波时,振膜内外两面所受压强相同,作用在振膜上的合力等于零,振膜保持静止状态。当有平面波垂直入射时($\theta=0°$),振膜在腔外的一面受到声压 p 作用,设振膜面积为 S_D,则作用在振膜上的合力为:

$$f=[(P_0+p)-P_0]\cdot S_D=pS_D \tag{6.1}$$

一般情况下,声波入射为斜入射,即声波入射方向与传声器振膜的法线方向成一定夹角 θ。若振膜的线度并不很小,则声波从声源传到振膜各部分的距离将不相同,因此,作用在振膜各部分的声压振幅和相位也就不同。这时,振膜所受的合力应为:

$$f=\int_{S_D}p\,ds \tag{6.2}$$

设振膜呈圆形,半径为 a,入射波来自较远的点声源,P_a 为振膜中心处的声压振幅,则通过理论分析计算可得压强式声接收振膜所受作用力振幅为:

$$F_a\approx P_aS_D\frac{2J_1(ka\sin\theta)}{ka\sin\theta} \tag{6.3}$$

其中,$k=\dfrac{\omega}{c}$,J_1 为一阶贝塞尔函数。

可见,作用力与传声器所在位置的声压成正比,而且与声波的入射角有关。传声器声接收灵敏度随声波入射方向而变化的特性,被称为传声器的指向性。传声器的指向性用指向性函数 $D(\theta)$ 来描述,定义为:

$$D(\theta)=\frac{M(\theta)}{M(0°)} \tag{6.4}$$

其中,$M(\theta)$ 为 θ 方向的灵敏度,$M(0°)$ 为主轴方向的灵敏度。

式(6.3)具有较复杂的指向性。但是,当 $ka<1$ 时,式(6.3)可简化为:

$$F_a \approx P_a S_D \tag{6.5}$$

其指向性函数 $D(\theta)\approx 1$。换句话说,当振膜尺寸甚小于声波波长时,可以认为振膜所受声压是均匀的,且与方向无关,作用力可用上述简单公式计算。

如果一只传声器采用压强式声接收方式,那么它就是压强式传声器。在一定的工作频率范围内,压强式传声器具有无指向性或称全指向性。

6.2.1.2 压差式声接收及其指向性

一、压差式声接收及其指向性

压差式声接收是利用对声场中相邻两处的声压差发生响应的原理制成的,其振膜两面都暴露在声场中。

设振膜前后所接收声波的等效声程差为 ΔL,若将这种声接收器置于声场中,声波传到振膜两面的距离不同,因而振膜两面受到的声压也不同。假定振膜半径很小,而且满足 $ka<1$,那么,作用在振膜同一面上的声压可以被近似认为是均匀的,作用在振膜上的合力为:

$$f=\Delta p \cdot S_D \tag{6.6}$$

设声波沿 r 方向传播,声压沿 r 方向的变化率为$\frac{\partial p}{\partial r}$。设 x 轴方向与振膜的法线方向一致,则 ΔL 在 r 方向上的投影为 $\Delta L\cos\theta$。若 ΔL 很小,则作用在振膜上的合力近似为:

$$f\approx -S_D \frac{\partial p}{\partial r}\cos\theta \cdot \Delta L \tag{6.7}$$

其中,负号表示负的压差(这里的压差是指振膜背面与正面的声压差)将使振膜产生正 x 方向的力。可见,压差式声接收的指向性函数 $D(\theta)\approx\cos\theta$,被称为双指向性或 8 字形指向性。

如果一只传声器采用的是压差式声接收方式,那么它就是压差式传声器。压差式传声器在振膜和外壳尺寸甚小于波长的条件下具有 8 字型指向性。

二、近讲效应

压差式传声器近距离工作时,存在低频灵敏度显著提升的现象,被称为近讲效应。下面主要从理论分析和定性分析两个方面说明近讲效应产生的原因。

1. 理论分析

通常声场为球面波声场,声压表示为:

$$p=\frac{A}{r}e^{j(\omega t-kr)}=P_a e^{j(\omega t-kr)} \tag{6.8}$$

其中,A 为待定常数,r 为接收点到声源的距离,$k=\frac{\omega}{c}$,P_a为接收点声压振幅。将式(6.8)代入式(6.7)得作用力振幅为:

$$F_a=P_aS_Dk\Delta L\frac{\sqrt{1+(kr)^2}}{kr}\cdot\cos\theta \tag{6.9}$$

由式(6.9)可知,振膜受到的作用力不仅与接收点的声压大小 P_a成正比,而且与接收点到声源的距离 r 以及工作频率有关。

当传声器与声源之间有一定距离时,可以认为 $kr\gg1$,作用力振幅为:

$$F_a\approx P_aS_Dk\Delta L\cos\theta \tag{6.10}$$

当 $kr\ll1$ 时,即近场使用传声器且工作频率较低时,作用力振幅为:

$$\begin{aligned}F_a&\approx\frac{P_a}{r}S_D\Delta L\cos\theta\\&=\frac{1}{kr}P_aS_Dk\Delta L\cos\theta\end{aligned} \tag{6.11}$$

对比式(6.11)和式(6.10)可知,当 $kr\ll1$ 时,近场所受激振力大于远场时的激振力,而且频率越低,这种差异越明显。因此,压差式传声器近场工作时,存在低频灵敏度显著提升的现象。

2. 定性分析

压差式传声器的振膜激振力源于振膜两面的声压差。当传声器处在 1m 以外的远场工作时,声波可视为平面波,其声压差主要是由声程差引起的相位差产生的。而当传声器处在 0.5m 以内的近场工作时,声波更应该视为球面波,此时声压差不仅来自声程差引起的相位差,而且来自声程差引起的振幅差,因此,激振力明显增大,同时振幅差对低频的影响明显大于对高频的影响。

6.2.1.3 复合式声接收及其指向性

复合式声接收是利用对声场中压强和压差都发生响应的原理制成的,它可以被看成压强式声接收和压差式声接收复合而成。复合方式可分为电复合式和声复合式两种。所谓电复合式是指将压强式声接收和压差式声接收输出的电信号进行叠加的一种复合方式,声复合式则是通过将压强式声接收和压差式声接收的声学结构进行复合来实现的。声复合式的声接收结构由一个容积为 V_0 的腔体构成,空腔的前部装有振膜,背壁上开有一孔与外空间相连通,作为第二入声口,孔中装有吸声材料。通过理论

分析和计算可以得到复合式声接收的指向性函数为:

$$D(\theta)=A+B\cos\theta \tag{6.12}$$

从指向性上看,复合式声接收的指向性也是由无指向性和 8 字形指向性复合而成的。让 $A+B=1$,A、B 按不同比例取值时的指向性合成如图 6-1 所示。当 $A=1$、$B=0$ 时,$D(\theta)=1$,为无指向性(Omnidirectional);当 $A=0.7$、$B=0.3$ 时,$D(\theta)=0.7+0.3\cos\theta$,形成次心形指向性或称扁圆形指向性(Subcardioid);当 $A=B=0.5$ 时,$D(\theta)=0.5+0.5\cos\theta$,形成心形指向性(Cardioid);当 $A=0.37$、$B=0.63$ 时,$D(\theta)=0.37+0.63\cos\theta$,指向性在 180°方向出现副瓣,成为超心形指向性(Supercaridioid);当 $A=0.25$、$B=0.75$ 时,$D(\theta)=0.25+0.75\cos\theta$,形成锐心形指向性(Hypercardioid);当 $A=0$、$B=1$ 时,$D(\theta)=\cos\theta$,为 8 字形指向性(Figure-8 或 Gradient)。

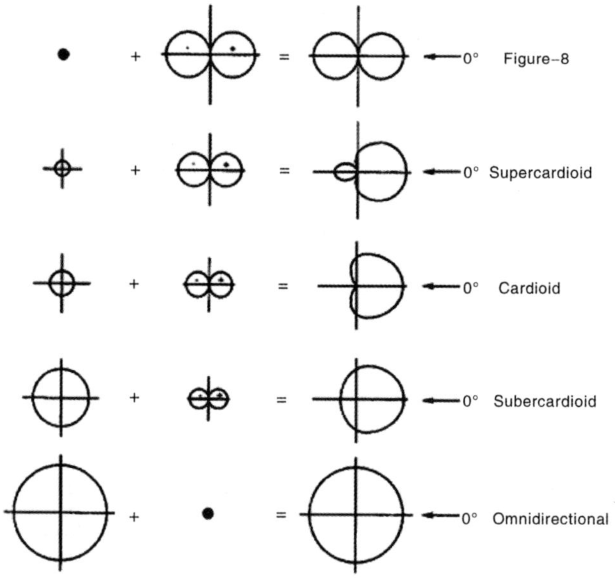

图 6-1 A、B 取不同值时指向性合成

由于复合式传声器采用的是一种压强式和压差式相结合的声接收方式,因此,它也存在近讲效应,只是要比压差式传声器弱些。

6.2.2 传声器性能参数

传声器电声性能的好坏,需要用一系列物理参数来描述,这些物理参数被称为传声器的电声参数或性能参数。只有了解了传声器各项性能参数的物理意义,才能对传声器的电声性能进行分析和评估。传声器的电声参数主要有灵敏度、频率响应、指向性、输出阻抗、谐波失真、噪声级和动态范围,此外还有最大声压级、负载阻抗、极性和相位特性等。

一、灵敏度

灵敏度是表示传声器电声转换能力的基本参数，通常是指传声器在 1000Hz 频率的输出电压与所受声压之比，其数学表达式为：

$$M = \frac{U}{P} \tag{6.13}$$

其中，M 为传声器的灵敏度，单位为伏/帕（V/Pa）或毫伏/微巴（mV/μba）；U 为传声器的输出电压有效值，为了避免受负载影响，常用开路电压表示；P 为传声器所受声压有效值。当输出电压采用负载两端电压时，测得的灵敏度被称为有载灵敏度，这时应注明负载。传声器的灵敏度也可以用灵敏度级表示，即：

$$L_m = 20\lg \frac{M}{M_r} \tag{6.14}$$

其中，L_m 为传声器的灵敏度级，单位为分贝（dB）；M_r 为参考灵敏度，通常取 M_r = 1V/Pa。

传声器的灵敏度不仅与频率、声波入射角以及输出端的负载有关，而且与作用声压的计量方法有关。根据声压测量方法不同以及声场性质不同，传声器的灵敏度又分为声压灵敏度、声场灵敏度和扩散场灵敏度。声压灵敏度是指传声器开路输出电压与传声器放入声场后所受声压之比；声场灵敏度是指在自由声场中，其参考轴与声波入射方向平行时，传声器的开路输出电压与传声器未放入声场时该点的自由场声压之比；扩散场灵敏度是指传声器置于扩散声场中，其开路输出电压与传声器未放入时该点扩散声场声压之比。

由于声波的衍射效应，传声器放入空间某点后，该点的声压会变得大一些，因此，声场灵敏度一般要比声压灵敏度大。频率越高，衍射效应越显著，当 $ka>10$ 时（a 为传声器振膜有效半径），声压可能相差近两倍。而低频时，声场灵敏度和声压灵敏度比较接近。一般在没有特别说明的情况下，传声器的灵敏度是指声场灵敏度。

二、频率响应

当声波从一指定方向入射时，传声器灵敏度随频率变化的特性，被称为传声器的频率响应或频率特性。反映灵敏度与频率关系的曲线，被称为传声器的频率响应曲线。通常以 1kHz 时的灵敏度为参考灵敏度，即 0dB。

传声器的频率响应一般是在自由场平面波的条件下被测得的，并且使传声器主轴与波阵面垂直，这种频率响应即声场频率响应，录音用传声器一般给出的是声场灵敏度频率响应。如果测量是在声压或扩散场条件下进行的，则得到的是声压频率响应或扩散场频率响应。

由于传声器对声波的衍射作用,传声器的主轴声场频率特性与其他方向的声场频率特性在高频区有较大区别,因此导致主轴声场频率特性与扩散场频率特性有一定的区别,这种区别主要存在于高频区域。一般来说,在高频区,主轴方向灵敏度大于其他方向的灵敏度,也大于扩散场灵敏度。造成这种频率特性差异的另一个原因是传声器的指向性。因此,使用时要注意到这一点。

传声器的频率特性也可以用有效频率范围和频响曲线的不均匀度来表示。对于某一类传声器,它的实际频响曲线与所需频响曲线相比,偏差在允许范围内的最大频率间隔被称为有效频率范围。不均匀度为有效频率范围内最大灵敏度与最小灵敏度之差值。

为了得到较好的音质,一般要求传声器的频响曲线宽而平直,但是根据使用场合不同,对传声器的频响有不同的要求,如播送语言的传声器在 6000~8000Hz 有一定提升,可以提高语言清晰度;录制小提琴演奏的传声器,低频下限不要求很低,因为小提琴最低基音在 196Hz 上已经很弱,频带太宽反而容易拾取不需要的噪声。

三、指向性

传声器的灵敏度不仅与声波的频率有关,而且与声波的入射方向有关。传声器的灵敏度随声波入射方向而变化的特性被称为传声器的指向性。传声器的指向性常用指向性图表示。指向性图是传声器指向性函数 $D(\theta)$ 的极坐标曲线。传声器的指向性大体分为全指向性、双指向性和单指向性三类。全指向性传声器对来自四面八方的声音有大致相同的灵敏度;双指向性传声器前后两面的灵敏度大小相等但相位相反,而对两侧的声波不灵敏;单指向性传声器则以接收正面来的声音为主。

传声器的指向性也可以用指向性频率特性、指向性因数和指向性指数来表示。声波以不同入射角入射时,所测得的一组传声器频率响应曲线,被称为指向性频率特性。传声器在某一频率入射角为 0°的平面波作用下,其声场灵敏度 M_0 的平方与同频率相同声强扩散场灵敏度 M_d的平方之比,被称为传声器的指向性因数,用对数表示则为传声器的指向性指数,即:

$$DI(f) = 10\lg Q(f) = 10\lg \frac{M_0^2}{M_d^2} \tag{6.15}$$

其中,$Q(f)$为传声器的指向性因数。传声器的指向性越强,则其指向性指数越大。因此,可以根据传声器指向性指数评估传声器对周围环境声抑制能力的大小。

指向性是选用传声器时必须考虑的重要指标之一,往往根据声源及其所在的声学环境来选用不同指向性的传声器。如果要求拾取周围各方向的声音或房间的混响声,则选用全指向性传声器;若要求拾取某一方向的声音,同时又希望排除周围环境噪声的干扰，则选用心形指向性、超心形指向性或8字形指向性传声器；若希望只拾取远处某一方向的声源，则往往选择强指向性传声器。

四、输出阻抗

由传声器输出端测得的内阻抗的模值，被称为传声器的输出阻抗，通常指频率为1kHz时的阻抗。

传声器阻抗是为了与后级设备如前置放大器输入端合理配接而设计的，可分为高阻抗和低阻抗两种，高阻抗通常为2kΩ、4kΩ、10kΩ、20kΩ和50kΩ，低阻抗有50Ω、150Ω、200Ω、250Ω和600Ω等，以适应不同的使用要求。

高阻抗传声器一般是为了提高传声器输出电压而设计的，但是在使用时容易引起感应噪声和线路高频衰减，因此在广播录音等专业场合很少使用2kΩ以上的高阻抗传声器。

五、谐波失真

谐波失真是表示传声器非线性失真大小的一个技术指标。所谓非线性失真是指由振幅非线性引起的一种失真，一般用谐波失真和互调失真两个参数来表示。

谐波失真是指当输入传声器某一频率的正弦信号时，输出信号中除了出现原输入信号的频率成分（称为基波）外，同时还出现与基波频率成整数倍频率的信号（称为谐波），这种现象被称为谐波失真。

谐波失真大小可用谐波失真度 K 来表示，其定义式为：

$$K=\frac{\sqrt{P_2^2+P_3^2+\cdots\cdots+P_n^2}}{P}\times 100\% \tag{6.16}$$

其中，$P=\sqrt{P_1^2+P_2^2+P_3^2+\cdots\cdots+P_n^2}$，为总输出声压有效值；$P_1$ 为基波声压有效值；P_n 为n次谐波声压有效值。此外，还有二次谐波失真度和三次谐波失真度，分别定义为 P_2/P 和 P_3/P。

传声器的谐波失真是指传声器在规定的最大声压级作用下，其输出电压的非线性失真。一般规定失真度不大于0.5%或1%。

六、噪声级

传声器的噪声主要来自两个方面，即本身的固有噪声和外界的电磁感应引起的噪声。固有噪声主要是由膜片的热扰动或有源电路部分的电噪声引起的。这两种噪声的大小分别用等效噪声级和磁感应噪声级表示。

1.等效噪声级

当传声器的受声面没有受到任何声波作用时，它还会有一定的电压输出，这就是传声器的固有噪声电压。设想有一声波作用在传声器上,它产生的输出电压正好与传声器的固有噪声电压相等,这一声波的声压级就是传声器的等效噪声级,即:

$$L_n = 20\lg \frac{U_n}{MP_r} \tag{6.17}$$

其中,L_n为传声器的 A 计权等效噪声级,单位为分贝(dB A);U_n为加 A 计权网络的传声器的固有噪声电压;M 为传声器灵敏度;P_r为参考声压,一般取 $P_r = 2\times10^{-5}$Pa。

2.磁感应噪声级

传声器受到交流电磁场作用时,在其输出端会有感应的电压输出,被称为传声器的磁感应噪声电压。规定传声器置于频率为 50Hz 的交流电磁场中,每 5μT 磁场强度在其输出端产生的噪声电压的等效输入声压级被称为磁感应噪声级,即:

$$L_{mn} = 20\lg \frac{U_m}{MP_r} \tag{6.18}$$

其中,L_{mn}为传声器的磁感应噪声级,单位为分贝(dB);U_m 为每 5μT 磁场强度下传声器产生的感应噪声电压;M 为传声器的灵敏度;P_r为参考声压。

七、动态范围

传声器的动态范围是指传声器所能接收声压级的大小范围,其上限受到失真的限制,下限受到固有噪声的限制。通常灵敏度越高,可拾取的声压级下限越低。

八、最大声压级

最大声压级是指传声器在有效频率范围内的任何频率和任何入射方向上,其输出电压的非线性失真不超过规定值时的平面波最大声压级。对高保真传声器要求最大声压级达到 114dB,对专业用传声器要求最大声压级达到 124dB,对测量传声器则要求有更高的最大声压级,这一技术要求并不是很容易实现的。

九、负载阻抗

传声器负载阻抗是制造厂家为了保证传声器正常工作而规定的,一般规定至少为传声器输出阻抗的 5 倍。如果传声器输出阻抗为 200Ω,则负载阻抗至少为 1kΩ。传声器一般直接与设备的前置放大器相连,因此前置放大器的输入阻抗就是传声器的负载阻抗,其输入阻抗应大于传声器输出阻抗的 5 倍,以获得良好的电压传输并避免失真。

十、极性

当传声器振膜向内运动时,产生瞬间正电压的输出端规定为正极。生产传声器时,应明确规定其极性。因为在录制或拾取大型节目信号时,往往需要使用多只传声器,当两只传声器与声源距离相等时,它们的直达声就会同时到达;如果两只传声器的极性相反,则其合成信号就会相互抵消,产生适得其反的重放效果。

十一、相位特性

传声器的输出电压和激励声压之间往往存在相位差,这个相位差随频率变化的特性被称为传声器的相位特性。虽然传声器的相位特性对声音信号的传输有一定影响,但目前还不作为厂家必须提供的电声参数。然而,在大力发展多声道录制和重放技术的今天,传声器的相位特性会越来越受到重视,因为人耳的低频声定位主要依据双耳相位差,如果录制时不考虑传声器的相位特性,录制的节目就可能不能获得正确的声像定位,达不到预期的音响效果。

6.2.3 动圈传声器

在广播录音中常用的传声器是动圈传声器和电容传声器。动圈传声器是一种导体呈线圈状的电动式传声器。电容传声器也叫静电式传声器,是一种利用电容式换能原理制成的传声器。虽然动圈传声器和电容传声器的基本工作原理和结构从出现到现在几乎没有变化,目前采用的仍然是传统和经典的设计,但几十年来通过电路的不断改进、材料的不断更新和工艺水平的不断提高,其性能已逐步完善,基本能够满足专业录音和广播的需要。

动圈传声器是利用电动式换能原理制成的传声器,其导体呈线圈状,线圈两端即音频信号输出端。由于线圈的输出阻抗较低,一般需要接输出变压器提高其输出阻抗到 200Ω 以上。但近年来使用了高强度超细漆包线制成 4 层或 6 层的脱胎音圈,其阻抗较高而无须输出变压器。动圈传声器具有频带宽、动态范围大、失真小、性能稳定、坚固耐用、环境适应性好等优点,使用方便,无须附加放大器和工作电源,又可以制成多种指向性,是用途最广的传声器之一。由于动圈传声器利用声学谐振系统补偿频率特性,因此与电容传声器相比,其瞬态特性略差。

6.2.3.1 压强式动圈传声器

压强式动圈传声器的基本结构如图 6-2 所示。它的受声面是一个球顶形振膜,在振膜后面粘有一个音圈,该音圈置于一个均匀的强磁场里。当声波作用时,振膜发生相应的振动,从而带动音圈切割磁力线运动,音圈两端产生相应的感生电动势,这就是动圈式传声器的工作原理。

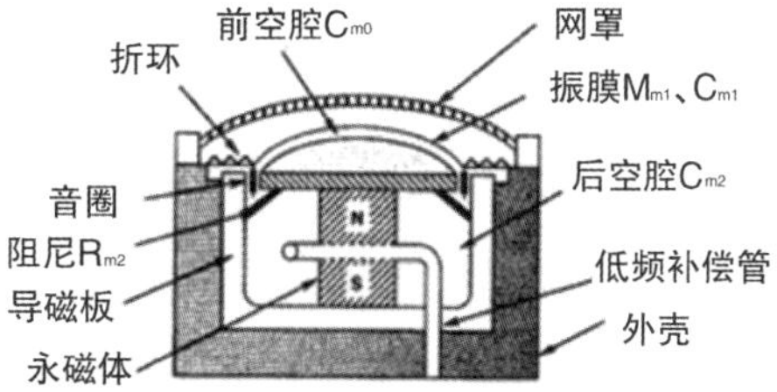

图 6-2 压强式动圈传声器基本结构

为了使动圈传声器具有较宽阔平坦的频率响应，一般采用两种办法，一是力学振动系统采用力阻控制，增大力阻，降低谐振峰，使频响曲线趋于平坦；二是增设新的声学结构，组成多谐振振动系统，扩展高、低频有效频率范围。因此，实际动圈传声器主要由四个部分组成：力学振动系统、磁路系统、增设的各种扩展频带的声谐振系统以及输出变压器。由于动圈传声器输出阻抗较低，所以，一般要在输出端配置变压器，目的是提高输出阻抗，以便与后级设备连接。

低频补偿的常用方法是采用低频补偿管。它是在简单传声器的基础上增加一个声管道通向后空腔而构成的，实际上是增设了一个声学共鸣器。如果这个共鸣器的有关参量控制适当，使共鸣器的谐振频率稍低于低频截止频率 f_L，膜片就会在 f_L 以下的一个频率范围内受到谐振声压的作用，使音圈仍能达到较高的振速，从而扩展传声器的低频下限。

高频补偿的方法也很多，其中一种是在振膜前增加一个高频补偿盖。当把此系统谐振频率设计在高频时，膜片处的高频声压就会得到提升，从而扩展传声器的高频上限。

6.2.3.2 复合式动圈传声器

复合式传声器分为两类，一类采用声复合式，完全通过声学结构来实现压强式和压差式的组合。另一类采用电复合式，通过将一个压强式声接收和一个压差式声接收的输出进行叠加，形成复合式声接收。

在动圈传声器中，复合式动圈传声器要比压强式动圈传声器应用更广一些，因为前者可以形成人们所需要的单指向性，使用起来更加方便。常见的有单膜片心形指向性动圈传声器和 Variable-D 动圈传声器，Variable-D（variable distance）意为可变声程差。这种传声器是在 1954 年由维金斯（Wiggins）提出的，它是在普通有指向性动圈传声器设计的基础上进行了一些改进，使传声器具有更宽阔平坦的频率响应。它除了振膜正面受声波作用以外，还有三个入声口，分别作为高频、中频和低频的入声口，声音信号的频率划分是由入声口处的声学滤波器完成的。这种动圈传声器的设计意图是，通过使不同频段声波具有不同的声程差，使得不同频段的声波在振膜上产生相同的声压差，即相同的激振力，当采用力阻控制的振动系统时，就可以获得均匀平坦的频率响应，而普通有指向性动圈传声器采用的是质量控制型振动系统。

6.2.3.3 动圈传声器非线性失真和瞬态特性

一、非线性失真

频率特性和指向性是衡量传声器质量优劣的两个重要指标，除此之外，非线性失真是衡量传声器性能的另一个重要参数。过去，人们对传声器的非线性失真问题不太重视,认为传声器振动系统的振幅不大,产生的非线性畸变可以忽略不计。但是,随着人们对声音特点认识的逐步加深,特别是近距离拾音时,发现传声器处的声压可能会很高,这时,传声器膜片和音圈的振幅可能很大,传声器的非线性失真就不能忽略了。

动圈传声器的非线性失真产生的原因与电动式纸盆扬声器十分相似,因为它们同是电动式换能器,在结构上有许多共同之处。动圈传声器产生非线性失真的原因可归纳为以下几点:

(1)膜片的振动位移不再与声压成正比,这主要是边缘折环不再符合线性虎克定律所致;

(2)膜片发生分割振动,这主要发生在高频段;

(3)在音圈整个振动幅度内 Bl 值不再恒定不变;

(4)输出变压器产生非线性失真。

对于膜片发生分割振动时产生的非线性失真,可以在设计膜片尺寸、形状和材料的选择上设法解决。对于升压变压器的非线性畸变,应从设计、工艺上解决,尽量采用线性良好的变压器。至于折环和 Bl 不均匀引起的非线性,它们都与振膜和音圈的振幅有关。对于动圈传声器,工作频率越低,振膜和音圈的振幅越大。因此,整个动圈传声器的非线性失真将在其工作频带的下限频率处出现最大值,考核动圈传声器的非线性失真一般在低频处进行。

二、瞬态特性

为了扩展工作频率范围,动圈传声器采用了增设新的声学结构组成多谐振系统的方法。如果这些谐振系统的品质因数(Q 值)过大,则在声信号消失时,输出端将产生这些谐振频率的拖尾振荡,加之膜片本身也有它自己的简正方式,这就不可避免地产生瞬态畸变,使输出信号被这些固有振荡信号“染色”而产生失真。因此,动圈传声器与电容传声器相比,其瞬态特性较差。

6.2.4 电容传声器

电容传声器是利用电容式换能原理制成的。电容传声器一般由极头(接收声信号的振膜和后极板组成的可变电容器)和电路部分组成,可分为两种基本形式,一种是由外部提供极化电源,被称为电容传声器;另一种是内部预置极化电压,被称为驻极体传声器。电容传声器具有灵敏度高、动态范围宽、频响宽而平直、瞬态特性好、音质柔和等一系列突出优点,但缺点是机械强度和防潮性能较差,灵敏度易受气温和气压条件影响,不过这种灵敏度的变化非常微小,对广播、录音来说,其影响可以忽略不计,而对测量用电容传声器来说,需要在每次使用之前进行灵敏度校准。电容传声器还可以通过采用不同的声学结构来形成不同的指向性，因此被广泛应用于声学测量、广播、录音以及厅堂扩声等场合，是另一种最常用的传声器。

6.2.4.1 压强式电容传声器

图 6-3 为压强式电容传声器结构示意图和简化电路图。这里接收声波的金属膜片（或用塑料薄膜镀一层金属）是电容器的动极板，对着膜片并开有圆形构槽的金属厚板是电容器的固定极板，被称为“背极”。两极板间距离很近，一般为 20～50μm，形成一个以空气作为介质的可变电容器，这个电容器的静态电容量通常只有 50～200pF。

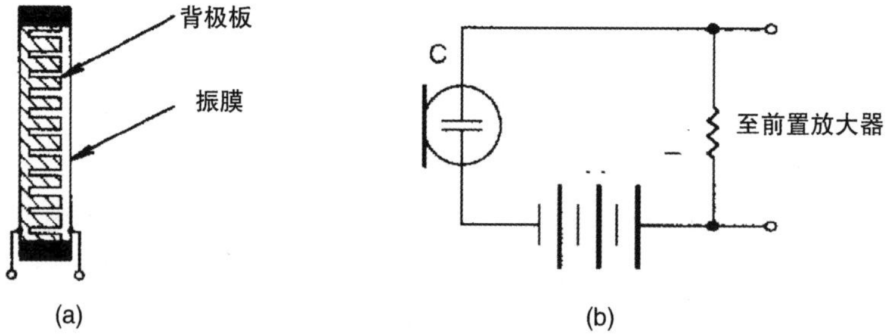

图 6-3 压强式电容传声器结构和简化电路

由于金属膜片非常薄，一般只有几微米到几十微米，因此当声波到来时，膜片会发生相应振动，从而改变了电容器两极板间的距离，使电容量发生相应变化。通过采用“直流极化”的方法，可以把电容量的变化转换成相应的电信号输出。直流极化电路如图 6-3(b)所示，其中 U_J 为直流极化电压，一般为 40～200V；R_J 为内部负载，是一个阻值达几十兆欧的大电阻。当电容的充电过程结束后，电阻 R_J 上的电流为零，因而 R_J 两端没有电压（$U_R=0$），而电容两极间充有电压 U_J，这时称可变电容器处于静态。当声波使电容量发生相应变化时，电容器极板上的电荷将发生变化，引起回路电流的变化，于是，电阻 R_J 两端将产生代表声音信号的交变电压 U_R。但是，为了保证声电线性变换，要求回路电流很小，因此 R_J 一般取值很大。

为了提高传声器上限频率 f_h，膜片必须很薄，使 M_m 减小，同时膜片必须绷得很紧，以减小 C_m，膜后的空气层也起到增大振膜力劲的作用。对于录音用的传声器来说，具有实际使用意义的是声场灵敏度而不是声压灵敏度，高频时，由于声波的散射效应，振膜所受声压会有一定的提升。因此，一般录音用的传声器多将 f_0 控制在 10kHz 左右，同时适当控制其等效力阻 R_m，使这种压强式电容传声器的声场灵敏度频带上限扩展到 16k～20kHz，这样高的上限频率已基本能够满足需要。另外，由于膜片与后极板之间的静态电容 C_0 一般只有几十到几百皮法，如果希望低频截止频率 f_L 足够低，负载电阻 R 就应该具有几十到几千兆欧的阻值。由于传声器从低频频响角度考虑要求负载 R 十分大，这不但要使极化电阻 R_J 的阻值很大，而且后面放大器的输入电阻 R_i 也要很大。考虑到高输出阻抗传输时容易引进外界干扰噪声，同时传输线的分布电容也会使高频产生损失，通常把这个高输入阻抗的放大器放置在传声器壳体内，由放大器输出端将阻抗降低后再进行传输，故此放大器主要起阻抗变换作用，被称为前置放大器。一般电容传声器都通过前置放大器输出信号，因此，电容传声器比其他传声器具有更高的灵敏度。

由于放大器需要电源，电容也需要极化电压，因此一般电容传声器需配备一个专用电源箱。不过采用半导体器件时，电源电压不太高，这时可采用幻象供电方式。所谓幻象供电，简单地说，是指由一根双芯屏蔽线既传输信号又传输直流电源的供电方式。这个幻象电源通常可以由调音台提供。

压强式电容传声器的指向性完全由压强式声接收方式决定，即在中、低频时呈现全指向性，频率增高后逐渐显示出单指向性，这一点与压强式动圈传声器是完全相同的。

6.2.4.2 压差式电容传声器

压差式电容传声器工作原理及结构简图如图 6-4 所示，通常背极板穿孔，使声波能够到达振膜背面。图 6-4(a)中，由于膜片前后不对称，因此前后方向的高频响应不完全一致；图 6-4(b)中在膜片正面设计了一个穿孔极板，但不施加极化电压，使膜片前后声学结构完全对称，这样就避免了正面和背面响应的不一致性；图 6-4(c)则采用了推挽式结构，两个背极板共用一个振膜，并施加极性相反的极化电压，使在激振力相同的情况下，输出电压增大一倍。

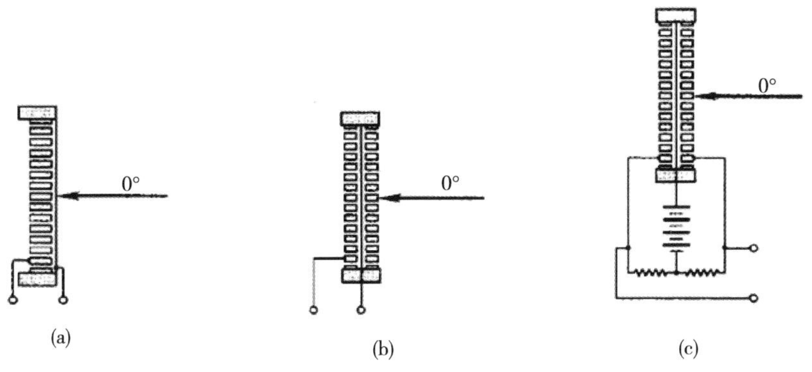

图 6-4 压差式电容传声器工作原理及结构简图

为了使频响均匀平坦，压差式电容传声器应工作在力阻控制区。压差式电容传声器的振膜应采用较大的阻尼，背极板上的孔隙有利于增大阻尼。

压差式传声器的主轴方向一般与传声器物理结构的轴向垂直,而其他类型传声器在多数情况下与物理结构的轴向相同。

6.2.4.3 复合式电容传声器

单膜片声复合式电容传声器与压强式的区别在于声波可以由第二入声口进入传声器,并透过背极板到达振膜背面。

与复合式动圈传声器相同,当控制后进声孔的声阻,并调整传声器第二入声口位置,使外部声程差等于内部声程差时,可以获得心形指向性。如果使内部等效声程差进一步减小,则可以获得超心形或锐心形指向性。

为了使灵敏度频率特性均匀平坦,复合式电容传声器与压差式电容传声器一样,其振动系统应采用力阻控制方式。但是,由于采用的是复合式声接收方式,其声学系统的结构较为复杂,膜片参量和其他声学参量的调整与设计也比压强式或压差式传声器复杂得多。

复合式电容传声器的输出端也要设置前置放大器。另外,任何复合式和压差式传声器都会产生近讲效应,在一些优质的传声器上还会设置低频衰减装置,以方便使用。

6.2.4.4 可变指向性电容传声器

一、单膜片可变指向性电容传声器

为了使同一只传声器具有不同的指向性,声复合式电容传声器往往通过使外部声程差或内部声程差可调来达到目的,即通过调整其声学结构来达到目的。例如,奥地利 AKG 公司的 C 1000s 电容传声器是通过更换保护网罩来改变指向性的,其实质是通过增大外部声程差使指向性由心形变为锐心形。

德国 Schoeps 公司的 MK 6 电容传声器具有全指向性、心形指向性和 8 字形指向性,它是通过对传声器极头做轻微机械调整来获得不同指向性的。该传声器有内部和外部两个可调部件,两个可调部件都处在最左端,如果使第二入声口闭合,就会具有全指向性。如果可调部件处在最右端,使第二入声口打开,声波可由第二入声口进入,并经过一定延时后到达振膜背面,因此具有心形指向性;如果两个可调部件都处在最右端,声波可直接作用于振膜背面,因此获得 8 字形指向性。传声器振膜前部的结构是为了使当采用 8 字形指向性时,振膜前后的声学结构基本一致。

二、双膜片可变指向性电容传声器

双膜片可变指向性电容传声器是电复合式电容传声器,两个膜片相当于两只电容传声器,其输出在电路上进行叠加。

如果将这种双膜片电容传声器的两个膜片都施加以极化电压,则成为一只电复合式电容传声器。当改变其中一个膜片极化电压的大小和方向时,就可以获得不同的指向性。

下面分几种情况讨论:

(1)当膜片1与固定极板间施以极化电压,而膜片2不加极化电压时:

设两个膜片特性完全相同,且轴向灵敏度都为 M_0,则传声器的灵敏度可表示为:

$$M_f=M_{1f}=M_0(1+\cos\theta)$$

这时,传声器呈心形指向性;

(2)当两个膜片对固定极板有大小相等、极性相同的极化电压时:

$$\begin{aligned}M_f&=M_{1f}+M_{2f}\\&=M_0(1+\cos\theta)/2+M_0[1+\cos(\pi+\theta)]/2\\&=M_0\end{aligned}$$

这时,传声器呈全指向性;

(3)当两个膜片对固定极板有大小相等、极性相反的极化电压时:

$$\begin{aligned}M_f&=M_{1f}-M_{2f}\\&=M_0(1+\cos\theta)/2-M_0[1+\cos(\pi+\theta)]/2\\&=M_0\cos\theta\end{aligned}$$

这时,传声器呈8字形指向性。

同理,继续改变膜片2的极化电压大小和方向,就可以得到其他形式的指向性。

6.2.4.5 驻极体传声器

驻极体是一种能够驻留电荷的电介质。将驻极体极化以后,可以得到一种永久极化的电介质,利用这种材料制作的电容传声器,被称为驻极体传声器。驻极体传声器是20世纪60年代中期发展起来的一种新型传声器,它的最大优点是无须外加极化电源,因而结构简单、体积小、重量轻、价格低廉。

驻极体传声器的特性与驻极体材料的性能和极化工艺有密切联系。由于驻极体有一定的使用寿命,其使用寿命是有限的,这是此类传声器的一大弱点。此外,其防潮、耐高温性能较差,一般适合在室内使用。

驻极体的种类很多,按其材料的性质来分,分为有机驻极体如石蜡、高分子聚合物塑料等和无机驻极体如钛酸钙、硫化锌等。被使用最多的是高分子聚合物如聚丙烯薄膜、聚四氟乙烯薄膜、聚偏氟乙烯薄膜等。

驻极体传声器从结构上可以分为两种形式,一种是振膜驻极体化,被称为驻极体振膜式传声器;另一种是背极驻极体化,被称为驻极体背极式传声器。

早期的驻极体传声器较多采用驻极体振膜式，但由于振膜的物理特性与传声器特性有关，如果用驻极体薄膜做振膜，则既要考虑传声器的声学特性，又要考虑其电荷特性，往往顾此失彼。所以，近年来都采用喷溅方法把驻极体材料喷溅在金属背极上，而振膜则选用声学性能良好的聚脂薄膜，从而使传声器性能有了明显的提高。

6.2.4.6 电容传声器的非线性失真和瞬态特性

电容传声器的非线性失真主要由两部分产生，一是在声电变换过程，二是在电信号放大过程。放大器的非线性畸变问题是可以解决的，不过由于电容传声器的灵敏度较高，放大器的输入信号较大，如果电路设计不当或制造工艺控制不严，放大器产生的非线性失真仍可能是较大的。

至于声电变换过程中的非线性失真，从前面章节对电容式换能器基本方程的推导可知，要实现极化式电容换能器声电之间的线性变换，前提条件是在小信号作用下，否则将产生较大的二次谐波失真。采用较大的内部负载，是解决声电变换中的非线性失真的有效办法。考虑到电容传声器振膜大幅度振动时会产生较大的失真和电容传声器的高灵敏度特性，电容传声器常被用于拾取比较平稳、轻柔的声音，如语声、弦乐等，高动态范围的声音，如鼓声、打击乐等，则最好使用动圈传声器。

电容传声器不需要多谐振系统进行频带展宽和补偿，而且振膜较轻，力阻较大，工作频带较宽，因此与动圈传声器相比具有较好的瞬态特性。

6.2.5 其他各种传声器

6.2.5.1 带式传声器

带式传声器是一种电动式传声器，其导体呈薄带状，所以被称为带式传声器。

一、压差式带式传声器

压差式带式传声器是最常用的一种带式传声器。带状导体简称振带，常采用铝箔带或涂金塑料带制成。此振带既作为振膜又作为导体，松弛地悬挂在磁路的极靴之间，当声波作用时，振带产生切割磁力线振动，在两端就有相应的感应电动势输出。

振带宽度一般控制在 2～12mm，厚度为 0.5～2μm，长度为 20～60mm，重量为 1～2mg，磁隙中的磁通密度为 0.5～1T。为了降低工作频带下限，需要增大振膜的顺性，因此一般将振带松弛地悬挂在磁隙正中。但由于磁隙较窄，稍有磕碰，振带就会碰到磁极，所以，为了提高稳定性，一般将振带做成波折状，而且在谐振频率附近需要较大的阻尼。振带的低频共振频率为 10～25Hz。

由于振带很短，带式传声器的输出阻抗非常小，输出电压也很低。因此，为了提高其输出阻抗，使之能与后续设备合理连接，同时提高其输出电压，带式传声器的输出端一般会配有小型输出变压器。压差式带式传声器通常需要在振膜外加保护网罩。保护网罩一般由细金属网或丝绸制成，其作用一方面是保护振膜，另一方面是对传声器的频率特性进行补偿。由于网罩的存在，使低频时膜片前后的声压差增大，因而使低频响应得到一定程度的提升。

二、复合式带式传声器

复合式带式传声器的金属振带分成两个部分，一部分为压强式声接收，另一部分为压差式声接收，振带本身使二者产生的信号相叠加。通过控制金属带两部分的长度比例，就可以得到所需要的单指向性。

由于带式传声器不像动圈传声器那样采用许多声学谐振系统来补偿频率响应，而金属振带本身的简正振动也将出现在极高的频率上，振动系统重量轻，因此它的瞬态特性比动圈传声器好得多。带式传声器的主要特点是结构简单、频响宽而平坦、瞬态特性好、音质柔和清澈，特别适合于拾取语声和弦乐。但这种传声器比较娇嫩，怕震易损，抗风能力差，不适合在野外或经常移动的场合使用。

6.2.5.2 强指向性传声器

在许多应用场合需要使用指向性比一阶指向性更强的强指向性传声器。强指向性意味着较大的 DF 值，即传声器可放置在较远处并获得较大的直混比。因此，强指向性传声器特别适合于影视同期录音。此时，传声器可置于 2m 以外，既保证了声音的清晰度，又使传声器不影响画面的质量。另外，在体育场或其他环境噪声较大的场所录音时，最好使用强指向性传声器，以减小噪声干扰。强指向性传声器还适合于野外声音如鸟鸣声的录制，此时，传声器可以置于较远处而不影响声音质量。

强指向性传声器根据其工作原理可以分为三类。一是利用声干涉原理制成；二是利用声反射器或声透镜来聚集声波而获得强指向性；三是采用二阶或更高阶次的声学设计来获得强指向性。

一、线列式传声器

线列式传声器是一种强指向性传声器，它是在传声器单元前面加装一根很长的声干涉管构成的。声干涉管呈长管状，振膜置于管的末端，在管子上等间隔开了 N 个入声口。由于声波到达各个入声口并传播到振膜的距离各不相同，相互间将产生相位差，因此声波会在振膜处发生干涉。当改变声波入射角 θ 时，相当于改变了各声道之间的相位差，于是，在振膜处产生了随声波入射角 θ 变化的声压。

线列式传声器根据其外形也被称为枪式传声器。当声音从声干涉管的轴向入射时,所有从各声孔进入声干涉管的声音信号同时到达传声器的振膜,因而没有相位干涉,可获得最大输出;当声音从声干涉管的两侧入射时,由于声波到达传声器振膜所经过的路径长短不一,所以在振膜处发生干涉互相削弱,从而获得强指向性。但是,此类传声器存在一个低频下限频率,当频率低于一定值时,会失去强指向性特点,而且干涉管越长,这个低频下限频率就越低。另外,在声干涉管内侧,一般需敷填阻尼材料,目的是增大阻尼,减弱管谐振现象对传声器特性的影响。

例如 AKG C 568 B 线列式传声器,它长度约为 25cm,在频率小于 500Hz 时具有锐心形指向性,在频率大于 500Hz 时具有强指向性,且重量较轻,适合安装在摄像机上,进行影视录音。有些传声器配备有两只声干涉管,使用时可选择只用一只或同时使用两只。一般来说,对于 30cm 左右的管长,其获得强指向性的低频下限频率约为 4kHz,要使低频下限频率扩展到 700Hz,管长要达到约 2m,Electro-Voice 公司生产的 643 型线列式传声器长度达 2. 2m,如此大尺寸的传声器使用起来显然是很不方便的。一般线列式传声器管长设计在 0. 2m 左右,同时增加低频衰减器,用来衰减低频噪声。

二、声聚焦式传声器

以声聚焦方式获得强指向性的传声器有抛物面反射式和声透镜式两种,它们都是利用几何声学原理制成的。因此,其有效工作频率存在低频下限,即当声波波长可以与反射面或声透镜线度相比拟时,几何声学原理不起作用,传声器会失去强指向性。可以想象这种传声器移动起来非常不方便,但由于其具有很强的高频指向性,因此比较适合于野外监视性的远距离录音。

声透镜由弯曲的金属薄片构成,声波进入声透镜内部时会改变等效声速,因此声透镜相当于由另一种媒质形成的声凸透镜,起到聚集声波的作用。显然,这种传声器并不实用,这里介绍它主要是为了说明声透镜的工作原理和应用。

6. 2. 5. 3 无线传声器

无线传声器实际上是指无线传声器系统,它是由传声器、小型发射机和接收机组成的,小型发射机可以与传声器合为一体,也可以是分离的。其工作原理是:传声器把声音信号变换成电信号,通过小型发射机对载波信号进行调频,调制成高频信号以电磁波形式从天线辐射出去,再由接收机接收并解调还原成声频信号。图 6-5 为无线传声器系统的工作原理方框图。

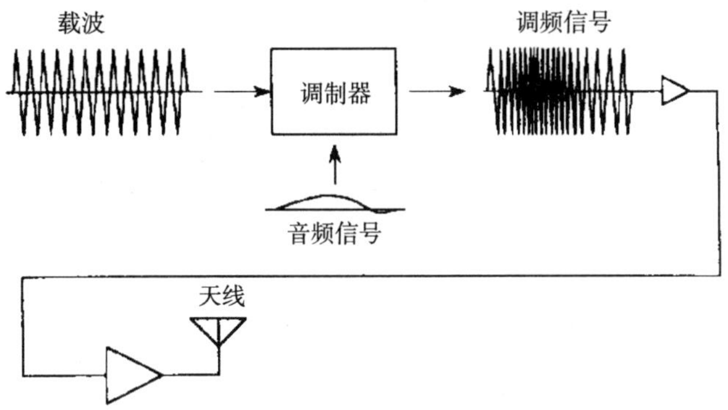

(a)发射部分

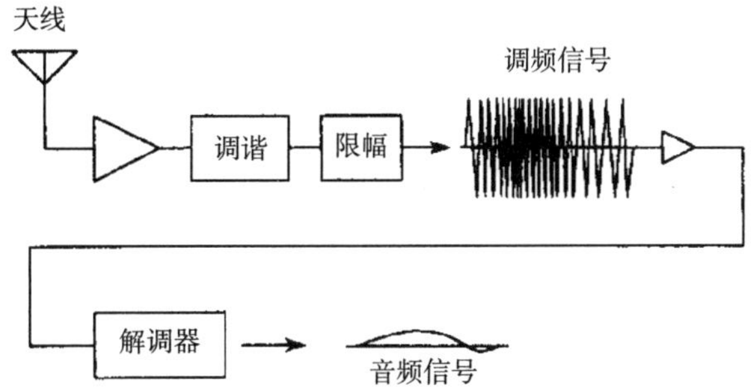

(b)接收部分

图 6-5 无线传声器系统工作原理方框图

上述较简单的无线电发射与接收系统存在两个问题，一是无线电波多径传输造成的信号损失，即直达声和反射声相位相反时接收到的信号非常小，解决这个问题可以通过采用两个或两个以上的具有一定间距的接收天线；二是由于发射功率较低易受噪声干扰，可采用压缩扩展和预加重去加重技术来降低噪声干扰。

无线传声器的工作频率主要在特高频（VHF）和超高频（UHF），即 30~950MHz。小型发射机的辐射功率一般在 10mW 以内，也有高到 30~50mW 的。辐射功率选取的原则是既保证有一定的传输距离，又不干扰其他通信设备。发射机与接收机之间的距离最好不小于 3m，以免接收机内的前置放大器过载，最远距离可达 300m。一般在同一地点可以同时使用多达 30 套无线传声器系统。在进行调试时，如果信号传输存在问题，可通过重新设定工作频率或稍微改变接收机位置的办法来解决。

无线传声器系统由于具有无须电缆的机动灵活性，所以被广泛应用在使用者需要移动的场合，如电化教学、展览讲解、音乐剧、电视演播室、电影同期录音等，而在音乐录音棚里较少使用。

6.2.5.4 界面传声器

当传声器靠近某个反射面如桌面、墙面或地面时，到达传声器的声音有两个，一个是直接由声源来的直达声，另一个是经过反射面反射后到达传声器的反射声。各种频率的反射声都滞后于直达声同样的时间，但由于不同频率声波的波长不同，因而他们在相同的滞后时间内所滞后的相位就不同。当某一频率的直达声和反射声同相时，两信号相加强，振幅可提高约 6dB；当它们的相位相反时，则两信号彼此抵消，频响曲线出现一个谷值。因此，由于界面产生的反射声较强，与直达声产生干涉后，会产生梳状滤波效应，即引起频率特性曲线有规律的起伏变化。界面传声器就是用来解决上述应用方面的问题的。

界面传声器是由一只小型无指向性电容传声器，振膜靠近一块特制的声反射板安装而构成的。如果将振膜与反射面尽量靠近放置，则直达声和反射声几乎可以同时到达传声器，这时，所有的相位抵消现象都可能被移到工作频段以外，从而得到平直的频响曲线。使用时一般将界面传声器直接置于地板、墙面或桌台上。美国皇冠公司（Crown International）于 1981 年首先研制成功的界面传声器叫作 PZM。PZM 是压力区域传声器（Pressure Zone Microphone）的英文缩写。所谓压力区域是指混响声场中靠近边界的区域，其声压级比房间中远离边界的区域的声压级高大约 3dB。因此，界面传声器常常被称为 PZM 传声器。

界面传声器的高频重放上限受传声器振膜与反射面之间距离的制约，振膜距反射面越近，高频响应越能延伸。界面传声器的低频重放下限与反射板的尺寸有关，反射板越大，则有效工作频率越低，低频响应越能延伸；反射板越小，则低频信号将绕过反射板，传声器就不能获得足够的反射声，从而使低频响应下降。

由于界面传声器工作在压力区域，因此与普通传声器相比，灵敏度增加约 6dB，因而拾取的声音信号具有较高的信噪比，改善了音质。另外，界面传声器对反射面上各方向的声波具有相同的灵敏度，即具有半球形指向性。

6.3 扬声器及扬声器系统

扬声器是一种把电能转变为声能，并向开阔空间辐射的电声换能器，用符号-⊲表示。对扬声器来说，电学端是输入端，力学端是输出端，输出端负载是振膜的声波辐射阻抗。

扬声器种类繁多，按换能原理分，主要有电动式、电容式、压电式等；按声波辐射方式分，主要有直接辐射式和间接辐射式。直接辐射式是指扬声器振膜直接向周围空间辐射声波,间接辐射式则是指扬声器振膜通过号筒间接地向周围空间辐射声波。此外,人们还根据扬声器的振膜形状、磁路结构、性能及应用等方面的特点对扬声器进行分类命名,如锥形、球顶形、内磁式、外磁式、高音单元、中音单元、低音单元等。

由于单只扬声器不能满足高保真重放要求,在实际应用中,往往将不同类型的扬声器组合起来,放置在各种类型的箱体中,并配以分频器,使每一个扬声器只担负其中一个较窄频带的重放,这种声音重放装置被称为组合式扬声器箱或箱式扬声器系统。

6.3.1 扬声器电声参数

扬声器和其他电子元件、设备一样,需要有一系列技术参数来说明其性能和质量。扬声器的电声参数就是指用来描述扬声器电声性能的一系列物理参数。但是,由于扬声器是被用来重放声音给人听的,因此其性能好坏最终由主观音质评价来决定。目前,扬声器的电声参数虽然在很大程度上反映了扬声器的性能,但不能完全反映主观试听结果,因此,对于高质量扬声器,需要通过主观试听和客观测试相结合来评价其性能好坏。

扬声器的电声参数主要有额定功率、额定阻抗、频率响应、灵敏度、指向性、失真度、效率、瞬态特性和相位特性等。

一、额定功率

扬声器的额定功率是指在非线性失真不超过该类扬声器所许可范围的最大输入电功率。它是扬声器正常工作的功率,又被称为标称功率。

额定功率指的是在一段时间内的平均功率。在实际应用中,输入扬声器的声频信号强度变化很大,在某一瞬时,可能出现大大超过额定功率的峰值功率。也就是说,扬声器所能承受的瞬时功率可能是额定功率的几倍。

扬声器的输入功率除了受到非线性失真限制外,还受到音圈耐热能力的限制。由于热量具有累计效应,因此,额定功率又分为长期最大功率和短期最大功率。长期最大功率是指扬声器长时间工作时所能承受的最大输入电功率,而短期最大功率是指扬声器短时间工作时所能承受的最大输入电功率,一般短期最大功率是长期最大功率的几倍。额定功率通常是指长期最大功率。

二、额定阻抗

扬声器阻抗是指在扬声器输入端测得的电阻抗,它是频率的函数,扬声器阻抗模值随频率变化的特性被称为扬声器的阻抗特性。图 6-6 所示为电动式扬声器典型阻抗特性曲线。

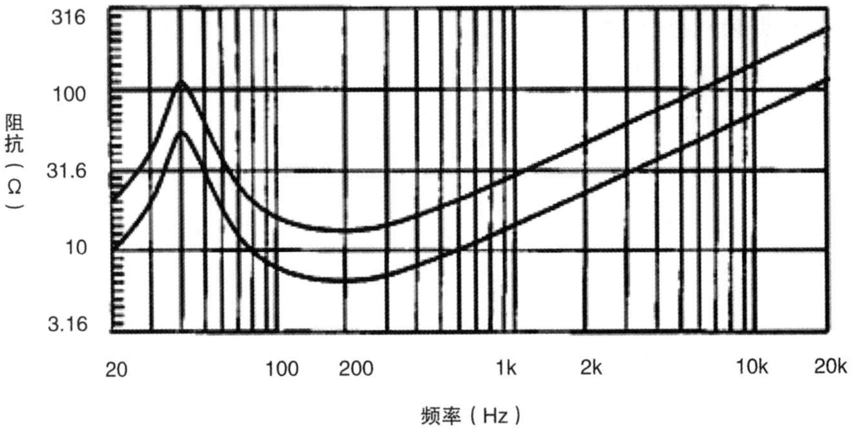

图 6-6　电动式扬声器典型阻抗特性曲线

扬声器的额定阻抗通常是指扬声器在有效频率范围内获得最大输入电功率的输入阻抗模值，即扬声器阻抗特性曲线上的最小阻抗值，用 R_n 表示。图 6-6 所示的阻抗曲线的最低点出现在第一个共振峰之后，通常以该点对应的阻抗值或不高于此阻抗的 20%的某值作为扬声器的额定阻抗。

额定阻抗又被称为标称阻抗。额定阻抗通常作为扬声器与前级功率放大器配接的负载阻抗，如果以额定阻抗作为放大器的负载时不过载，就可保证功放在整个工作频带内不出现过载现象，同时也可保证扬声器的输入功率不超过额定功率。因此，额定阻抗通常作为计算扬声器输入电功率的阻抗依据。

三、频率响应

扬声器的频率响应是指自由场条件下，在恒定电压作用下，扬声器在参考轴上离参考点 1m 处所产生的声压随频率变化的特性。参考点一般选择在辐射口平面中心，参考轴则是通过参考点垂直于辐射口平面的一条直线，是扬声器的最大响应轴，通常被称为主轴。

扬声器的频率响应通常用曲线表示，被称为频率响应曲线，简称频响曲线。图 6-7 所示为某电动式扬声器的频响曲线。扬声器的频率响应也可以用有效频率范围和不均匀度表示。一般在扬声器的声压频率响应曲线上，于声压级某一值下降一指定的分贝数处画一水平直线，与频响曲线相交的上下限频率所包含的频率范围被称为有效频率范围。在频响曲线上，从哪一点声压级算起，各个国家有不同的规定。国际电工委员会（IEC）规定，在频响曲线的最高声压的区域取一个倍频程的宽度，求其中的平均声压级，然后从这个声压级算起，下降 10 dB 的一条水平直线与频响曲线的交点所对应的频率,作为有效频率范围的上下限。不均匀度是指扬声器在有效频率范围内声压级的最大值与最小值之差。

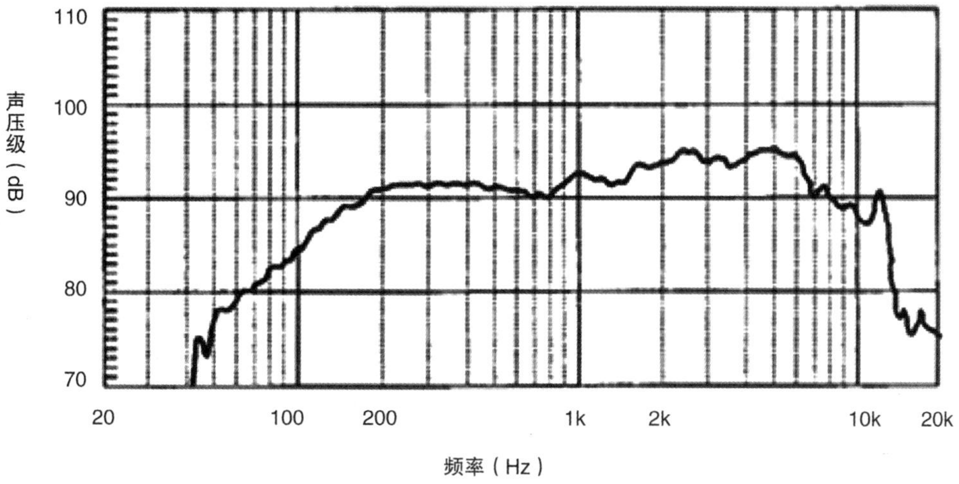

图 6-7　某电动式扬声器频响曲线

扬声器的频率响应也叫频率特性,它是扬声器的重要参数之一,反映了扬声器对各种频率的声波的辐射能力。在实际应用中常常根据不同的用途来选择扬声器,这时,扬声器的频率特性往往是首先要考虑的。

四、灵敏度

实际应用中常采用平均特性灵敏度或特性灵敏度作为扬声器的灵敏度参数。

在扬声器的有效频率范围内,馈给它相当于在额定阻抗上有 1W 电功率的窄带(如 1/3 倍频程带宽)噪声信号,在其参考轴上离参考点 1m 处,读出各规定频率点的声压,然后求其算术平均值,这样求得的灵敏度被称为平均特性灵敏度。

在扬声器有效频率范围内,馈给扬声器以相当于在额定阻抗上消耗 1W 电功率的粉红噪声信号,在其参考轴上离参考点 1m 处所测得的声压值,被称为扬声器的特性灵敏度,一般简称为扬声器灵敏度,其单位为 Pa/1W · 1m。当用分贝来表示扬声器特性灵敏度时,单位为 dB/1W · 1m。

五、指向性

扬声器的指向性是指扬声器辐射的声压随方向不同而变化的特性,它反映了扬声器在不同方向上的声辐射本领。当波长与扬声器本身的线度可以比拟时,由于从振膜不同位置辐射的声波在空间发生相互干涉,扬声器的声辐射会明显地表现出指向性,而且频率越高,指向性越强。扬声器的指向性一般用指向性图、指向性因数

(Directivity factor)、指向性指数(Directivity index)和指向性频率特性来描述。

指向性图是声源指向性函数 $D(\theta)$ 的极坐标图形。指向性函数定义为:

$$D(\theta)=\frac{P(\theta)}{P(0^{\circ})} \tag{6.19}$$

其中,$P(\theta)$ 为等距离情况下 θ 方向的声压,$P(0^{\circ})$ 为主轴方向的声压。

指向性图是扬声器辐射声波大小随方向变化的曲线,与工作频率有关,是扬声器指向性最为直观和最为常用的一种描述方法。

指向性因数是指在自由场条件下,扬声器主轴上指定距离 r 处的声强 I_1 与在同一位置上辐射声功率和它相同的点源在该点所产生的声强 I_2 之比,即:

$$Q(f)=\frac{I_1}{I_2} \tag{6.20}$$

指向性指数定义为指向性因数的对数乘以 10,单位为 dB,即:

$$DI(f)=10\lg Q(f) \tag{6.21}$$

指向性频率特性是指在若干规定的声波辐射方向上所测得的扬声器频响曲线族。

六、谐波失真

谐波失真是表示扬声器非线性失真大小的一个技术指标。所谓非线性失真是指由振幅非线性引起的一种失真,一般用谐波失真和互调失真两个参数来表示。谐波失真是指当给扬声器输入某一频率的正弦信号时,扬声器输出声信号中除了出现原输入信号的频率成分外,同时还出现与输入成整数倍频率的信号,这种现象被称为谐波失真。谐波失真大小可用谐波失真度 K 来表示,其定义式为:

$$K=\frac{\sqrt{P_2^2+P_3^2+\cdots\cdots+P_n^2}}{P}\times 100\% \tag{6.22}$$

其中,$P=\sqrt{P_1^2+P_2^2+P_3^2+\cdots\cdots+P_n^2}$,为总输出声压有效值;$P_1$ 为基波声压有效值;P_n 为 n 次谐波声压有效值。此外,还有二次谐波失真度和三次谐波失真度,分别定义为 P_2/P 和 P_3/P。

七、互调失真

扬声器在实际使用时输入的不是单一频率的正弦信号,而是较为复杂的、包含多种频率成分的声频信号。为了更准确地描述扬声器实际使用时的失真大小,可以用两个不同频率的信号代替单频信号进行测量。当在扬声器有效频率范围内输入两个频率分别为 f_1 和 f_2 的信号时,在输出声信号中除了原输入频率信号外,还产生了谐波、差拍、加拍等其他频率分量,这些和频和差频失真成分被称为互调失真。

在 IEC 国际标准和我国国标中推荐使用 n 次调制失真法测量互调失真,即在规定的频率范围内，馈给扬声器两个频率分别为 f_1 和 f_2（$f_2>8f_1$，电压幅度比为 $u_{f_2}=\frac{1}{4}u_{f_1}$）的正弦信号组成的混合信号，电压为与额定功率相应的电压，由频谱分析仪分析其声输出的各频率成分。

二次调制失真系数定义为：

$$d_2=\frac{P_{(f_2-f_1)}+P_{(f_2+f_1)}}{P_{f_2}}\times 100\% \tag{6.23}$$

或以分贝为单位表示为 $20\lg d_2$。

三次调制失真系数定义为：

$$d_2=\frac{P_{(f_2-2f_1)}+P_{(f_2+2f_1)}}{P_{f_2}}\times 100\% \tag{6.24}$$

或以分贝为单位表示为 $20\lg d_3$。

八、效率

扬声器的效率是表示扬声器电声能量转换能力的一个重要参数，它是扬声器有效辐射声功率与输入电功率之比，用 η 表示，即：

$$\eta=\frac{W_a}{W_e}\times 100\% \tag{6.25}$$

其中，W_a 表示输出声功率，W_e 表示输入电功率。

扬声器的效率参数在扩声系统的设计中往往要用到。因为在扩声设计中，常常要求在听众席上获得一定的声压级，因此要根据声压级要求和扬声器的辐射效率来计算扬声器所需的输入电功率，在此基础上才能合理选择功率放大器。

九、瞬态特性

扬声器的瞬态特性是用来描述其振动系统对快速变化信号的跟随能力的一项指标。由于振动系统存在惯性，往往跟不上快速变化的电信号，从而引起输出波形的失真，这种失真被称为瞬态失真。瞬态特性的好坏通常用瞬态失真的大小来表示。

瞬态失真与扬声器的频率响应、相位特性以及振膜的力阻、振动系统的质量等因素有关。频带越宽，瞬态特性越好，因为信号变化越快，其包含的频率成分越丰富，没有足够宽的频率响应是不可能反映快速变化的信号的；扬声器振动系统的质量越小，则惯性越小，瞬态特性就越好；阻尼越大，Q 值越低，固有振荡衰减得越快，则瞬态特性越好。

扬声器的瞬态特性常用波形来表示。馈给扬声器一个方波信号或猝发声信号（包含 8~16 个正弦波的正弦波列脉冲信号），在输出端测得输出信号波形，从输出信号包络畸变的大小，可直观看出扬声器瞬态特性的好坏。

十、相位特性

扬声器的相位特性是指其输出信号与输入信号之间的相移随频率变化的特性。根据信号传输理论,信号不失真的相位特性是相移与频率呈线性关系,即:

$$\varphi(f)=2\pi f\tau_0 \tag{6.26}$$

其中,$\varphi(f)$为相移,f为频率,τ_0为延迟时间。

扬声器的相位特性可以用曲线表示,被称为相位特性曲线。扬声器的相位特性、互调失真、瞬态特性等技术参数是后来才受到重视的。虽然确信它们对主观听音有影响,但是直到现在人们还不能定量说明其对主观听音影响的大小。因此,这些技术参数一般只作为扬声器研制开发的参考数据,而并不要求厂家随产品明确给出。

6.3.2 锥形扬声器

6.3.2.1 锥形扬声器结构与工作原理

振膜为圆锥形的电动式扬声器被称为锥形扬声器。过去,锥形振膜多数为纸质的,因此,锥形扬声器又称纸盆扬声器。电动式扬声器是20世纪20年代问世并逐渐实用化的,由于它性能良好稳定、结构简单坚固和成本低廉,几十年来一直是世界上最广泛采用的一种扬声器,而锥形扬声器又是电动式扬声器中产量最大、应用最广的扬声器,它不仅被应用于高质量的声音重放系统,也被应用于收音机、录音机、电视机等家用电器甚至电动玩具中。

锥形扬声器一般由振动系统、磁路系统和辅助系统三个部分组成,图6-8为锥形扬声器基本结构示意图。

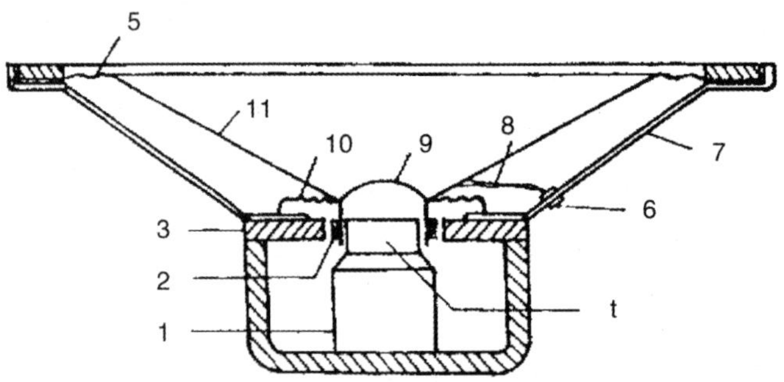

1、4-场心柱; 2-音圈; 3-导磁板; 5-折环; 6-接线柱; 7-盆架; 8-引出线;

9-防尘罩; 10-定心支片; 11-锥盆

图 6-8 锥形扬声器基本结构示意图

振动系统由策动元件音圈、辐射元件振膜以及定位元件折环和定心支片组成。音圈的两端作为电输入端，当音圈中通以交变声频电流时，音圈在磁场中受电磁力作用而振动，从而带动与之相连的锥盆振动，辐射声波。折环位于锥盆与盆架的交接处，定心支片位于锥盆和音圈的结合部，折环和定心支片均被设计成在轴向有较大的顺性而在垂直于轴的方向有较大的刚性，以保证锥盆的振动方向不偏离轴向。

磁路系统包括永磁体、导磁板、杨心柱等，其主要作用是为音圈振动提供一个均匀的恒定磁场。磁路系统有两种基本结构，一种叫内磁式，其永磁体为圆柱形，位于磁路结构内部；另一种叫外磁式，其永磁体为环状，位于磁路结构的外围。由于外磁式磁路漏磁严重，会影响对磁敏感元器件的正常工作，因此常被用于对磁不敏感的场合，而内磁式磁路中的永磁体处于磁路结构内部，磁泄漏很少，可被用于收录机等对磁敏感的场合。

辅助系统包括盆架、压边、接线柱等，主要用于扬声器各部件的连接、固定和支撑以及便于在电声设备中安装。由于锥盆在中、低频段可以看成活塞振动，因此它的指向性同圆形活塞的指向性基本一致，即指向性与 a/λ 有关，比值越大，指向性越强。换句话说，频率越高、锥盆口径越大，则指向性越强，反之，频率越低、锥盆口径越小，则指向性越弱。

音圈是在磁隙中振动的，理想情况下音圈振动所及范围的磁场是均匀的。但是，实际情况并非如此，气隙沿轴向在导磁板内、外表面附近均有漏磁存在，使该处磁感应强度变弱，因此，音圈振动所及范围的磁场并不是均匀的，尤其是在低频时，音圈的振幅较大，使这种磁场的不均匀性更加显著。磁场的不均匀，使音圈在振动过程中平均磁感应强度发生变化，导致音圈驱动力 Bli 产生非线性失真，最终引起扬声器输出的非线性失真。

由磁路非线性所引起的失真，一般被称为电流失真。产生这种失真的原因有两个，一是在低频大振幅时，音圈对磁缝隙的相对位置变化较大，使磁路磁阻发生变化，导致音圈电感变化，使电流产生失真；二是由于构成磁路的磁性材料本身的非线性。由于音圈电感对中、高频段影响较大，因此这种失真在中、高频段较为显著。

扬声器的悬置系统主要是指锥盆的折环和定心支片。悬置系统相当于一个弹簧，在振幅比较小的范围线性还较好，当振幅较大时，就要产生非线性失真了。因此，由悬置系统引起的失真对低频段影响较大。

在频率较低时，锥盆如刚性活塞做整体运动，可被视为线性系统；当频率较高时，锥盆产生分割振动，成为一个分布参数系统，这时分布力顺元件会产生非线性失真，特别是当锥盆或折环共振时产生的失真较大。

6.3.2.2　改善锥形扬声器性能的若干方法

改善扬声器性能一般从两个方面着手考虑,一是展宽其重放频带,减小频率特性不均匀度;二是改善其非线性失真,因为这两项指标对扬声器性能的好坏起着决定性作用。可以采用某些使扬声器构造复杂化或改善扬声器声学装置的方法,来改善扬声器性能。

一、双锥盆

一般锥形扬声器的有效频率范围较窄,约为几十赫兹至几千赫兹,这是因为扬声器低频设计所要满足的条件与高频设计所要满足的条件相矛盾。要降低低频下限频率,就要增大振动系统质量,而提高上限频率,又要求减小振动系统质量;低频时希望振膜面积较大,高频时则希望振膜小而轻。采用双锥盆结构可以在一定程度上改善扬声器频率特性,扩展其有效频率范围。两个锥盆牢固地和音圈及定心支片连在一起,内锥盆顶角小,且有较大的力劲,适合高频重放,在大锥盆和音圈之间,还设计了一个小小的波纹,起到对高频的隔振作用。在中低频段,两锥盆和音圈一起振动,共同向周围介质辐射声波。但是,随着频率的增高,由于大锥盆与音圈之间的弹性连接,大锥盆不再振动了,但轻而硬的小锥盆仍和音圈一起振动,直至 10kHz 以上还能有效辐射声波。

二、短路环

加短路环是改善扬声器高频特性的一项举措。前面章节已经指出,在频率较高时,扬声器的电阻抗受音圈电感的影响,随频率的增大而上升,这在扬声器定压输入的情况下,必将使扬声器的输入电功率减小,其结果是导致扬声器辐射声功率的降低,影响高频重放。所谓短路环,实际上是套在场心柱上的一个薄铜套或铝套,起到音圈的次级线圈的作用。由于短路环的作用,使音圈的电感在高频时接近于零,因此大大缓和了阻抗曲线上升的趋势,也就避免了由于阻抗曲线上升对高频声输出产生的不良影响。同时,由于音圈电感接近于零,磁性材料非线性引起的电流非线性失真也就减小了。

三、短音圈与长音圈

短音圈结构和长音圈结构是为了减小由磁感应强度不均匀产生的非线性失真而设计的,主要用于低频扬声器。所谓短音圈,是指音圈长度做得比磁缝隙长度小,使音圈在振动过程中不致跳出磁场的均匀区,避免由此引起的非线性失真,但是这种方法磁场的利用率低,为了达到一定的灵敏度必须增加磁钢的体积;所谓长音圈,则是指音圈的长度大于磁缝隙的长度,以使音圈在振动过程中与所有的磁通相耦合(包括均匀区和非均匀区），使平均磁感应强度保持恒定。普通音圈结构的单元，通常用于高频扬声器，因为高频扬声器的振幅很小，由 B 值不均匀引起的非线性失真并不严重，不必采用短音圈或长音圈设计。

四、同轴复合扬声器

同轴复合扬声器是由多个承担不同频带重放的扬声器同轴组合而成的，可以做成双频带、三频带甚至四频带。双频带同轴复合扬声器的结构是通过分频滤波器将两只较窄频带的扬声器同轴组合在一起，工作时每只扬声器只重放整个频率范围的部分频带的音频信号。

6.3.2.3 扬声器振膜和音圈

一、振膜

振膜是扬声器振动系统的主要部件。振膜的材料、形状和内部构造直接影响着扬声器各项性能指标、音质和使用寿命。

综合扬声器各项性能参数对振膜材料的要求，一般要求振膜材料具有下述三种基本特性：

（1）单位面积质量小。即要求材料密度 ρ 要小，质量要轻。

（2）材料的机械强度高，杨氏模量 E 大。即要求材料不易损坏和变形。

（3）要有较大的内阻尼。

其中前两项要求可以用比弹性率 E/ρ 表示，比弹性率越高，振膜越不容易产生分割振动，振膜做活塞振动的频率范围就越宽，频率特性越平坦；质量轻，则有利于高频声输出，有利于高频上限频率的提高。内阻尼较大，则可增大内部损耗，抑制锥盆共振，减小高频频响的不均匀度，减小失真。

纸浆是最早被使用的振膜材料，但后来人们发现单纯的纸浆难以满足上述三个基本要求。为了得到扬声器振膜所需要的杨氏模量、内部损耗及强度，通常将纸浆同其他材料混合使用，这种混合而成的材料被称为复合材料。常用的扬声器振膜材料主要分为天然纤维、人造纤维和塑料、金属等三大类。天然纤维包括植物纤维和动物纤维，植物纤维包括从木材得到的纸浆、从树皮类得到的韧皮纤维和从种子类得到的种毛纤维；动物纤维主要是羊毛、骨胶、绢丝等。植物纤维以纤维素为主体，动物纤维则含有大量蛋白质，有很高的强度。人造纤维、金属（铝、铍、钛及其合金）、塑料、精细陶瓷、石墨晶体等具有较高的杨氏模量，已被用于改善纸盆性能或制作球顶形中、高频扬声器振膜。

二、音圈

音圈是由导线绕制在音圈架上形成的。导线的材料有铜、铝或铜包铝线，铜线可焊性好、导电性强，铝线质量轻、效率高，铜包铝线则兼具二者优点。导线截面有圆形和矩形之分，矩形截面导线能充分利用有限的磁隙空间，但绕制起来相当困难，需要有专门的技术措施，因此成本较高。导线骨架材料主要是牛皮纸、铝箔、高分子薄膜。由于声频电流通过导线时会使导线发热，所以一般要求音圈骨架耐热、轻、薄而且刚性强。纸质骨架主要用于一般功率的扬声器，大功率扬声器音圈骨架需要采用铝箔或高分子薄膜制作。为了使音圈的引出线能在同一个方向（一般从与纸盆粘接的一端引出），音圈绕制的层数总是取偶数，即两层或四层。

6.3.3 球顶形扬声器

在高质量扬声器系统中较常用的另一种直接辐射式扬声器是球顶形扬声器。球顶形扬声器因其振膜呈球顶形而得名，这种扬声器具有重放频带宽、高频特性好、指向性稳定、瞬态特性和相位特性较好、失真小等优点。但是，由于振膜尺寸小，因此其工作效率较低。球顶形扬声器一般在分频式扬声器系统中作为中频或高频扬声器被使用。

球顶形扬声器的折环、音圈、磁路系统的构造与电动式纸盆扬声器基本相同，但是，它存在以下几个方面的特点：

（1）振膜前面设有喉塞（或称相位塞），其目的是改善高频声压频率特性和指向性，同时也起到保护振膜的作用。并非每一只球顶形扬声器都配备喉塞，这主要根据振膜材质和形状取舍。

（2）振膜的面积一般比纸盆扬声器小。口径小的扬声器，其优点是指向性好，高频特性好，缺点是要输出相同的声压必须加大震动振幅。因此，对于小口径球顶形扬声器来说，其支撑系统的非线性问题应被给予足够的注意。

（3）球顶形扬声器的振膜一般仅由折环支撑。当振膜只靠折环支撑时，振膜在低频段的工作不易稳定。由于折环沿圆周方向的力劲不均匀，在低频共振频率以下的力劲控制范围内以及在折环固有共振的频率范围内，振膜就会出现横向振动，这就会导致异常声和失真。为了防止产生这种失真，可采取双重折环支撑的办法。

（4）几乎所有的球顶形扬声器都设有后腔罩。由于球顶形扬声器的振膜与场心柱之间存在一个小气室，称膜后空腔，这个膜后空腔就像附加在振膜上的一个弹簧，会影响扬声器的低频特性。如果后腔小，则振膜的力劲增大，低频共振频率上升，Q 值也会变大。因此，在大多数中频球顶形扬声器中，为了减小膜后空腔对低频共振频率的提升作用，常常在场心柱中开声道，并设置后腔罩，目的是增大后腔体积，降低低频共振频率。

球顶形扬声器按振膜的软硬程度,可分为硬球顶形扬声器和软球顶形扬声器。硬球顶形扬声器的振膜一般多采用刚性大、质量轻的金属如铝、钛、铍、硼及其合金制作,其中铍合金性能最佳。软球顶形扬声器的振膜则多采用非金属材料如棉布、绢、化纤等制作,方法是将这些纤维材料浸上酚醛树脂,然后热压成形,为了防止漏气和便于抑制分割振动,还要涂敷一层阻尼材料。另外还有一种介于硬球顶形和软球顶形之间的振膜,是采用纸浆及树脂薄膜等制作的。

硬球顶和软球顶的设计着眼点是不同的。对硬球顶来说,必须做到使振膜在相当高的频段也不会出现分割振动,因此要求振膜的刚性大,不易产生分割振动;对软球顶来说,则要求在产生分割振动时,不应出现单一共振,而要做到多共振均匀分散,同时,为了得到较平滑的特性,必须选择适当的粘弹性材料和吸声材料做振膜的阻尼材料。硬球顶设计和软球顶设计的共同目的是希望得到较宽的重放频带和均匀的频率响应。

6.3.4 号筒式扬声器

扬声器的振膜通过一个号筒向周围空间辐射声波,这种扬声器被称为号筒式扬声器。所谓号筒是指截面积逐渐变化的声管。根据号筒截面积变化规律不同,大致可分为三种类型:圆锥型号筒,其截面积与到音头的距离成一定比例扩展;指数型号筒,其截面积与到音头的距离成指数比例扩展;双曲线型号筒,其截面积与到音头的距离成双曲函数比例扩展。其中以指数型号筒使用较为普遍,本部分将对它进行重点讨论。

号筒式扬声器的最大特点是电声转换效率高,而且指向性易于控制。因此,尽管外形较大,但其仍然在组合式扬声器系统和扩声系统中得到了广泛应用。

由直接辐射式扬声器的特性可知,所有的抗性元件是不消耗功率的,消耗在力阻元件上的功率则变成了热量逸散到周围空间,只有消耗在元件 R_r 上的功率,才代表扬声器向周围媒质所辐射的声功率。如果把辐射阻 R_r 看作负载,而把类比电路中的其他元件看作电源内阻,则当负载与内阻相等时,负载上将获得最大输出功率,被称为阻抗匹配。对于直接辐射式扬声器而言,由于低频辐射阻仅为 $R_r \approx Z_0 S_D (ka)^2/2$,远小于扬声器振动系统的力阻,因而处于阻抗失配状态,元件 R_r 上所获得的功率很小,即辐射声功率很小,馈给扬声器的电功率极大部分变成热量而耗散掉,或者使扬声器振动系统发生运动,因此,直接辐射式扬声器的电声转换效率极低。为了提高扬声器的效率,必须增加振膜的辐射阻。通过在振膜前加一个号筒,就可以在一定条件下使辐射阻增大到 $Z_0 S_0$,因而是一种提高声辐射效率的有效办法。

在实际情况下,号筒不可能是无限长的。有限长号筒具有无限长号筒的传声特性的条件为:

$$\begin{cases} ka_l > 3 \\ f > 2 \sim 4f_c \end{cases} \tag{6.27}$$

其中，$k=\dfrac{\omega}{c}$，a_l为号筒口半径。

如果所选取的号筒出声口的半径足够大，并且工作频率远大于号筒的截止频率，那么无限长号筒的声传输特性在有限长号筒中仍得以保持。

号筒扬声器主要由发音单元（称音头）和号筒两个部分组成。由于音头和号筒的形式各不相同，所以号筒扬声器又是多种多样的，其中以电动式扬声器为音头的号筒扬声器使用最为广泛。

6.3.5 箱式扬声器系统

一个扬声器单元是无法同时获得高频和低频的良好辐射的，要制造一个在全频段失真都很小、指向性很均匀的扬声器，在技术上是十分困难的。在实际应用中，为了使扬声器具有较宽的工作频率范围，满足高保真重放要求，可以用较复杂的结构来代替单个扬声器。将不同类型的扬声器组合起来，放置在各种类型的箱体中，并配以分频器，使每一个扬声器只担负其中一个较窄频带的重放，这种声音重放装置被称为组合式扬声器箱或箱式扬声器系统。

组合式扬声器系统能较容易地满足高保真重放的技术要求。由于高、低频分别由不同的扬声器重放，因此不仅能扩展重放频带，而且还能在一定程度上改善高频指向性。当同时输入高频和低频信号时，由于低频和高频分别由不同的扬声器重放，因此互调失真较小。此外，还能用分频网络、衰减器等对频率特性进行调节和补偿。但组合扬声器也会带来一些缺点，例如在分频频率附近指向性混乱、由于各频段扬声器组合在一起而使频率特性和阻抗特性的调整复杂化、组成元件多而价格高等。

扬声器系统主要由箱体、分频器和扬声器单元三个部分组成，如果是有源扬声器系统，则还包含功率放大器、均衡器等。随着数字化技术的发展和应用，扬声器系统也向着高性能、多功能和智能化方向发展，由此便出现了扬声器系统控制器等。

6.3.5.1 障板的声学作用和特性

锥形扬声器不仅正面辐射声波，背面也会辐射声波。低频时，背面辐射的声波会绕射到前面，与前面的声波发生干涉，造成声场的不均匀和频率特性的不均匀。当这两列波在某一接收点相位相反时，声波互相抵消，该点声压就趋于零，听不到声音，这种现象被称为声短路效应。声短路现象在低频范围较为明显。因此，在扬声器的分析和测试中,为了隔离前后辐射的声波,必须将扬声器嵌镶在一个刚性平板上,这一平板被称为障板。在扬声器的实际应用中,则把扬声器安装在箱体上,借助箱体的障板作用,改善扬声器的低频特性。

障板尺寸为无限大,效果当然最好,但实际上是不可能的,实际使用的障板都是有限障板。障板的特性随障板的形状以及扬声器安装的位置而变化。设有一个半径为 R 的圆形障板,扬声器安装在中心位置,在扬声器的主轴上有一个接收点。圆形障板的频率特性分析如下:

(1)当频率很低时,前后声波的声程差 L 远小于波长。这时,由声程差引入的相位差近似为零,在接收点由于后辐射声波与前辐射声波相位相反,因此两列声波互相抵消,声输出很小。

(2)随着频率增大,波长减小,前后声波的声程差 L 越来越接近 $\lambda/2$,前后声波在接收点相位趋于一致,声输出逐渐增大。当 $L=\lambda/2$ 时,后辐射声波与前辐射声波同相,互相加强,声输出出现第一个极大值。

设出现第一个峰值的频率为 f_c,前后声波的声程差近似为 R,则由:

$$R=\frac{1}{2}\cdot\frac{c_0}{f_c}$$

得出:

$$f_c=\frac{170}{R} \tag{6.28}$$

(3)频率继续增大,当 $L=\lambda$ 时,前后声波在接收点相位相反,互相削弱,声输出出现第一个谷值,此时,声波频率 $f=2f_c$。依此类推,对于 $f=nf_c$,当 n 为奇数时,频率特性出现峰值;当 n 为偶数时,频率特性出现谷值。同时,随着频率增大,后辐射声波的绕射现象越来越弱,对扬声器前方声场的影响减小,特性曲线的起伏将变得越来越小。

通常认为圆形障板工作的截止频率为 f_c。由式(6.28)可以看出,R 越大,即障板尺寸越大,f_c 则越小。

如果障板为方形障板或其他非圆形障板,且扬声器不是安装在中心位置,则由于扬声器纸盆前后辐射的声波到达前面某一点时的距离差不是单一数值,因而频率特性曲线的起伏比较小,甚至较深的峰谷也能消失。因此,实际使用时都采用不规则障板和非对称安装。

6.3.5.2 几种常用的扬声器箱体

一、开口式扬声器箱

除了在测量扬声器电声参数时采用标准平面障板外,在实际应用中很少采用平面障板,而经常采用它的变形即开口箱。这种开口式扬声器箱被广泛应用于收音机、电视机中(机箱的后面板开有散热孔,对低频来说,可以认为与开放的情况相同)。

开口箱可被视为弯折的平面障板,因此它具有和平面障板基本相同的声学性能。所不同的是,由于曲折的障板形成一个腔体,开口箱的频率特性曲线,除了出现有限障板所固有的峰谷外,还可能出现因箱板和空腔中简正振动方式被激发而造成的共振峰谷。所以,在设计开口箱时,箱体的尺寸、形状、扬声器的安装位置等都要仔细考虑,以免简正振动方式的影响,特别要注意避免简正振动方式的简并化。通常在箱壁贴附玻璃棉等吸声材料,以抑制共振。

二、封闭式扬声器箱

封闭式扬声器箱的主要作用是把扬声器背面辐射的声波完全隔绝,从而避免低频时背面辐射的声波与前面的声波互相干涉,以改善低频特性。封闭式箱体对扬声器低频特性和高频特性都将产生影响。低频时,闭箱的空腔对扬声器振膜的作用表现为一声顺(空腔弹簧),使扬声器振动系统的力劲增大,系统低频共振频率提高,而且箱体越小,影响越大;高频时,若箱子内壁不加衬吸声材料,则其作用相当于一个多谐振电路,使频响曲线出现峰谷,若在箱内加衬吸声材料,则这些共振可得到抑制。

当扬声器被安装在封闭箱时,由于箱体等效力顺的影响,其谐振频率将会提高,这意味着扬声器低频重放频率上移,而且箱体越小,这种上移现象越严重。为了在确保封闭式扬声器箱低频性能的同时尽可能把箱体做得小些,经常采用高顺性扬声器。这种高顺性扬声器多采用十分柔软的复合材料做折环,因此谐振频率 f_0 极低,被装入封闭箱后,虽然谐振频率会有所提升,但仍能保证所需的低频重放。

三、倒相式扬声器箱

由于封闭式扬声器箱采用封闭箱吸收了扬声器背面辐射的声波,背面辐射的声波无法得到利用,会造成声能的损失。因此,封闭式扬声器箱的灵敏度较低,一般仅适合家庭或小房间内音乐欣赏,而对于剧场、影院、音乐厅等大型房间的声音重放,通常需要采用倒相式扬声器箱。倒相式扬声器箱的箱面上开有两个孔,一个孔用来安装扬声器,另一个孔装有一个短管,用来辐射背面的声波。当扬声器振膜振动时,一方面向前方辐射声波,另一方面压缩箱内空气,并把箱内空气经短管压到箱外,只要设法使开口辐射的声波与扬声器正面辐射的声波同相,就达到设计目的了。因此,倒相式扬声器箱能有效利用振膜背面的声波,从而提高声辐射效率。

四、带通式音箱

开口箱、封闭箱和倒相箱从传输特性上看都可以被看成高通滤波器,系统的下限频率由箱体结构和锥形扬声器共同决定,上限频率则完全由高频扬声器单元决定。所谓带通式音箱是指声传输特性为一个带通滤波器的扬声器箱，一般由两个或两个以上的空腔组成。在实际应用中，带通式音箱一般被用于重放 200Hz 以下的声音信号，即作为重低音音箱，它是随着 5.1 制式多声道环绕声应运而生的。

从重低音音箱的结构来看，扬声器置于重低音音箱的隔板中央，扬声器及隔板将音箱分割为两个空间。在这个系统中，扬声器反面辐射部分为一封闭空间，正面辐射部分是一个带有开口的空腔，通过与开口相连的短管向外辐射声波。带通式音箱可以看成封闭式音箱和振膜前的另外一个箱体组合而成的，而带短管的空腔实际上是一个低通滤波器，因此整个系统呈现一个带通滤波器的频率特性。

五、偶极式音箱

所谓偶极式音箱是指两组扬声器单元分别背对背安装在两个侧板上，并馈给反相信号。偶极式音箱的声辐射方式与单极式音箱有很大不同，其正面辐射几乎为零，声波主要向两侧辐射。偶极式音箱最初被用于家庭影院声音重放系统，作为环绕声音箱，以模拟影院中侧墙和后墙多个环绕声音箱的效果。

6.3.5.3 音箱电路部分

一、分频器和衰减器

由于组合式扬声器箱中的每只扬声器只负责某一频段声音的重放，因此，保证供给扬声器单元以严格的频带和正确分配馈给各扬声器单元的信号功率是十分重要的，输入扬声器系统的信号必须经过一个分频设备，通常被称为分频网络或分频器。

分频器分为两类，一类被称为功率分频，这种分频器的特点是分频器在功放之后，因此需要耐受加到扬声器上的大功率，而且由于分频器的分频频率与扬声器的阻抗有密切联系，而扬声器阻抗是频率的函数，与额定值偏离较大，因此常引起分频点的漂移，调整起来较困难。但这类分频器的突出优点是可以与音箱装成一体成为无源音箱，使用起来比较方便。另一类被称为前置分频或电子分频，这种分频器的特点是放在功放之前，并且使用两个或三个独立的功放分别推动扬声器单元，从而降低了功放中的互调失真，但成本较高。这两种分频器各有利弊，在音质要求不是特别高的情况下，通常多采用前一种。

二、频率均衡器

频率均衡器是用来对声音的频响曲线进行均衡的设备，它把整个声音频率范围分成多个频段，可以分别对不同频段的声音进行校正，有效抑制声音过强的频率成分或提升声音过弱的频率成分。频率均衡器的主要作用是校正音频设备的频率特性、校正室内声学共振所产生的窄带峰谷畸变、抑制声反馈以及在音响艺术创作中进行频率均衡等。在扬声器系统中设置频率均衡器的主要作用是对系统在特定声学环境下的频率特性进行调整，使系统满足一定的频响要求。

为了实现均衡，频率均衡器采用窄带滤波方法，把整个音频频带划分成许多细小的校正频段，分别进行提升或衰减处理，以便获得希望达到的任何形状的频率特性曲线。校正频段可以按倍频程、1/2 倍频程或 1/3 倍频程划分。倍频程均衡器的中心频率一般规定为 63Hz、125Hz、250Hz、500Hz、1000Hz、2000Hz、4000Hz、8000Hz 和16,000 Hz。校正频带窄于倍频程的窄带均衡器，其中心频率的排列是在上述中心频率之间再插入其他的中心频率，如 1/2 倍频程窄带均衡器是在上述中心频率之间按 $2^{1/2}$倍插入一个中心频率，1/3 倍频程窄带均衡器则是在上述中心频率之间分别按 $2^{1/3}$倍和 $2^{2/3}$倍插入两个中心频率。校正频段越宽，其校正曲线越粗糙，但是操作简便易于掌握；校正频段越窄，其校正曲线越精细，但操作使用较复杂，必须有实时分析仪检测，才能均衡处理好，否则不仅达不到预期效果，反而会使频率畸变更加严重。

三、功率放大器

1. 基本功能与分类

功率放大器是用来把来自调音台或前置放大器的信号进行功率放大并推动扬声器系统发声的。与前置放大器相比，功率放大器处于大信号输入和大信号输出的工作状态，并且信号的动态范围很大，所以容易引起非线性失真。同时，其功率损耗较大，因此，降低失真，提高功率转换效率，保证足够的输出功率，是对功率放大器的基本要求。典型的功率放大器主要由输入级、前置激励级、激励级、输出级和保护电路等部分组成。在功率较小的电路中，前置激励级和激励级常合并为一级。也有的功率放大器不设置保护电路。输入级主要起缓冲作用，用以放大信号并使放大器稳定工作；前置激励级用来推动激励级，具有一定的电压增益，并偏置在甲类工作状态，且与激励级直接耦合；激励级供给输出级所需要的信号电流；输出级则产生足够的不失真功率，以驱动扬声器发声；保护电路可自动保护输出级功率管，以免其损坏。实现过载保护有切断信号、切断负载和切断电源等方式，以完成输出短路保护、过压保护、过热保护和过流保护。

功率放大器按所使用的器件分为电子管功放、晶体管功放、集成电路功放和 V-Mos 功放。电子管功放具有极高的稳定性和离散性，虽然其静态指标不如其他类型的功放，但是它的奇次谐波失真、饱和失真和交叉失真都较小，并且都为软失真，因此具有特有的电子管音色，为广大音响爱好者所喜爱。晶体管功放性能稳定可靠，由于在电路中采用了各种新技术，输入级采用低噪声、大动态范围的场效应管，实现了低失真、宽频响等技术指标，并能在电路中加入各种保护功能，因此，目前晶体管功率放大器是优质专业级功放的主流。集成电路功放具有体积小、电路简单、性能优越和保护功能齐全等优点，尤其在中、小功率的功放中具有优越性，但在大功率应用中技术尚未完善，因此其在大功率功放中的应用受到了一定局限。V-Mos 功放采用电压控制的场效应管，在低频放大时功率增益比三极管高，其高频瞬态特性较好，具有噪声低、动态范围大等优点，它具有和电子管功放相似的音质。

2. 性能参数

功率放大器的主要性能参数有额定功率、频率特性、谐波失真、信噪比、输出阻抗、瞬态响应和阻尼系数等。额定功率是指在一定负载电阻、一定谐波失真的条件下，加入正弦信号时在负载电阻上测得的最大有效值功率。正弦信号的峰值因数是 3dB，比一般声音信号的峰值因数小很多，这一点在选择功放额定功率时需要注意。

功率放大器按与扬声器匹配的方式分为定阻抗输出和定电压输出。定阻输出功放的输出电压与负载阻抗有关，会随着负载阻抗变化而产生较大的电压波动，因此，这种功放对负载阻抗有严格的要求，负载阻抗主要有 4Ω、8Ω 和 16Ω 等。定压输出功放的输出电压不随负载阻抗而变化。为了降低长距离传输中功率损耗，定压输出功放通常需要使用输出变压器，输出电压有 60V、90V、120V 和 240V 等。由于输出端使用大功率音频变压器，所以低频的频率失真、高频的瞬态响应都不太好，而且非线性失真也较大，主要用于背景音乐系统或有线广播系统。

3. 并机工作

功率放大器并机工作时可以增大输出功率。并机是把两台或两台以上功放输出并接在一起，使它们互不影响地工作在公共负载上。一般要求每台功率放大器具有完全相同的技术特性。当两台功放特性不一致时，会降低输出电功率，并容易使功放损坏。因此，并机工作一般由厂家提前设定，可能出现在两个通道的功放，使用时可以选择是否处在并机工作状态。常用的并机方式有串联并机和并联并机两种。串联并机使输出阻抗增大为原来的两倍，并联并机使输出阻抗减小为原来的 1/2。

6.3.5.4 声柱

声柱是由多个同相工作的扬声器按一定结构排列成直线或曲线组装在一个长方形柱状箱体上而形成的一种声音重放装置。声柱的柱状箱体通常装有一排或两排扬声器，每排扬声器为 4~12 只。声柱的扬声器安装面一般为平面型的，也有做成曲面型的。

声柱具有结构简单、电声转换效率高、输出声功率大和垂直方向指向性强等特点。首先，声柱可以被看成由点声源线性排列组成的，由于相邻声场之间的相互作用，各扬声器单元的辐射阻增大,因此,声柱与单只扬声器组成的系统相比在输入相同电功率的情况下具有较高的输出声功率,因此具有较高的电声转换效率;其次,由于各只扬声器之间的干涉效应,声柱在垂直面上的声辐射表现出较强的指向性,而在水平面上,其辐射指向性和一只普通扬声器差不多。

由于声柱具有上述特点,因此被广泛应用于室内外扩声系统。首先,利用声柱垂直指向性强的特点,可以将主声束投向听众席,供给强的直达声,减小混响干扰,提高清晰度;其次,利用声柱的高灵敏度可补偿远处因距离增大而造成的衰减过多之缺陷,使整个听音区域声场均匀;最后,利用声柱的方向性,可以使系统的布置更可靠地防止电声反馈。

声柱的主要性能参数是声柱的谐振频率、声柱的指向性和声柱的效率。声柱的谐振频率决定了声柱的低频特性,是声柱设计的重要参数,而指向性和效率又是进行室内外扩声设计的基本依据。谐振频率和辐射效率的理论分析必须借助于系统的等效力声类比电路,在电输入端各扬声器单元可以是并联连接或串联连接的,同时要考虑各扬声器单元由于声场之间相互作用产生的互辐射阻抗。声柱的垂直面指向性可以用 n 个等强、同相振动的点声源均匀排列成一直线的组合声源来等效。

分析结果表明,对点声源组成的声柱,其垂直指向性除主轴为极大值外,在非主轴方向也会出现极大值。克服这个缺点可以采用线声源。线声源由大量分布在直线上间隔非常小的等强同相点声源组成,如果点声源的数量趋于无限大,点声源间的距离趋近于零,则极限情况就是直线声源。但是,理想的线声源较难实现。理论分析表明,当 $n>3$ 时,副瓣就会受到很大的抑制;当 $n>5$ 时,声柱的副瓣小于 0.32,因此扬声器单元的数目一般应大于 5。

6.3.6 线阵列扬声器系统

如今世界上出现了越来越多的大型运动会场及大型演出场地,在这样的大型场地上,观众都希望能听到声场分布均匀、清晰的声音。解决这一问题的常用方法是使用分区扩声,即在场地的四周安装多组扬声器系统,但是,这不仅需要多组分散扬声器系统,而且安装调试工作量大,花费时间多,并且由于各声源之间的干涉和延时等问题,很难达到良好的音质效果。另外,由于要达到远距离辐射的目的就需要采用大功率音箱,导致成本价格的提高,因此不太适合以商业为目的应用。而垂直线阵列恰恰可以解决这些问题,故大量的线阵列扬声器系统应运而生。目前许多国内的扩声场所和大型演出场地都在使用线阵列系统。

线阵列扬声器系统是以多只音箱的线型组合工作的,其工作原理类似于声柱。20

世纪50年代的柱状扬声器系统被认为过时了，这是因为声柱的设计没有考虑到扩展工作频带和对复杂听众席几何形状的覆盖，因此声柱的结构相对比较简单，不具有灵活多变性，特性单一，难以满足不同类型大型扩声场所的要求。

线阵列扬声器的主要优点是可以对指向性进行精确控制，能够最大限度地把声能集中到观众区，减少投射到周围边界的声能，提高声音的清晰度。同时，声波随距离的衰减较普通扬声器系统慢，因此可以对大型会场进行集中式扩声，避免了分区式扩声系统安装调试工作量大、各声源之间的干涉和延时问题，大大提高了声音的质量。

图6-9所示为线阵列中各扬声器单元的摆放位置。图中高音单元摆放在音箱的中间，中音单元围绕在高音单元周围，而低音单元摆在最外面，并形成几何对称。这是因为高音单元所辐射的声波波长较短，因此，为了满足相邻声源间隔 $l<\frac{\lambda}{2}$ 的条件，应尽量减小高音单元之间的间距，以满足线声源指向性的要求。

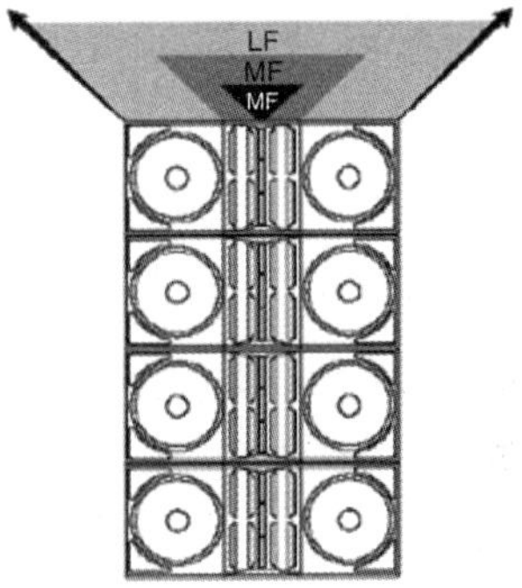

图6-9 线阵列中扬声器单元的摆放

研究表明，线阵列单元之间的间隔对主轴上的指向性影响相对较少，但是它会改变旁瓣的指向性结构。旁瓣的结构随间隔的长度而变化，间隔越大，旁瓣将变得更多并改变位置。因此，面板上扬声器的布置是线阵列扬声器系统设计的重要环节。

6.3.7 耳机

耳机是指通过耳垫与人耳的耳廓相耦合，将声音直接送到外耳道的一种小型电声换能器。耳机和扬声器一样，都是被用来重放声音的，但扬声器是向自由空间辐射声能，耳机则是在一个小的空腔内形成声压。将左右两个单元用头环连接起来戴在头上的耳机被称为头戴式耳机，专业上使用的都是这种耳机。还有一种可以插入外耳道的小型耳机被称为插入式耳机。耳机主要用于广播监听，其任务是重放音域宽阔的音乐节目，因此首先要求频带响应好、失真小、音质优美，其次才要求有一定的灵敏度，其频带一般设计在20~20,000Hz。

耳机种类繁多，可以按换能原理、策动方式、放声方式等进行分类。按换能原理不同分为电动式、电磁式、压电式和静电式(电容式)；按策动方式不同分为中心策动式和全面策动式；按放声方式不同分为密闭式和开放式。尽管耳机多种多样，但它们具有以下共同特点：

(1)因为只要求在耳机与耳廓之间形成的小气室内产生声压,所以小的功率如0.1W左右就可以得到很大的声压;

(2)电声换能器可以使用效率较低但音质良好的静电式、压电式以及在高分子振膜上印刷导电层的全面驱动电动式,因此可以得到音质优良的重放声;

(3)由于是在外耳道直接送上直达声,所以声音不受外界环境声和噪声的干扰,音质只由耳机本身决定,而用扬声器重放声音时,音质受房间声学特性的影响较大;

(4)新型的高级耳机虽然已经相当轻型化,但长时间佩戴也会由于它的重量和压迫感而产生疲倦。

一、密闭式耳机

耳机按放声方式可分为密闭式耳机和开放式耳机。密闭式耳机是一种传统式耳机,它将耳机壳和耳垫设计成全封闭型,将人耳严密地覆盖住,使之与外界完全隔绝。这种设计可获得良好的频率响应,失真度也较小,尤其是低频特性较为出色。但是,由于人耳处形状不规则,保持较好密闭是有一定困难的,常会产生声漏现象,而声漏现象对耳机的低频响应影响很大,因此,为了减小声漏只能加大头环压力,结果使密闭式耳机佩戴不舒适,佩戴者极易产生疲劳感。因此,这种耳机只有在迫不得已的情况下才被使用,例如必须在高噪声环境下听音,或为了确保高质量的录音监听等。

二、开放式耳机

将耳机的后盖开孔,并采用透气性耳垫,使耳机和耳廓之间的气室适当地泄漏空气,形成开放状态,以减少压迫感,这种耳机被称为开放式耳机。开放式耳机振动系统的共振频率一般设计在150Hz左右(而密闭式耳机振动系统的共振频率在1500Hz左右),所以在声漏情况下,低频特性下降较小,低频频率响应仍然较为平坦。由于开放式耳机能克服密闭式耳机佩戴不舒适的主要缺点,又同样具有较好的频率响应和较小的失真度,所以已成为广播监听用耳机和音乐欣赏用耳机的主流产品。

三、耳机性能参数

描述耳机电声性能的技术参数主要有额定阻抗、频率特性、灵敏度和谐波失真。额定阻抗是指在馈给耳机相当于1mW功率的电压时,测得的耳机的最小输入阻抗,一般额定阻抗不应超过这个最小值的20%。耳机的额定阻抗值有8Ω、32Ω、200Ω、600Ω、1kΩ和2kΩ等。耳机的特性电压是指馈给耳机单元500Hz的正弦信号,在耦合腔中产生94dB声压级时,所馈给耳机单元的电压值。频率特性是指馈给耳机特性电压时,测得的耦合腔内声压级随频率变化的特性。耳机的灵敏度也被称为特性声压级,是指馈给耳机在额定阻抗上产生1mW功率的500Hz正弦信号时,在耦合腔中产生的声压级。耳机的谐波失真用总谐波失真或n次谐波失真表示,总谐波失真或n次谐波失真分别是指当按特性电压馈入正弦信号时，测得的各次谐波声压的均方根值与总声压之比和 n 次谐波的声压与总声压之比。

思考题

1. 扬声器的性能参数主要有哪些？
2. 什么是扬声器的额定功率和额定阻抗？有何实际应用？
3. 锥形扬声器主要由哪几部分组成？各部分的作用是什么？
4. 什么是号筒扬声器？号筒的主要作用是什么？
5. 倒相式音箱的工作原理是什么？试用类比线路图分析倒相工作频率条件。
6. 什么是声柱？其主要性能特点是什么？

参考文献

[1] 杜功焕,朱哲民,龚秀芬.声学基础:第3版[M].南京大学出版社,2012.

[2] 张绍高.声学基础[M].北京广播学院录音艺术学院自编教材,1998.

[3] 管善群.电声技术基础[M].人民邮电出版社,1988.

[4] 林达悃.录音声学[M].中国电影出版社,1995.

[5] 胡泽.音乐声学[M].中国广播电视出版社,2003.

[6] 山本武夫.扬声器系统:上[M].王以真,吴光威,译.国防工业出版社,1984.

[7] 山本武夫.扬声器系统:下[M].张绍高,译.国防工业出版社,1986.

[8] 迈耶.音乐声学与音乐演出[M].陈小平,译.人民邮电出版社,2012.

[9] 霍华德,安格斯.音乐声学与心理声学[M].陈小平,译.人民邮电出版社,2014.

[10] MEYER J.Acoustics and performance of music[M].Springer,1978.

[11] BLAUERT J.Spatial hearing:the psychophysics of human sound localization[M].Revised Edition. MIT Press,2001.

[12] ZWICKER E,FASTL H.Psychoacoustics:facts and models[M].2nd ed.Springer-Verlag, 1990.

[13] MOORE B C J. An introduction to the psychology of hearing[M].5th ed.Academic Press,2003.

[14] EARGLE J M.Music,sound and technology[M].Van Nostrand Reinhold,1995.

[15] EARGLE J.Loudspeaker handbook[M].Kluwer Academic Publishers,1997.

[16] EARGLE J.The microphone book[M].Focal Press,2001.

[17] RUMSEY F.Spatial Audio[M].Focal Press,2001.

[18] UREDA M S. Proceedings of the 110th AES Convention,May 12-15,2001[C].Amsterdam.

[19] UREDA M S. Proceedings of the 111th AES Convention,September 21-24,2001[C].New York.

[20] UREDA M S. Proceedings of the 113th AES Convention,October 5-8,2002[C].Los Angeles.

[21] BUTTON D.Proceedings of the 113th AES Convention,October 5-8,2002[C].Los Angeles.

图书在版编目(CIP)数据

录音声学基础 / 胡泽编著. -- 北京: 中国传媒大学出版社, 2021.6(2022.9重印)
ISBN 978-7-5657-2812-9

Ⅰ. ①录…　Ⅱ. ①胡…　Ⅲ. ①录音—声学　Ⅳ. ①TN912.22

中国版本图书馆 CIP 数据核字(2020)第 220413 号

录音声学基础
LUYIN SHENGXUE JICHU

著　　者　胡　泽
责任编辑　于水莲
特约编辑　刘　楠
责任印制　李志鹏
封面设计　拓美设计

出版发行　中国传媒大学出版社
社　　址　北京市朝阳区定福庄东街 1 号　　邮　　编　100024
电　　话　86-10-65450528　65450532　　传　　真　65779405
网　　址　http://cucp.cuc.edu.cn
经　　销　全国新华书店

印　　刷　艺堂印刷(天津)有限公司
开　　本　787mm×1092mm　1/16
印　　张　14.5
字　　数　279 千字
版　　次　2021 年 6 月第 1 版
印　　次　2022 年 9 月第 2 次印刷

书　　号　ISBN 978-7-5657-2812-9/TN · 2812　　定　　价　68.00 元

本社法律顾问:北京嘉润律师事务所　郭建平